河南省"十四五"普通高等教育规划教材

Java程序设计教程

（第3版）

U0645639

牛晓太　主编

王红梅　陈广智　副主编

齐艳珂　王亚楠　齐兵辉　程文静　参编

清华大学出版社

北　京

内 容 简 介

本书在保持《Java 程序设计教程》(第 2 版)基本框架和特色的基础上,更新了部分章节,并对一些知识点进行了扩充,更便于读者学习。全书内容分为 12 章,包括 Java 概述,Java 语言基础,Java 控制结构、数组和字符串,Java 面向对象编程,接口、内部类和 Java API 基础,异常处理,Applet 程序,图形用户界面,I/O 流,多线程,访问数据库以及网络编程等。

本书既适合作为普通高等学校计算机、网络工程等专业学生的 Java 程序设计课程教材,也适合从事软件开发的技术人员培训、自学使用。

图书在版编目(CIP)数据

Java 程序设计教程/牛晓太主编.—3 版.—北京:清华大学出版社,2021.9 (2024.7 重印)
ISBN 978-7-302-58625-8

Ⅰ.①J… Ⅱ.①牛… Ⅲ.①JAVA 语言－程序设计－教材 Ⅳ.①TP312.8

中国版本图书馆 CIP 数据核字(2021)第 131607 号

责任编辑:汪汉友
封面设计:何凤霞
责任校对:胡伟民
责任印制:宋 林

出版发行:清华大学出版社
　　　　网　　　址:https://www.tup.com.cn,https://www.wqxuetang.com
　　　　地　　　址:北京清华大学学研大厦 A 座　　　　邮　　编:100084
　　　　社 总 机:010-83470000　　　　　　　　　　邮　　购:010-62786544
　　　　投稿与读者服务:010-62776969,c-service@tup.tsinghua.edu.cn
　　　　质量反馈:010-62772015,zhiliang@tup.tsinghua.edu.cn
　　　　课件下载:https://www.tup.com.cn,010-83470236
印 装 者:三河市龙大印装有限公司
经　　销:全国新华书店
开　　本:185mm×260mm　　　**印　张:**19　　　**字　数:**478 千字
版　　次:2013 年 6 月第 1 版　　2021 年 9 月第 3 版　　**印　次:**2024 年 7 月第 3 次印刷
定　　价:54.50 元

产品编号:090878-01

前　　言

随着互联网的快速发展,网络程序开发大步迈进。在此背景下,Java 应运而生。由于其具有跨平台性、面向对象、分布性和安全性等诸多特点,所以确立了无与伦比的网络编程优势。从 20 世纪 90 年代初 Oak 的问世至今,已经跨越了约三十年,Java 在电子商务、远程医疗、网上银行、虚拟课堂等许多应用系统基本上广泛使用。

当前,普通高等学校的计算机、网络工程等专业都开设了 Java 程序设计课程。此外,不少相关专业也把 Java 语言列入教学计划。教材是体现教学内容的知识载体,是进行教学的基本工具。本书在编写时,从现阶段高校使用最多的 Java 系列教材中吸取经验,结合作者在长期教学过程中的体会和积累,旨在向高校学生奉献一本有特色的教材,向工程技术人员和其他有兴趣的读者提供一本有价值的参考书。本书具有以下特点。

1. 面向实用新技术

本书介绍 Java 程序设计的多项实用技术,采用 JDK 6、Eclipse、MySQL 作为 Java 开发运行环境,并将其反映在教材中。强调学以致用,将新技术与理论、实践相结合,注重培养学生的能力和创新意识。

2. 涵盖内容较广泛

本书由浅入深、循序渐进地介绍了 Java 程序设计的基本概念、方法和应用,涵盖了 Java 的语法要点和知识要素。对于 Java 系统开发使用的访问数据库技术、图形用户界面等,也进行了较为详细的说明。

3. 例题讲解条理化

本书例题十分丰富,典型实例紧密结合知识要点。全部例子包括题目要求、程序代码、程序运行结果和程序分析。以此编写方式,有助于读者掌握 Java 开发要领,快速熟悉重点和难点部分。书中程序代码都经过认真调试,可以直接运行,方便读者上机操作。

本书是根据专业建设的需要,对第 2 版进行修订而形成的。本书保持了第 2 版的基本框架和特色,更新了部分章节,并对一些知识点进行了扩充,更便于读者学习。本书内容分为 12 章,包括 Java 概述,Java 语言基础,Java 控制结构、数组和字符串,Java 面向对象编程,接口、内部类和 Java API 基础,异常处理,Applet 程序,图形用户界面,I/O 流,多线程,访问数据库以及网络编程等。另外,在每章的最后均列出若干习题,供读者练习。为了便于说明,为每一行程序代码都设置了序号,这些序号标记不能作为 Java 程序的组成部分,实际程序开发时将其去掉即可。

本书由牛晓太、王红梅、陈广智、齐艳珂、王亚楠、齐兵辉、程文静编著,由牛晓太负责全书的统稿工作。

在本书的编写和出版过程中,参阅了大量书籍、文献等资料,得到了清华大学出版社的支持和帮助。在此表示衷心的感谢。

尽管书稿是作者多年教学经验的总结,但由于时间仓促,作者知识水平有限,书中难免存在疏漏和不足,恳请读者批评指正,以便使本书得以改进和完善。

编　者

2021 年 4 月

目　　录

第1章 Java 概述

Java 语言诞生于 20 世纪 90 年代,自问世以来,以其简单、安全、面向对象、分布式、平台无关性等特点被广泛使用。本章主要介绍 Java 的产生、发展及其主要特点,Java 的运行机制,开发与运行环境,Java 程序举例,以及集成开发环境 Eclipse 等内容。

1.1 Java 简介

1.1.1 Java 的产生

1991 年,美国 Sun 公司成立了名为 Green 的项目组,研发消费类电子产品的分布式软件系统。嵌入这类代码后,电冰箱、烤面包机、电视机顶盒、微波炉等许多家用电器的智能化程度得到很大提高,市场潜力大大加强。团队负责人 James Gosling 首先考虑采用 C++ 来开发该项目,但是这种语言比较复杂、安全性差,存在许多容易混淆和出错的功能,于是他们着手开发了一种新的语言,称为 Oak。它保留了 C++ 语言的大部分语法规定,但是删去了头文件、预处理文件、指针运算、操作符重载、多重继承等功能。Oak 是一种可以移植的语言,具有平台独立性。

1994 年,Web 技术在互联网上的应用大为增加,这使具备平台无关等诸多特性的 Oak 显现出无可比拟的生命力。人们发现,这恰是在 Internet 上基于 Web 进行研发所期待的一种程序设计语言。经过改进,并把 Oak 更名为 Java 后,由 Sun 公司于 1995 年 5 月 23 日正式对外发布。Java 这个名字源于印度尼西亚的爪哇岛,那里以盛产咖啡闻名,因此 Java 语言的标志就是一杯热咖啡。

1.1.2 Java 的特点

Java 语言问世后,因其"一次编程,到处运行"的口号而很快引起了广泛关注,经过不断使用,得到了大量的好评。Java 语言主要具有以下特点。

1. 跨平台性

Java 最为突出的特点就是可以跨平台运行,即平台独立性。Java 编写的程序可以在任意一台计算机上使用,而不受操作平台的限制,这是因为 Java 源程序通过编译器先生成"字节码"文件,因此不管计算机的操作系统类型如何改变,只要安装了 Java 虚拟机就能运行字节码文件,体现出平台无关的特点。

2. 简单性

对于熟悉 C++ 语言的人来说,Java 确实简单。其语法与 C++ 相似,仅仅去除了其中的一些功能,这让有一定程序设计基础的人更易于快速掌握。Java 自身的基本系统所占用空间小于 250KB(即编译器和解释器),并且实现了垃圾的自动收集,简化了内存管理工作,体现了 Java 语言的精简特性。

3. 面向对象

Java 只能进行面向对象程序设计。它把程序设计的每一个具体功能细分为类,再由类来构建对象。对象中封装了自己的属性和方法,很好地实现了信息隐藏,类提供了一类对象的原型,通过继承、重写,子类可以使用或重新定义父类所提供的方法,实现了代码复用。

4. 多线程

Java 具有多线程功能,可把一个程序的不同程序段设置为不同的线程,处理不同的事件。例如,可以让一个线程与用户交互,另一个线程进行数据处理,并在不中止人机交互的情况下完成计算处理,于是就提高了系统运行效率。

5. 分布性

Java 是面向网络的语言。它为程序设计提供了基于互联网应用研究的类库,后者可以帮助处理 TCP/IP,使用户可以通过 URL 在网络上访问其他资源。这样的访问就像是针对本地文件系统进行操作一样便捷。

6. 安全性

在网络环境下,语言的安全性尤为重要,为此 Java 提供了有效的安全措施。Java 的代码安全检查机制可阻止对内存进行越权访问,防范病毒入侵。另外,这种机制也会在 WWW 浏览器载入页面时限制对本地数据文件的操作,以保护信息安全。

7. 丰富的类库和 API 文档

Java 开发工具包中的类库资源十分丰富,利用它们就可以完成数学运算、输入输出、网络资源获取、图形用户界面设计等操作,这使得程序更加短小、精练。Java 为用户提供了非常详尽的 API(Application Programming Interface)文档说明,为程序员开发 Java 应用系统提供方便。

1.1.3　Java 的三大平台

Java 技术已经形成了一个整体,包括 Java 编程语言、运行环境等内容。JDK(Java Development Kit,Java 开发工具包)提供了运行环境。第一个开发包 JDK 1.0 于 1996 年 1 月由 Sun 公司发布,并在其后不断地进行升级改进。1998 年 12 月 4 日,Sun 公司发布了 JDK 1.2,这是 Java 发展史的一个里程碑,此后的 Java 改称为 Java 2 平台。在随后的半年时间里,Sun 公司重新组织了 Java 平台的集成方法,发布了 J2SE、J2EE 和 J2ME,三者分别为标准版、企业版和微型版。2004 年 9 月 30 日,Sun 公司发布了 J2SE 1.5,这是 Java 发展史的又一个里程碑,J2SE 1.5 改称为 J2SE 5.0。此后不到一年,更新版平台的发布使 Java 各个版本的称谓发生改变,数字"2"从名称中去除,J2SE 改名为 Java SE,J2EE 改名为 Java EE,J2ME 改名为 Java ME。

以下是 Java SE、Java EE 和 Java ME 的简介。

1. Java SE

它是适用于桌面开发的 Java 标准平台,为创建和运行 Java 程序提供了最基本的环境,可以开发桌面应用程序和低端服务器应用程序,还可以开发 Applet 小程序(详见第 7 章)。它主要包括 Java 运行时环境、Java 编译器、Java 解释器和 Java 命令行工具等。

2. Java EE

Java EE 是 Java 的企业开发应用平台,可以构建企业级的服务功能,提供了分布式企业软件组件架构的规范,包括 Web 性能以及 Java EE 服务器之间的互操作性。伴随 Web 技术在互联网的快速发展,Java EE 在整合应用开发过程的作用与日俱增。

3. Java ME

Java ME 是 Java 的嵌入式平台,是一种非常小的 Java 运行环境,用于嵌入式电子设备。它提供了 Java Card、Java Telephone、Java TV 等技术,支持智能卡业务、移动通信、电视机顶盒等功能。

1.2　Java 的开发和运行环境

1.2.1　Java 虚拟机

Java 运行环境是在安装 Java 开发工具包时被安装的,它主要由两个部分组成:Java 虚拟机(Java Virtual Machine,JVM)和 Java API。JVM 可以看作在一台真正的计算机上用软件方式实现的一台假想机。实际上,JVM 是一套支持 Java 语言运行的软件系统,定义了指令集、寄存器集、类文件结构栈、垃圾收集堆、内存区域等,提供了跨平台能力的基础框架。JVM 的解释器在得到字节码后,会先对它进行转换,使之能够在不同的平台上运行。

Java 跨平台的特点源于 Java 的源程序被编译后形成的字节码文件可以运行在任何含有 JVM 的平台上,无论是 Windows、UNIX、Linux 还是 Mac OS。在 Java 虚拟机作用下,执行 Java 程序时的流程如图 1-1 所示。

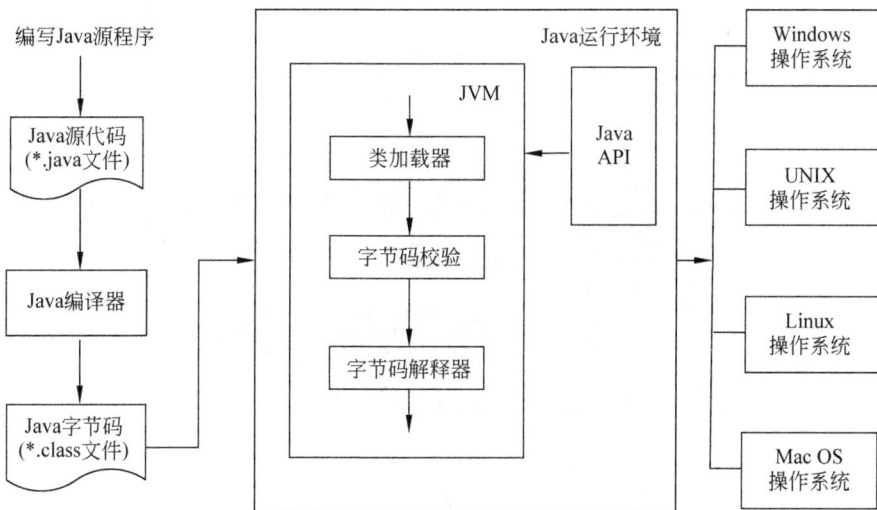

图 1-1　Java 程序执行过程示意图

JVM 既可以使用软件方式实现,也可以使用硬件方式实现。

1.2.2　JDK 的安装

JDK 作为 Sun 公司的 Java 开发工具包,内容比较丰富,功能也比较强大。它提供了

Java 程序的命令行编译和运行方式,但是没有提供程序的编辑环境以及可视化集成开发环境(Integrated Development Environment,IDE)。一般情况下,会选用记事本等编辑工具来创建 Java 源程序。JBuilder、MyEclipse 和 Eclipse 等 IDE 平台后来陆续出现并得到应用,都是建立在 JDK 运行环境之上的。关于 Eclipse 平台的使用会在 1.4 节进行介绍。

1. JDK 安装方法

Sun 公司的网站(http://java.sun.com)提供了许多版本的 JDK 供用户下载。下面以文件 jdk-6u5-windows-i586-p.exe 的安装为例,介绍 JDK 的安装方法。

双击该文件名,在弹出的安装交互界面中首先显示是否接受许可证协议对话框。单击"接受"按钮后,继续安装。当界面允许自定义安装路径时,单击"更改"按钮,将目标文件夹的设置由默认值更改为 D:\Java\jdk,这样显得简短并且不易出错,如图 1-2 所示。待出现如图 1-3 所示的界面时,表示 JDK 安装成功。

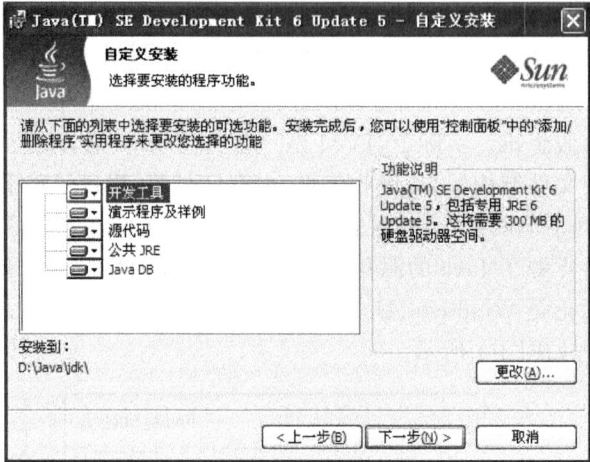

图 1-2　安装 JDK 时更改安装路径

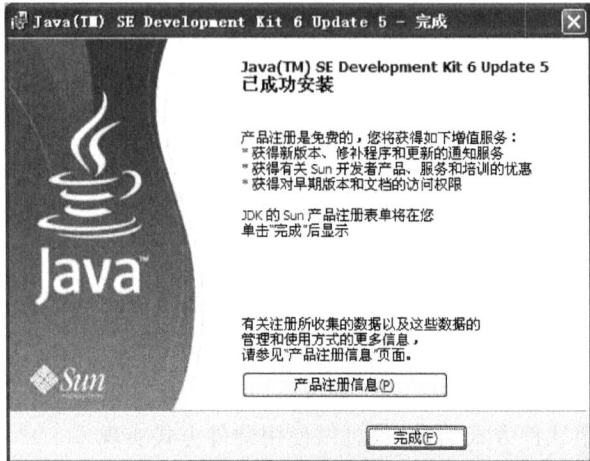

图 1-3　JDK 安装成功显示画面

2. 安装 JDK 的目录信息

前述操作顺利完成后,安装 JDK 的目录信息如图 1-4 所示。

在 D:\Java\jdk 目录下,可以看到有 bin、jre、lib、demo、include 子目录和部分文件。以下是关于它们的简要说明。

(1) bin 子目录。Java 的开发工具位于此子目录中,它们可以进行 Java 程序开发、编译、运行和调试等。

(2) jre 子目录。该子目录与 Java SE 运行时环境关联,包含类库以及其他文件。

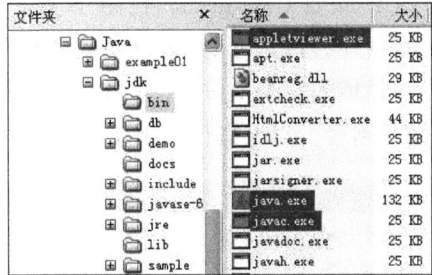

图 1-4　JDK 安装完毕的目录显示

(3) lib 子目录。附加库位于 lib 子目录中,是开发工具需要的附加类库和支持文件。

(4) demo 子目录。该子目录含有资源代码的程序示例。

(5) include 子目录。该子目录包含 C 语言头文件,支持 Java 本地接口和 JVM 调试程序接口的本地代码编程技术。

另外,压缩包 src.zip 中含有组成 Java 核心 API 的所有类的源程序。

3. JDK 常用开发工具

bin 子目录中的常用 Java 开发工具有以下几种。

(1) javac:Java 语言的编译器,用于将 Java 源程序转换成字节码。

(2) java:Java 解释器,执行已转换成为字节码的 Java 应用程序。

(3) appletviewer:Java 小程序 Applet 浏览器,用于运行 Java Applet。

(4) javap:反编译工具,将类文件还原回方法和变量。

(5) javadoc:文档生成器,根据 Java 源代码及其说明语句生成 HTML 文件。

(6) jar:Java Archive 文件归档工具,用于把类文件以及其他文件进行压缩打包。

(7) jdb:Java 调试器。启动 jdb 既可以使用与 Java 解释器类似的方法,又可以把 jdb 附加到一个已经运行的 Java 解释器上(该解释器必须带-debug 项启动)。

1.2.3　环境变量的设置

JDK 安装成功以后要设置环境变量,以便正常使用所安装的开发包。待设置的环境变量一个是 Path,另一个是 Classpath。前者用于指定 Java 开发包中的编译器、解释器等工具所在的目录,而后者将帮助 JVM 在对应的目录及子目录中查找指定类或接口的 .class 文件。

(1) 设置 Path。在 Windows 系统的桌面上,右击"我的电脑"图标,在弹出的快捷菜单中选中"属性"选项,在弹出的"系统属性"对话框的"高级"选项卡中单击"环境变量"按钮,进入"环境变量"对话框,如图 1-5 所示。

在"系统变量"列表框找到 Path 变量(图 1-5 中深色标记部分),单击"编辑"按钮,在弹出的"编辑系统变量"对话框中设置变量值:现有变量值保持不动,在尾部追加";D:\Java\jdk

\bin"。注意,";"不能少,它是两个路径之间的分隔,如图 1-6 所示。单击"确定"按钮,Path 的设置宣告完成。

(2) 设置 Classpath。在图 1-5 所示的"环境变量"对话框中新建系统变量 Classpath。单击"新建"按钮,出现"新建系统变量"对话框。在"变量名"一栏填入 Classpath,在"变量值"一栏填入".;D:\Java\jdk\lib",其中"."表示当前目录,一般写在前面,作为系统查找类的首个路径。以上操作如图 1-7 所示。单击"确定"按钮,Classpath 的设置也宣告完成。

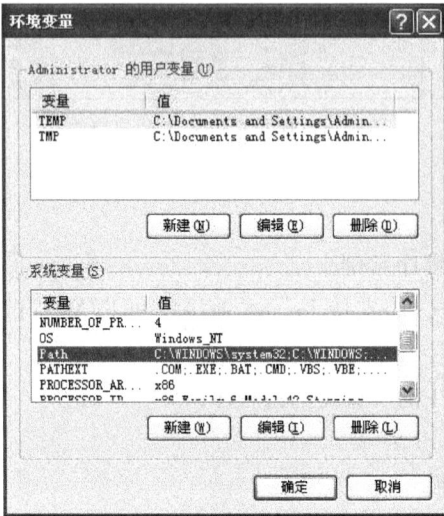

图 1-5 "环境变量"对话框

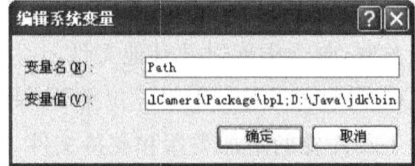

图 1-6 设置 Path 环境变量对话框

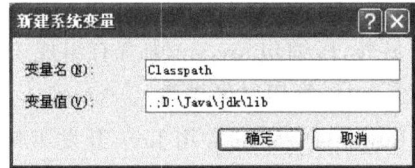

图 1-7 设置 Classpath 环境变量对话框

至此,环境变量设置完毕,已经为 Java 程序正常运行做好了准备。

1.2.4 Java API 文档

JDK 有一些说明,它们会以 HTML 文件的形式呈现出来。这些文件属于 JDK 应用程序编程接口 API 文档,用户通过浏览器就可以查看。

使用 Java API 文档,可以登录 http://java.sun.com 网站,下载压缩包 jdk-6-doc.zip 并解压后,打开 .\docs\api\index.html 文件,将看到 API 类文档信息,如图 1-8 所示。

在 API 文档页面的顶部有常用链接项。用户可以根据需求进行选择,例如单击 Tree 链接,将显示所有包的名字(有关包的概念将在 4.4.1 节介绍),以及所有类之间的层次关系;单击 Index 链接,全部变量和方法将按照字母顺序排列。

类文档中主要有类层次结构、类的功能介绍、成员属性表、方法表、变量说明表等。类文档显示画面中左上方显示 JDK 中的全部包信息。选择某个包以后,画面左下方将显示这个包中所有接口、类的信息。如果再选择了具体的接口或者类,画面的右侧将显示它的详细信息。

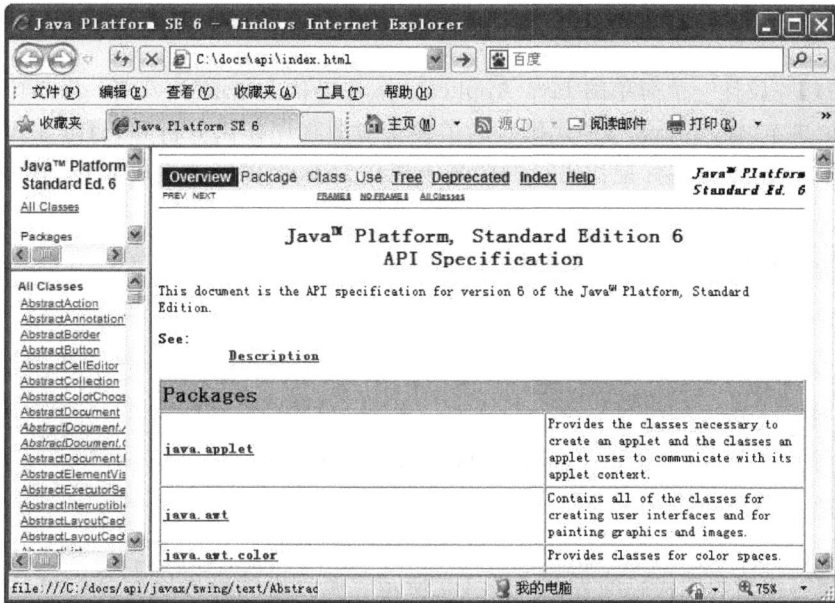

图 1-8　API 类文档信息显示页面

1.3　Java 程序开发实例

Java 程序分为两类,一类是 Java Application(Java 应用程序);另一类是 Java Applet (Java 小程序)。这两类程序的开发过程不尽相同。

JDK 提供的 Java 程序命令行开发方式,需要在 DOS 命令提示符状态下,通过输入 DOS 命令来实现。1.4 节将介绍使用起来更为便捷的 IDE 开发平台 Eclipse。

用 JDK 开发两类 Java 程序,总体上都包含以下 3 步。

1. 建立 Java 源程序

Java 源程序包含 Java 命令语句,可选用任何文本编辑器建立,通常是使用记事本。编辑完成后,要注意保存源文件。

2. 编译 Java 源程序

在命令行状态下执行 javac.exe,结果是将源程序编译成字节码。字节码文件的内容是 JVM 可以执行的指令,编译时如果出现错误则中止。用户此时可以根据错误提示修改源程序,之后再次进行编译操作,直到没有此类提示信息为止。

3. 运行 Java 程序

如果程序是 Java Application,那么在命令行状态下执行 java.exe,就可以将字节码文件解释为本地计算机能够执行的指令并予以执行。

如果程序是 Java Applet,则操作要复杂一些。这时应先建立一个 HTML 文件,在其中正确地嵌入字节码文件名,再用 JDK 的 appletviewer 工具运行该文件,程序执行结果就会在小程序查看器窗口显示出来。

1.3.1 Java 应用程序实例

【例 1-1】 设计一个简单的 Java Application,在屏幕上显示"Java Program!"。

打开记事本,输入 Java 程序代码。为了便于对源程序作出分析和解释,在每一行行首设置了序号。注意,这些标记代码行的序号不能作为 Java 程序的组成部分,书写时必须将其去掉。

程序代码如下:

```
1    public class Java1_1
2    {
3        public static void main(String args[])
4        {
5            System.out.println("Java  Program!");
6        }
7    }
```

用记事本编辑程序代码的界面如图 1-9 所示。源程序编辑好以后,用 Java1_1.java 来命名并保存,置于磁盘的指定目录下,这里存放于 D:\Java。

接下来对源程序 Java1_1.java 进行编译和执行。

在 Windows 系统的"开始"菜单中选中"运行"选项,在文本框中输入"cmd",再单击"确定"按钮。进入"D:\Java"目录,输入编译命令"javac Java1_1.java"后,会发现当前目录下多了一个 Java1_1.class 文件,原因是编译器 javac.exe 把源代码编译成为字节码时生成了一个类文件。输入命令"java Java1_1"后,Java 解释器执行 Java1_1.class 类文件,输出显示字符串"Java Program!"。

上述过程如图 1-10 所示。

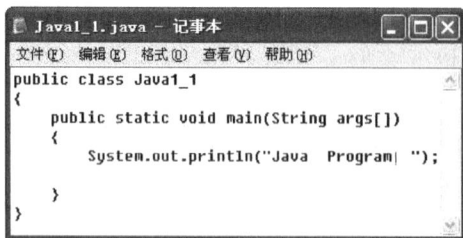

图 1-9　用记事本编辑程序代码的界面

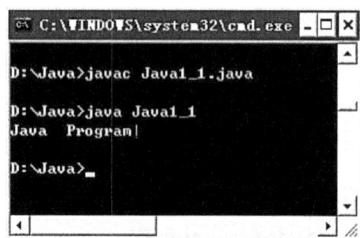

图 1-10　例 1-1 程序的编译和运行

程序分析如下:

第 1 行代码 public class Java1_1 标志着新建一个类 Java1_1。在定义类时必须使用关键字 class。Java 程序须以类的形式表现,任意一个程序中都可以定义若干个类。public 说明了类 Java1_1 可以被所有的类访问,为公共类。尽管一个 Java 源程序中包含的类允许不止一个,但是只能存在一个 public 类。如果源程序中存在 public 类,则文件的命名必须和这个类的名字保持相同。

第 2~7 行代码是类的内容部分,用"{}"界定。

第 3 行代码的作用是声明建立一个 main()方法。在 Java Application 中可以包含多个方法,但有且只有一个 main()方法,它是程序的入口。public 说明该方法是公共的,可以被所有的类调用。static 表明该方法可以通过类名 Java1_1 访问。void 说明该方法没有返回值。String args[]说明该方法的参数为一个字符串数组。

第 5 行代码功能是输出"()"内的字符串。System.out 是指标准输出,通常指连接计算机的设备,例如打印机、显示器等。println()方法的功能是输出一行,即把"()"内的"" ""中的字符串打印在标准输出设备(显示器)上,输出显示完毕换行。关于 System.out 的知识点将在 9.2.7 节中介绍。

第 5 行行末是";",这是 Java 的语法规定。一般地,实施某个操作的一行代码书写完以后,末尾用";"作为操作命令结束的标记。

【例 1-2】 设计一个稍复杂的 Java Application。要求用户输入两个数,并打印出它们的和、差、积、商。

程序代码如下:

```
1      import java.util.Scanner;
2      public class Java1_2
3      {
4          public static void main(String args[])
5          {
6              Scanner scan=new Scanner(System.in);
7              System.out.println("请输入两个数: ");
8              double x=scan.nextDouble();
9              double y=scan.nextDouble();
10             System.out.println("和:"+(x+y)+"差:"+(x-y)+"积:"+(x*y)+"商:"+(x/y));
11         }
12     }
```

在 Java Application 开发过程中建立的源程序保存为 Java1_2.java 源文件;经过编译,得到 Java1_2.class 字节码;在运行环节,输入两个数: 71.5 和 50,程序运行结果如图 1-11 所示。

程序分析如下:

第 1 行代码的功能是导入类库中的类——Scanner。这是一个文本扫描器类,在本程序中用于读取从键盘输入的数据。第 6 行代码创建了扫描器类对象 scan 后,第 8、9 行代码便调用该对象的nextDouble()方法,读取从键盘输入的两个双精度数据,分别赋值给变量 x、y。最终由第 10 行代码计算

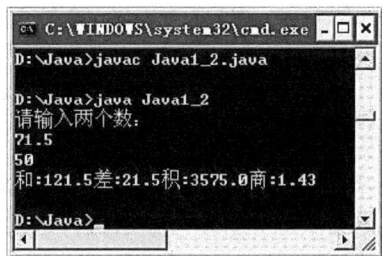

图 1-11 例 1-2 程序的编译和运行

并输出 x 与 y 的和、差、积、商。关于 import 的导入操作详细说明见 4.4.1 节,关于 Scanner 类的介绍见 5.4.3 节。第 6 行实例化产生 scan,关于对象的创建和使用详见 4.3.1~4.3.3 节。该语句中的参数 System.in 是一个对象,表示 Java 的标准输入设备——键盘。关于 System.in 的知识点说明见9.2.7 节。

1.3.2 Java 小程序实例

【例 1-3】 设计一个简单的 Java Applet，显示"Java Program!"。

程序代码如下：

```
1       import java.applet.Applet;
2       import java.awt.Graphics;
3       public class JavaApplet1_3 extends Applet
4       {
5           public void paint(Graphics g)
6           {
7               g.drawString("Java  Program!",25,30);
8           }
9       }
```

在 Java Applet 开发过程中，用记事本建立源程序，以 JavaApplet1_3.java 作为文件名保存于 D:\Java 目录下。经过编译后，在同一目录下生成 JavaApplet1_3.class 文件。

执行 Java 小程序的方法与前面例题不同。

需建立一个 HTML 文件。仍使用记事本书写如下的内容，注意嵌入 JavaApplet1_3.class：

```
<HTML>
<APPLET  CODE="JavaApplet1_3.class"  WIDTH=300 HEIGHT=150>
</APPLET>
</HTML>
```

将该文件保存在 D:\Java 目录下，以 J1_3.html 命名，后缀名 html 明确显示该文件是网页类型。

在小程序查看器中可显示 Java Applet 的执行结果，这需要在 DOS 命令提示符状态下输入命令"appletviewer J1_3.html"，如图 1-12 所示，程序运行结果如图 1-13 所示。

程序分析将在 7.2.3 节中详细介绍。

另外，可以直接用 IE 浏览器运行 J1_3.html 文件，这样操作更为快捷。在 Windows 系统环境下，找到该文件后双击即可显示执行结果。IE 窗口的显示结果如图 1-14 所示。

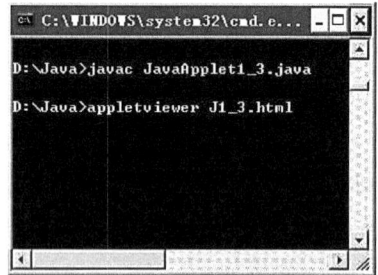

图 1-12　运行 Java Applet 的 DOS 窗口

图 1-13　小程序查看器窗口的运行结果

图 1-14　用 IE 浏览器查看运行结果

1.4 Eclipse 开发平台

Eclipse 是一个开放源代码且基于 Java 的可扩展集成开发平台。开放源代码是指让使用者能取得软件的原始码,有部分权限地修改和传播这个软件。Eclipse 附带了一个标准的插件集,包括 Java 开发工具。Eclipse 还包括插件开发环境。

Eclipse 由 IBM 公司于 2001 年推出,功能完整。用户可以到其官方网站 http://www.eclipse.org/downloads/下载 Eclipse 软件包。在 Windows 系统上安装 Eclipse,除了需要 Eclipse 软件包之外,还需要 Java JDK 的支持,并且要设置环境变量。

1.4.1 Eclipse 安装

使用 Eclipse 不需要运行安装程序,不需要更改 Windows 的注册表,只要将 Eclipse 压缩包解压释放到本地文件夹即可使用。

(1) 解压缩释放至本地。选定某一个版本的压缩包(例如 eclipse-jee-indigo-SR2-win32.zip),将其解压到本地目录下(如 D:\ eclipse),然后双击此目录中的 eclipse.exe 文件即可打开 Eclipse。启动 Eclipse 的界面如图 1-15 所示。

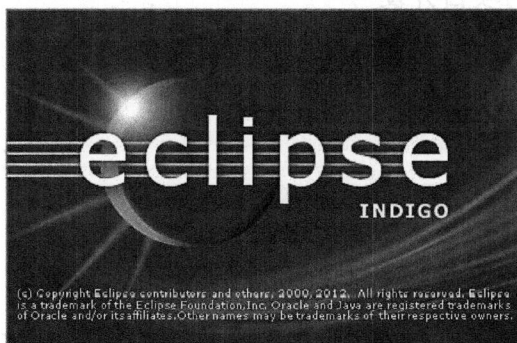

图 1-15　Eclipse 的启动界面

(2) 在 Workspace Launcher 对话框中,选择或新建一个文件夹用于保存创建的项目,如图 1-16 所示。

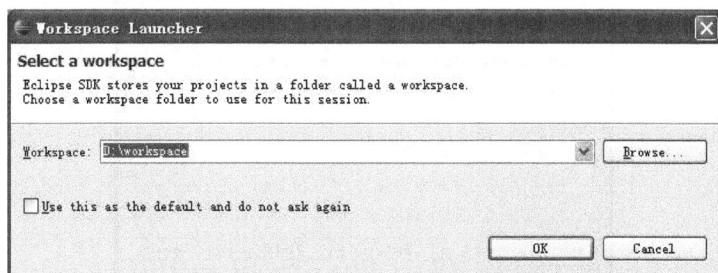

图 1-16　在 Workspace Launcher 对话框指定保存目录

(3) 设置完成单击 OK 按钮,进入 Eclipse 工作界面,如图 1-17 所示。

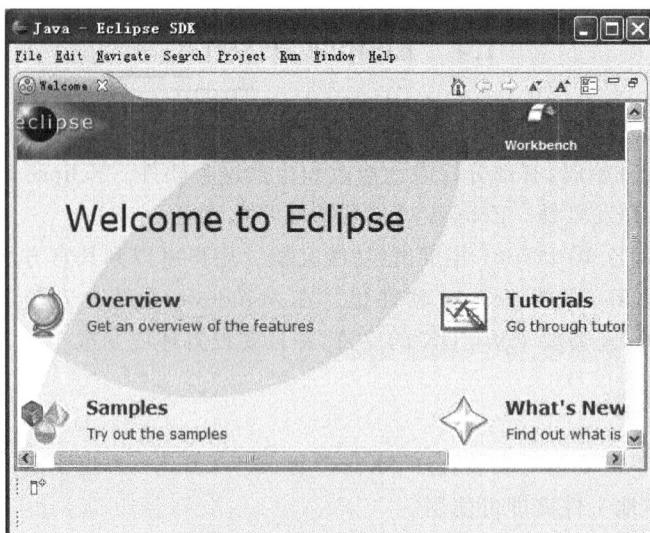

图 1-17　Eclipse 工作界面

1.4.2　Eclipse 平台的项目开发

（1）新建 Java 项目。在 Eclipse 主界面中选中 File|New|Java Project 菜单项，打开 New Java Project 对话框，在 Project name 文本框中输入项目名称"Eclipse1_4"，最后单击 Finish 按钮，如图 1-18 所示。

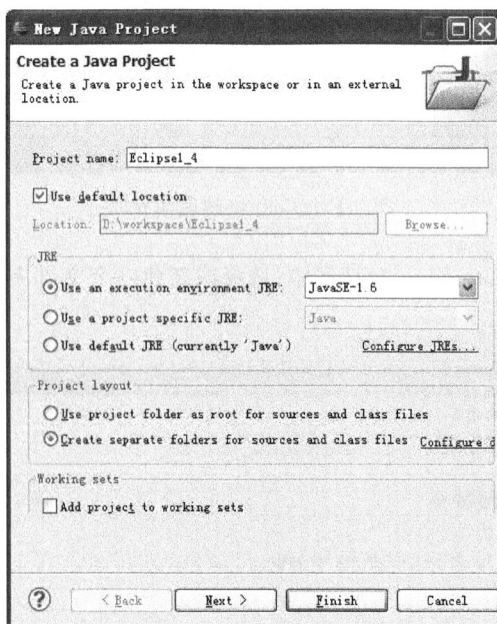

图 1-18　在 Eclipse 中新建 Java 项目

（2）新建 Java 类。选中 File|New|Class 菜单项，打开 New Java Class 对话框。设置其

名称为Eclipse1_4,并设置包名为mypackage,再选中public static void main(String[]
args)复选框,单击Finish按钮,如图1-19所示。

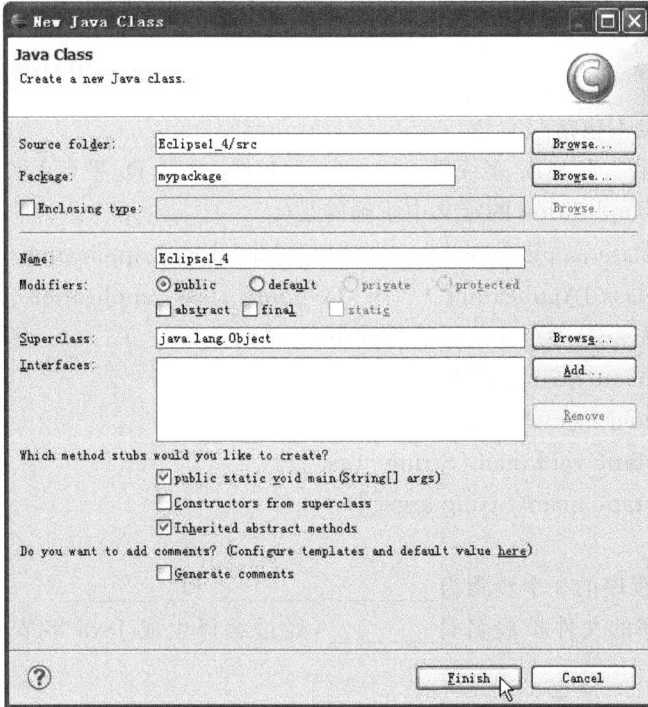

图 1-19　在 Eclipse 中新建 Java 类

（3）Eclipse 平台自动生成代码框架。用户需在 main()方法中写入程序代码(此处填写
了例 1-1 的源代码)。保存文件,选中 Run｜Run As｜Java Application 菜单项后,就会在
Eclipse 的控制台(Console)看到运行结果,如图 1-20 所示。

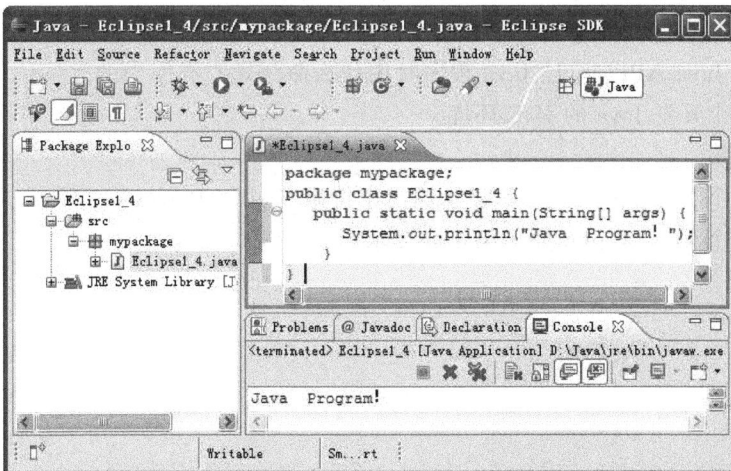

图 1-20　在 Eclipse 代码框架中输入源代码并运行

通过上述步骤,在 Eclipse 平台上便可以初步实施 Java 项目的开发。

习 题 1

一、选择题

1. Java 的特点不包括( )。

    A. 面向过程   B. 多线程   C. 分布性   D. 平台无关性

2. 以下对类 Japplication 的定义中正确的是( )。

    A. public class japplication   B. public class J application

    C. public class JApplication   D. public class Japplication

3. 以下对方法 main()定义的语法格式中,正确的是( )。

    A. public main(String a[])

    B. public void main(String arg[])

    C. public static void main(String args[])

    D. public static main(String args[])

二、填空题

1. 开发 Java 程序的 3 个步骤为_____、_____和_____。

2. Java 源程序的文件扩展名是_____,经过编译生成 Java 字节码文件,其扩展名是_____。

三、简答题

1. 简述 Java 语言的特点。

2. 什么是平台无关性? 怎样实现平台无关性?

3. Java 保留和放弃了 C++ 语言中的哪些机制? 为什么这样做?

4. 介绍一下 Java 的运行机制。

5. Java 的环境变量指的是哪两个? 如何设置它们?

6. Java 程序有哪两种类型? 它们的运行方式有何不同?

7. 什么是 Java API? 设计 Java 程序时用什么命令导入类库中的类?

8. 介绍一个开发 Java 的 IDE 环境。

四、编程题

1. 编写一个 Java Application,显示输出字符串"Java 2 Platform"。

2. 编写一个 Java Applet 完成第 1 题要求。

第 2 章　Java 语言基础

掌握一门程序设计语言一般要从学习其语言基础入手。本章介绍的是 Java 语言的标识符、关键字、数据类型、常量、变量、运算符、表达式等基本语法组成。

2.1　标识符和关键字

Java 语言使用的是 Unicode 字符编码标准。Unicode 字符集中的每个字符为 16 位编码,最多可以表示 65 535 个字符。Unicode 字符集的前 256 个字符与 ASCII 字符集一致,故 Java 语言的字符能够表示数字 0～9,英文字母 A～Z,a～z,以及＋、－、*、/等 ASCII 字符。此外,还可以表示汉字、俄语、朝鲜语、拉丁语等语言文字。

2.1.1　标识符

每个人或者每种物品在现实生活中都有名字。与此类似,Java 中的任何一个实体都要有名称。

标识符是命名实体的符号标记,也就是命名实体的名字。Java 中的常量、变量、类、对象等都需要标识符来命名。

Java 语言中的标识符由字母、下画线(_)、美元符号($)和数字等组成,并且第一个字符不能是数字。以下是合法的标识符:

```
HelloWorld  We_are  $house _hi_friend2468
```

以下是不合法的标识符:

```
7PE  #price  x+y*z  .net  public  int
```

为标识符命名时,需注意 Java 关键字不能当作标识符,例如上面的 public,int。另外,#、＋、－、*、,、&、!、＝等特殊符号不能出现在标识符中。

Java 语言中,标识符是区分大小写的,例如 myAPP 和 myapp 是两个不同的标识符。

用 Java 语言编程时,为了便于阅读和理解,标识符需要遵守以下命名习惯。

1. 常量名

常量名的所有字母均大写,用下画线分隔各个单词。例如,CIRCLE_RADIUS,COLLEGE_STUDENT_NUMBER。

2. 变量名

变量名通常全部字母小写。若是由多个单词构成,则首字母小写,其后单词首字母大写。例如 firstArray、thePrice。

3. 类名和接口名

类名和接口名的每个单词首字母大写。例如 TheClass 和 MyImplements。

4. 方法名

方法名首字母小写,其后单词首字母大写且以动词开头。例如 getValues、setYear。

2.1.2　关键字

关键字是由 Java 语言定义的具有特殊含义的单词。每个关键字都有一种特定含义,不能将其作为普通标识符使用。以下是一些常用的 Java 关键字:

abstract	byte	volatile	const	while	try	strictfp	this
char	void	new	static	super	continue	break	for
final	implements	native	protected	else	do	package	int
transient	extends	public	catch	switch	interface	class	long
finally	import	private	throws	case	goto	if	float
synchronized	instanceof	throw	double	default	return	boolean	short

2.1.3　分隔符

1. 空白符

空白符在语法上虽没有实际意义,但可以保持良好的编程样式。空白符包括空格、换行符、回车符等。

2. 分号(;)

分号(;)用于标识一条程序语句的结束,例如:

```
...
short   x=10;
if(x>0)
    System.out.println("x="+ x);
...
```

3. 逗号(,)

逗号(,)用于间隔类型相同的多个参数、变量、对象等,一般用于变量的声明或定义、方法参数的声明或给定当中。例如:

```
float o,p,q,r,s,t;
```

再如:

```
...
public void paint(Graphics g)
{
    g.drawString("HelloWorld",30,70);
}
...
```

4. 冒号(:)

冒号(:)在三元运算符中起到分隔作用,例如 long x＝(m＜n)? -111:888。另外,在转移结构中它被放在语句标号后,标记了转移的去向,语法格式如下:

<标号>:

5. 大括号({})

一对大括号({})常常用于类、方法的定义过程,也常用在复合语句的定义中。

2.1.4　注释符

注释属于代码的附属部分,是程序中用于说明和解释的文字片段,它对程序的运行过程起不到任何作用。程序中加入适当的注释可以增强程序可读性。

Java 提供了单行注释符、多行注释符和文档注释符 3 种注释符。

1. 单行注释符(//)

单行注释符后面一直到本行末的内容为注释。此格式的注释内容较少,故用于说明变量的用途或者本行程序的功能。

2. 多行注释符(/* */)

多行注释符的两个注释符之间的一行或多行内容为注释。"/*"表示注释开始,"*/"表示注释结束。此格式的注释内容一般较长,分布于多行之间,用于说明方法的功能等。另外,程序开发的目标、算法以及作者等信息一般也用这种注释来说明。

3. 文档注释符(/** */)

Java 语言中存在着一种很便捷的用法,能够将程序代码和说明文档放置于同一个文件中,同时使用一种特殊的注释语法来标记这些文档内容。Java 的工具 javadoc 可提取这些注释,并按照一定的格式显示这些文档。上述按特殊格式书写的注释就是文档注释。文档注释放在一个变量或者一个方法的说明之前,javadoc 读取特殊标记,并将注释内容保存到自动生成的 HTML 文档中。"/**"表示文档注释开始,"*/"表示文档注释结束。

下面的例子简单介绍了 3 种注释符的使用。

```
/**以下代码实现连乘的功能 */
…
double fact=1;                 //fact 为连乘积
for(int i=1; i<10;i++)         //用 for 语句实现
{
    fact=fact * i;
}
/ * 用 while 语句实现
int i=1;
while(i<10)
{
    fact=fact * i;
    i++;
} * /
System.out.println("fact="+ fact);
…
```

2.2 数据类型、常量与变量

2.2.1 数据类型

为了更加真实、准确地反映现实世界,计算机语言总是使用不同的形式来记录各种数据,这就需要在高级语言中存在若干种数据类型。Java 语言的数据类型分为两大类:基本数据类型和引用数据类型。引用数据类型包括数组、类和接口,基本数据类型如表 2-1 所示。下面对该表进行分类说明。

表 2-1　Java 基本数据类型

类　型	关键字	字节数	取 值 范 围
字节型	byte	1	$-128\sim127$
短整型	short	2	$-32\,768\sim32\,767$
整型	int	4	$-2^{31}\sim2^{31}-1$
长整型	long	8	$-2^{63}\sim2^{63}-1$
单精度浮点数	float	4	$-3.4\times10^{38}\sim3.4\times10^{38}$
双精度浮点数	double	8	$-1.7\times10^{308}\sim1.7\times10^{308}$
字符型	char	2	\u0000～\uFFFF(即 0～65 535)
布尔型	boolean	1	true false

1. 整数型

Java 语言中的整数有 4 种类型,它们是字节型、短整型、整型和长整型,对应一定范围内的正整数、负整数和零。由于它们的字节数不同,因而取值范围也不同。

Java 语言表示的整数有 3 种进制:十进制、八进制和十六进制。

(1) 十进制数:首位不能为 0,用一个或几个范围是 0～9 的数字表示的数,例如 6、-111 等。

(2) 八进制数:首位为 0,后面用一个或几个范围是 0～7 的数字表示的数,例如 0237。

(3) 十六进制数:前缀为 0X 或 0x,后面用一个或几个范围是 0～9 的数字、A～F 或 a～f 的字母表示的数,例如 0X3df 和 0x17BA 等。其中 A～F 或 a～f 都分别表示十进制的 10～15。

Java 语言中整数的默认类型为 int。若要将整数 38 表示为 long 型,需要为该数添加后缀 L 或 l,写为 38L 或 38l。

2. 浮点型

浮点型用于表示数学中的实数,这类数可以是整数,也可以有小数部分。浮点数有 2 种表示方式。

(1) 标准计数法:由整数部分、小数点和小数部分构成,如 -0.3,629.504 等。

(2) 科学计数法:由十进制整数、小数点、小数和指数部分构成,指数部分由 E 或 e 后面带上一个整数表示。例如,用 1.29E-3 来表示数学中的 1.29×10^{-3},其中 E 前面的

1.29 称为尾数,它可以是浮点数;E 后面的－3 称为阶码,它必须是整数。

Java 语言的浮点数有两种:单精度浮点数和双精度浮点数,后者是默认类型。若要在程序中指定一个单精度浮点数参加运算,则需要为该数添加后缀 F 或 f,如 4.81F。

3. 字符型

Java 语言中一个 Unicode 标准下的编码称作一个字符,一个字符占 2B。字符型数据的表示可以用单引号将单个字符括起来,如'A','t','一'等。此外,还可以用 Unicode 编码表示一个字符,如"\u0041"表示'A',其前缀为"\u"。另有一类不可显示的控制字符(如回车符)需要用转义字符表示,转义字符的前缀为"\"。Java 转义字符和它对应的 Unicode 编码如表 2-2 所示。

表 2-2　Java 常用转义字符

转义字符	功能描述	Unicode 编码	转义字符	功能描述	Unicode 编码
\n	换行	\u000a	\t	水平制表	\u0009
\f	换页	\u000c	\"	双引号	\u0022
\r	回车	\u000d	\'	单引号	\u0027
\b	退格	\u0008	\\	反斜杠	\u005c

4. 布尔型

布尔型也称为逻辑型,该类型数据只有真(true)和假(false)两个取值。

2.2.2　常量

在程序执行过程中,值始终保持不变的量称为常量。常量有两种表示形式:直接常量和符号常量。

1. 直接常量

直接常量在程序中表现为被直接使用,如 3.14159 表示一个浮点数,9L 表示一个长整型数,'w'表示一个字符,"No.1"表示一个字符串等。

2. 符号常量

符号常量是用标识符来表示的常量,其定义的语法格式如下:

[访问权限修饰符] final 数据类型 常量名=常量值;

其中,访问权限修饰符有 4 种:private、public、protected 和省略形式。符号"[]"表示该符号中的内容可以省略。final 是定义常量的关键字。数据类型的选定参见表 2-1。符号常量一经赋值,后面就不允许修改了。例如,下面定义了 3 个符号常量:

```
final float PI=3.14f;
final int THE_MAX_LENGTH=256;
final boolean SEX=true;
```

2.2.3　变量

变量是指在程序执行过程中,值可以改变的量。变量在使用时必须先定义后使用。

1. 变量的定义

变量定义的语法格式如下：

［访问权限修饰符］数据类型 变量名 1[=<表达式 1>][, 变量名 2[=<表达式 2>]…]

其中,有关访问权限修饰符、数据类型与前述的常量说明部分相一致。变量名应当是Java
语言合法的标识符。Java 程序中一次可以定义一个或多个变量,例如：

```java
int i=0, j=0;
short x,y,z;
char sort1='A';
boolean payment=false;
```

2. 变量的作用域

代码编写工作量很大的程序研发,往往是由一个小组共同来完成。此时,可能会出现变
量使用混乱的情形。为此,同组的不同人员在定义变量时,要确保它们只在自己的使用范围
内有效。变量的使用范围即为变量的作用域。以下是变量作用域的例子：

```java
…
int total=0;
{
    int i=1, j=2, k=3;
    total=total+i+j+k;
}
System.out.println("total="+total);
//System.out.println("i="+i+"j="+j+"k="+k);
…
```

程序片段中定义的变量有整型的 total 以及 i、j、k。在对 total 赋值为 0 这行代码的后
面,都可以使用或改写它的值。也就是说,一直到最后的输出语句,都是属于 total 变量的作
用域。而变量 i、j、k 的作用域仅限于"{}"内,即右"}"后面就不可以引用这些变量了。若将
单行注释符(//)去掉,则编译器报错,出错信息为："i cannot be resolved""j cannot be
resolved""k cannot be resolved"。变量作用域进一步的说明见 3.1.1 节。

2.3　运　算　符

计算机程序中,对数据的各项操作最为频繁的就是运算。常量、变量等各种运算的
对象称为操作数。运算符是用来对操作数进行各种运算的操作符号,例如加号(＋)、减
号(－)、乘号(＊)、除号(/)等。针对运算符带一个、两个或三个操作数,分别称之为一元
运算符、二元运算符或三元运算符。诸多操作数通过运算符连成一个整体后,就成为一
个表达式。

Java 程序中常用的运算符有算术运算符、关系运算符、逻辑运算符、位运算符、赋值运
算符、三元运算符及其他运算符。

2.3.1 算术运算符

为了完成基本的数值运算,Java 定义了一套算术运算符,分为一元运算符和二元运算符两类。一元运算符的优先级高于二元运算符。将算术运算符和操作数相连接,形成的是算术表达式,此类表达式的结果是个数值。

一元运算符包括＋、－、＋＋、－－,分别表示取正、取负、加 1、减 1。

二元运算符包括＋、－、＊、/、％,分别表示相加、相减、相乘、相除、求余。

使用＋＋、－－运算符在程序设计时更加明了、便捷,它们放置于操作数前面和后面所代表的含义是不同的,例如 a＋＋和＋＋a,二者的区别见例 2-1。

算术运算符及其应用如表 2-3 所示,设 3 个 int 型变量 a、b、c 和 1 个 double 型变量 d,它们的初值分别为 5、2、1 和 5。

表 2-3　算术运算符及其应用

运算符	举　例	运算结果	备　注	运算符	举　例	运算结果	备　注
＋	$a+b$	7	二元运算符	＋	$+a$	5	一元运算符
－	$a-b$	3	二元运算符	－	$-a$	－5	一元运算符
＊	$a*b$	10	二元运算符	＋＋	$++b$	3	一元运算符
/	a/b；d/b	2；2.5	二元运算符	－－	$--c$	0	一元运算符
％	$a\%b$	1	二元运算符				

【例 2-1】　应用一元运算符＋＋和－－分析变量 g、h、p 和 q 的值。

程序代码如下:

```
1    public class Example2_1
2    {
3        public static void main(String[] args)
4        {
5            int g=20, h=20, p=20, q=20;
6            System.out.println("g: " +g);
7            System.out.println("h: " +h);
8            System.out.println("p: " +p);
9            System.out.println("q: " +q);
10           System.out.println("g++: " +g++);
11           System.out.println("++h: " + ++h);
12           System.out.println("p--: " +p--);
13           System.out.println("--q: " + --q);
14           System.out.println("g: " +g);
15           System.out.println("h: " +h);
16           System.out.println("p: " +p);
17           System.out.println("q: " +q);
18       }
```

```
19    }
```

程序运行结果如下：

```
g: 20
h: 20
p: 20
q: 20
g++: 20
++h: 21
p--: 20
--q: 19
g: 21
h: 21
p: 19
q: 19
```

程序分析如下：

第 10 行代码中，要使得 g 的值先输出再加 1。第 12 行代码中的变量 p 也要先输出再减 1。与此不同，第 11 行中的 h 要先加 1 再输出，第 13 行中的 q 要先减 1 再输出。

2.3.2 关系运算符

关系运算符用于比较两个操作数之间的大小关系，属于二元运算符，包括 >、<、>=、<=、== 和 !=。

关系运算的结果为布尔类型的 true 或 false。数值大小的比较很容易看出来，字符型操作数的比较则要看它们的 Unicode 值。

将关系运算符和操作数相连接，形成的是关系表达式。关系运算符及其应用如表 2-4 所示，设两个 int 型变量 a、b 和一个字符型变量 c 的初值分别为 123、45 和 'Y'。

表 2-4　关系运算符及其应用

运算符	含　义	举　例	运算结果
>	大于	$a>b$	true
>=	大于或等于	$c>='X'$	true
<	小于	$b<45$	false
<=	小于或等于	$c<='y'$	true
==	等于	$a==b+78$	true
!=	不等于	$c!='Y'$	false

2.3.3 逻辑运算符

逻辑运算符用于连接关系表达式并对其进行逻辑运算，最后的结果是布尔类型，不是 true 就是 false。相应地，这种表达式就是逻辑表达式。逻辑运算符有 6 个：与（&）、或（|）、

非(!)、简洁与(&&)、简洁或(‖)和异或(^)。逻辑运算的真值表如表 2-5 所示。

表 2-5 逻辑运算的真值表

a	*b*	! *a*	*a*&*b*、*a*&&*b*	*a*丨*b*、*a*‖*b*	*a*^*b*
false	false	true	false	false	false
false	true	true	false	true	true
true	false	false	false	true	true
true	true	false	true	true	false

简洁与(&&)和与(&)之间是有区别的。"&"所连接的前、后两个表达式的值都需要计算出来,才可以得到 & 操作符的运算结果。"&&"所连接的两个表达式不需要都计算出结果。对于表达式 a&&b,当 a 为 false 时,不计算 b 的值而直接返回 false;只有当 a 为 true 时,才去计算 b 的值。简洁或(‖)和或(丨)的区别同上述情况相似。对于表达式 a‖b,当 a 为 true 时,不计算 b 的值而直接返回 true;只有当 a 为 false 时,才去计算 b 的值。

【例 2-2】 阅读下面的程序,分析运行结果,深入理解"&&"和"&"用法的区别。

程序代码如下:

```
1    public class Example2_2
2    {
3        public static void main(String[] args)
4        {
5            int m=7,n=5,x=0,y=0;
6            boolean flag1,flag2;
7            flag1 =m<n && x++==0;
8            flag2 =m<n & y++==0;
9            System.out.println("flag1="+flag1);
10           System.out.println("flag2="+flag2);
11           System.out.println("x 的值为:"+x);
12           System.out.println("y 的值为:"+y);
13       }
14   }
```

程序运行结果如下:

```
flag1=false
flag2=false
x 的值为:0
y 的值为:1
```

程序分析如下:

第 7 行和第 8 行代码都属于赋值语句,2.2.5 节将详细介绍它的格式和用法。这两行语句的功能是将赋值号(=)右边的逻辑表达式的值计算出来并且传递给左边的布尔型变量。因第 7 行代码是由简洁与(&&)连接的两个关系表达式,在判断出来 m<n 为 false 后,不再计算关系表达式 x++==0 的值,故 flag1 的值为 false。由于未执行 x 加 1 的操作,x 的

值保持为 0。第 8 行代码是由与(&)连接的两个关系表达式,在判断出来 m<n 为 false 后,还要计算关系表达式 y++ ==0 的值。故 flag2 的值为 false,执行了 y++ 使得 y 的值变为 1。

2.3.4 位运算符

位运算是以二进制位为单位进行的运算,其操作数和运算结果都是整数型。位运算符有 7 个:位与(&)、位或(|)、位非(~)、位异或(^)、右移(>>)、左移(<<)、无符号右移(>>>)。它们中除了位非(~)之外都是二元运算符。位运算的真值表如表 2-6 所示。

表 2-6 位运算的真值表

a	b	~a	a&b	a|b	a^b
0	0	1	0	0	0
0	1	1	0	1	1
1	0	0	0	1	1
1	1	0	1	1	0

例如:

...

```
System.out.println("a 的值为:"+~5);        //即~00000101,结果为 11111010
System.out.println("b 的值为:"+(9|3));      //即 00001001 | 00000011,结果为 00001011
System.out.println("c 的值为:"+(7&6));      //即 00000111 &00000110,结果为 00000110
System.out.println("d 的值为:"+(5^1));      //即 00000101 ^ 00000001,结果为 00000100
System.out.println("e 的值为:"+(2<<3));     //即 00000010 左移 3 位,结果为 00010000
System.out.println("f 的值为:"+(15>>1));    //即 00001111 右移 1 位,结果为 00000111
...
```

程序运行结果如下:

a 的值为: -6
b 的值为: 11
c 的值为: 6
d 的值为: 4
e 的值为: 16
f 的值为: 7

2.3.5 赋值运算符

赋值运算符是 Java 语言十分常用的符号,包括"="运算符和复合赋值运算符。

1. "="运算符

该运算符对变量进行赋值运算。在使用时应遵循以下语法格式:

变量名=表达式;

执行时首先计算赋值运算符右边的表达式,再将运算结果传递给左边的变量。

【例 2-3】 赋值运算的应用举例。阅读程序,注意运算符"＝"的用法。

程序代码如下:

```
1     public class Example2_3
2     {
3         public static void main(String args[])
4         {
5             int a=9,b=5,c=2;
6             System.out.println(a);
7             System.out.println(a=a*b);
8             System.out.println(a=a/c);
9             System.out.println(a=a%c);
10            System.out.println(a=a&c);
11            System.out.println(a=a|c);
12        }
13    }
```

程序运行结果如下:

```
9
45
22
0
0
2
```

程序分析如下:

执行代码第 5 行,变量 a 被赋值,初值为 9;执行了第 7 行之后,a 的值变为 45;执行了第 8 行之后 a 变为 22;执行了第 9 行之后 a 的值变为 0;执行了第 10 行的位与运算之后 a 的值为 0;执行了第 11 行的位或运算之后 a 的值变为 2。

2. 复合赋值运算符

将赋值运算符与其他运算符组合,便形成了复合赋值运算符,如表 2-7 所示。

表 2-7 复合赋值运算符的说明

运算符	用 法	等价于	备 注
$+=$	$z+=a$	$z=z+a$	z、a 为数值型
$-=$	$z-=a$	$z=z-a$	z、a 为数值型
$*=$	$z*=a$	$z=z*a$	z、a 为数值型
$/=$	$z/=a$	$z=z/a$	z、a 为数值型
$\%=$	$z\%=a$	$z=z\%a$	z、a 为数值型
$\&=$	$x\&=y$	$x=x\&y$	x、y 为布尔型或整型
$\|=$	$x\|=y$	$x=x\|y$	x、y 为布尔型或整型
$\wedge=$	$x\wedge=y$	$x=x\wedge y$	x、y 为布尔型或整型

若将例 2-3 的第 7～11 行代码改写为如下的形式：

```
7    System.out.println(a * =b);
8    System.out.println(a/=c);
9    System.out.println(a%=c);
10   System.out.println(a&=c);
11   System.out.println(a|=c);
```

则程序的运行结果不变。

2.3.6　三元运算符

使用三元运算符，应当遵循如下的语法格式：

```
h1 ? h2 : h3
```

其中，h1、h2 和 h3 都是表达式。三元运算符对应的运算规则如下：若表达式 h1 为 true，则三元运算的结果取表达式 h2 的值；否则取表达式 h3 的值。例如：

```
byte x=0, y=6, z;
z=(x==y) ? 1 : -1;
```

三元运算的结果使得 z 取 −1。

2.3.7　其他运算符

1. 字符串连接运算符

字符串连接运算符（+）的作用是连接两个字符串。当运算符"+"的一边为字符串而另一边为数值时，系统将自动把数值转换为字符串。例如：

```
double payment=54.7;
System.out.println("payment="+payment);
```

输出结果为字符串：payment=54.7。

2. 括号运算符

括号在运算中具有最高优先级。括号如果嵌套，则先计算内层括号里的表达式，后计算外层。例如：

```
int x=3, y=8, z=6, w=4;
x=x * ((y-z)/2+w);
```

运算结果：x 的值为 15。

3. 下标运算符

下标运算符（[]）用于数组定义和数组元素的引用。例如：

```
short arr[]={0,2,5,8,9};
arr[2]=arr[2]+500;
```

arr 为包含 5 个 short 型数据的数组名称。运算结果：arr[2]的值为 505。

4. 点运算符

点运算符(.)常出现在引用类中成员时,也常用于指示包的层次结构,详见 4.3.3 节和 4.4.1 节。例如:

```
import java.util.Scanner;
Scanner scan=new Scanner(System.in);
```

2.4 表 达 式

表达式由操作数和运算符组成,实现针对操作数的指定运算。算术表达式的结果是数值,关系表达式和逻辑表达式的结果是布尔类型的 true 或 false。本小节将给出几个例子,介绍表达式的使用。一个表达式中可能包含算术运算符、关系运算符、逻辑运算符、位运算符和其他运算符等,此时如何确定运算的先后顺序呢?这涉及运算符的优先级问题。有的表达式结果或许令人不解,例如,表 2-3 中 a/b 的值为 2。如何使得 a/b 的值为期望的 2.5?这涉及表达式数据类型转换问题。

2.4.1 运算符的优先级

Java 运算符具有优先级别的规定,如表 2-8 所示。优先级从上到下依次降低。最右边一列的结合性表示运算的顺序,例如:

```
int m=5,n=9,t;
t= m+-n;                              //该表达式即 t=m+(-n)
```

表 2-8　运算符的优先级

优先级	运　算　符	结合性
1	.　[]　()	从左至右
2	++　--　!　~　+(一元)　-(一元)	从右至左
3	*　/　%	从左至右
4	+(二元)　-(二元)	从左至右
5	>>　>>>　<<	从左至右
6	<　>　<=　>=	从左至右
7	==　!=	从左至右
8	&	从左至右
9	^	从左至右
10	|	从左至右
11	&&	从左至右
12	||	从左至右
13	?:(三元)	从右至左
14	=　+=　-=　*=　/=　%=　^=　&=　|=　<<=　>>=　>>>=	从右至左

2.4.2 数据类型转换

在 Java 语言中,根据运算的需要,可以将一种数据类型转换为另一种数据类型,其规则如下:当从位数较少的类型向位数较多的类型转换时,系统一般可自动完成;反之,当从位数较多的类型向位数较少的类型转换时,需要编程人员进行强制类型转换,此时,需要在待转换类型的表达式前加上一项:(目标类型)。基本数据类型所占用的位数从短到长依次为:

```
byte short char int long float double
```

这个顺序也就是系统自动完成转换的方向。自动转换的例子如下:

```
int e=603;        //int 型的变量 e
short f=15;       //short 型的变量 f
float g;          //float 型的变量 g
e=e+f;            //short 型 f 自动提升到 int 型
g=e+f;            //int 型 e 和 f 自动提升到 float 型
```

若程序运行到此,紧接着输出 e、f、g 的值,则 e=618,f=15,g=633.0。

数据类型强制转换的语法格式如下:

(目标类型) 表达式

强制转换的例子如下:

```
int a=5, b=2, y;      //int 型的变量 a 和 b,它们的初值分别为 5 和 2
float g, e=2.71828f;  //float 型的变量 g 和 e,e 的初值为 2.71828
g=(float)a/b;         //将 int 型变量 a 和 b 值强制转换成 float 型,即 5.0 和 2.0,再作除法
y=(int)e * 10;        //将 float 型变量 e 的值强制转换成 int 类型数据,即 2,再乘以 10
```

若程序运行到此,紧接着输出 g、y、e 的值,则 g=2.5,y=20,e=2.71828。由此可见,数据类型转换对于位数较多的数据类型转换成位数较少的数据类型时,因为截断了部分数位上的内容,会导致数据精度下降。

【例 2-4】 表达式、运算符的优先级和数据类型转换综合应用举例。

程序代码如下:

```
1    public class Example2_4
2    {
3        public static void main(String args[])
4        {
5            int x=37, y=4;
6            double n=1;
7            boolean a,b;
8            char c='A';
9            a=x+y/2>20 && c<'a' ;
10           b=(x+y)/2>20 && c<'a';
11           System.out.println("x * y="+(x * y));
```

```
12          System.out.println("x*n="+(x*n));
13          System.out.println("x/y="+(x/y));
14          System.out.println("(double)x/y="+((double)x/y));
15          System.out.println("a="+a);
16          System.out.println("b="+b);
17      }
18  }
```

程序运行结果如下：

```
x*y=148
x*n=37.0
x/y=9
(double)x/y=9.25
a=true
b=false
```

程序分析如下：

第 11 行代码的输出结果为整数 148。第 12 行则输出 37.0，在这行 x 的数据类型从 int 型自动转换成 double 型。第 13 行两个整型变量 x 和 y 作除法的商一定为整数，结果为 9，但是在第 14 行对表达式 x/y 进行了强制类型转换后，结果为 9.25。第 15、16 行输出布尔型变量 a 和 b 的值，这需要对第 9、10 行代码中的表达式进行计算，要注意混合运算中的运算符优先级问题。

2.4.3 应用举例

【例 2-5】 阅读程序，注意算术表达式的计算。

程序代码如下：

```
1   public class Example2_5
2   {
3       public static void main(String args[])
4       {
5           char a='A';
6           byte b=5;
7           short c=8;
8           int d=5;
9           long e=23L;
10          float g=1.5f;
11          int sum1, sum2;
12          float sum3=0f;
13          sum1=a-d;
14          sum2=--b+c*2;
15          sum3+=(e-(g-1)*40)*d;
16          System.out.println("sum1="+sum1);
17          System.out.println("sum2="+sum2);
18          System.out.println("sum3="+sum3);
```

```
19        }
20    }
```

程序运行结果如下：

```
sum1=60
sum2=20
sum3=15.0
```

程序分析如下：

第 13 行代码进行了数据类型的自动转换，变量 a 的值从 char 型转换成 int 型，也就是65,将表达式 65-5 的值赋值给变量 sum1。第 14 行同样存在数据类型的自动转换，并且注意变量 b 要先减 1 再参加其他运算。第 15 行代码出现了复合赋值运算符、运算符的优先级问题以及数据类型转换。

【例 2-6】 阅读程序,熟悉逻辑运算符和位运算符的使用。

程序代码如下：

```
1     public class Example2_6
2     {
3         public static void main(String args[])
4         {
5             int x=2, y=7, z=8, u=5, v=6, t1, t2, t3, t4 ;
6             boolean s1, s2, s3, s4;
7             s1=z>=8 || --x<0;
8             s2=z>=8 | --y<0;
9             s3=x>z-6 &&++z>8;
10            s4=x>z-6 &++z>8;
11            t1=u-1 &v+2;
12            t2=u-1 | v+2;
13            t3=u <<1;
14            t4=v >>2;
15            System.out.println("x="+x);
16            System.out.println("y="+y);
17            System.out.println("z="+z);
18            System.out.println("s1="+s1);
19            System.out.println("s2="+s2);
20            System.out.println("s3="+s3);
21            System.out.println("s4="+s4);
22            System.out.println("t1="+t1);
23            System.out.println("t2="+t2);
24            System.out.println("t3="+t3);
25            System.out.println("t4="+t4);
26        }
27    }
```

程序运行结果如下：

x=2

y=6

z=9

s1=true

s2=true

s3=false

s4=false

t1=0

t2=12

t3=10

t4=1

程序分析如下：

从第 7～10 行代码中，可以深刻领会"‖""|"以及"＆＆"与"＆"之间的区别。使用"|"（或"＆"）时，两边表达式的值都要计算；而使用"‖"（或"＆＆"）时，若左边表达式的值为真（或假），则不再计算右边的表达式。在该程序中要注意一元运算符"－－"和"＋＋"，它们放在操作数之前就要使操作数先减 1(加 1)然后参与别的运算。程序中第 11～14 行代码，对于含有位运算符的表达式，要先将十进制数转换为二进制，然后计算表达式的值。

【例 2-7】 输入 a，b 和 c 的值(要求 $b^2 - 4ac > 0$)，求方程 $ax^2 + bx + c = 0$ 的根。

程序代码如下：

```
1    import java.util.Scanner;
2    public class Example2_7
3    {
4        public static void main(String args[])
5        {
6            Scanner scan=new Scanner(System.in);
7            System.out.println("请输入方程的系数 a,b,c(要求 b*b-4*a*c>0)");
8            double a=scan.nextDouble();
9            double b=scan.nextDouble();
10           double c=scan.nextDouble();
11           double p,q,delta=b*b-4*a*c;
12           p=-b/(2*a);
13           q=Math.sqrt(delta)/(2*a);
14           double x1=p+q;
15           double x2=p-q;
16           System.out.println("x1="+x1);
17           System.out.println("x2="+x2);
18       }
19   }
```

程序分析如下：

第 8～10 行代码作用是人机交互输入系数 a、b、c，第 11 行的变量 delta 对应判别式，第 13 行 Math.sqrt()为调用 Math 类的 sqrt()方法，用于求 delta 的算术平方根。第 11～15 行代码都有表达式的应用。

习 题 2

一、选择题

1. 下列选项中属于 Java 语言合法标识符的是( )。
    A. 97HK   B. double   C. _price3   D. No1-oppo
2. 下面的 Java 变量名中正确的是( )。
    A. payment   B. the&man   C. out   D. $name.2
3. Java 语言中,char 型数据的位数为( )。
    A. 8 位   B. 16 位   C. 32 位   D. 64 位
4. Java 语言中,int 型数据的位数为( )。
    A. 8 位   B. 16 位   C. 32 位   D. 64 位
5. Java 语言中,float 型数据的位数为( )。
    A. 8 位   B. 16 位   C. 32 位   D. 64 位
6. 以下是 Java 语言的浮点数,其中写法错误的是( )。
    A. 3.14   B.5e2.7   C. −42e−3   D. 189e4
7. 下列符号不是二元运算符的是( )。
    A. ～   B. ＆＆   C. ＾   D. ‖
8. 以下( )不是 Java 的表达式。
    A. 算术型表达式   B. 日期型表达式   C. 关系型表达式   D. 逻辑型表达式
9. 6＆8 的运算结果为( )。
    A. 0   B. 2   C. 4   D. 6
10. 若 int x＝3,int y＝x－－和 int z＝－－x 依次执行后,y 和 z 的值分别为( )。
    A. 2 2   B. 3 2   C. 2 3   D. 3 1
11. 已知 a＝7,b＝3,c＝'e',下列表达式( )的值为 true。
    A. a＞7 ＆ b＝＝3 B. a−2＞1＋ ＋＋b C. ! false ‖ false D. c＜ '9'

二、填空题

1. Java 语言的数据类型有 byte、_____、_____、_____、_____、_____、_____和_____。
2. Java 语言的转义字符有\n、\f、\t、_____、_____、_____等。
3. 若 int x＝50;int y＝＋＋x!＝52? ＋x:－x;则 y 的值为_____。
4. 整型变量 i 不能同时被 3 和 7 整除的表达式为_____。

三、简答题

1. Java 语言中常量是如何定义的?
2. Java 语言中变量的命名规则有哪些?
3. Java 语言中有哪几种添加注释的方法?
4. Java 语言中的基本数据类型各自的取值范围是多大?
5. Java 语言中数据类型的转换方式有哪两种?
6. Java 语言中的运算符主要有哪些类型,其运算的优先级怎样?

四、编程题

1. 定义符号常量 E 和 ORDER1,它们的值分别为 2.71828 和'D'。

2. 设定 $x=2, y=5, z=4$,计算表达式 $(x+y+z)^3$ 的值。

3. 编程,由用户输入长方体的长、宽和高,计算该长方体的表面积。

4. 编程,由用户输入点 A 和点 B 的坐标,计算 A、B 两点间的距离。

5. 编程,由用户输入 3 个数(要求任意两数之和大于第三个数)。它们对应于一个三角形的三边长度,利用海伦公式求出该三角形的面积。

6. 已知球的体积公式为 $V=\dfrac{4}{3}\pi R^3$,编程实现当用户输入球的半径 R 时,计算并输出球的体积 V。

第3章 Java控制结构、数组和字符串

Java程序的基本控制结构包含顺序、分支和循环3种。顺序结构的执行是按照先后次序顺次执行,分支结构的执行是根据判定结果选择对应的语句来执行,循环结构的执行是根据循环条件来决定是否重复执行循环体。本章除了介绍上述内容之外,还将介绍数组和字符串应用的语法格式。

3.1 顺 序 结 构

3.1.1 语句和语句块

Java程序是由一条条语句组成的,语句就成为其最小的执行单位。

2.3.5节讲到了赋值运算,它实际上就对应着语句,例如int a=9;就是一条赋值语句。例2-3中出现了两种输出语句:

```
System.out.println(a=a * b);
System.out.println(a);
```

在这两行语句中,前一行有赋值号,需要计算表达式a * b并赋值给变量a;后一行没有赋值运算符,就把变量a的值返回给输出语句。Java语言也可以将方法的调用写在输出语句中,例如:

```
System.out.println(Math.sqrt(16));
```

Java语言的语句块是指用"{}"括起来的语句组,这在语法上将作为一条语句使用。例如,下面就是一个语句块:

```
{   int y=1;
    y=y+20;
}
```

2.2.3节提到了变量的作用域。有了语句块的定义以后,变量的作用域就可以解释为变量定义所在的语句块。

语句块可以嵌套。在嵌套时,变量可以定义在语句块的任何位置。外层语句块中定义的变量既可以在外层使用,也可以在内层使用。也就是说,外层块定义的变量,其作用域涵盖了内层块,反之则不然。下例出现了此类作用域问题:

```
{   int a=3, b=5;
        {   int c=7;
            c=c-a;
        }
    b=b+c;
}
```

上面的语句块中,外层定义了变量 a 和 b,其作用域是在整个内、外层块的范围中,即内层块也可以使用 a 和 b,因此语句

c=c-a;

正确。但是,内层块定义的变量 c 作用域仅限于内层,外层块不可以使用,因此语句

b=b+c;

错误。

3.1.2 顺序结构

和其他结构化程序设计语言类似,Java 语言也有顺序结构、分支结构和循环结构 3 种基本控制结构。顺序结构的程序在执行时是按照前后顺序依次执行的,其流程如图 3-1 所示。

顺序结构在程序设计中用得非常频繁。这种结构的语句比较简单,但在具体程序中是必不可少的。例 1-1～例 1-3 以及例 2-1～例 2-7,都是属于顺序结构的程序。

【例 3-1】 顺序结构应用举例。编程,实现交换两个变量的值。程序代码如下:

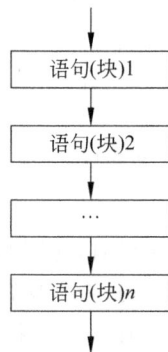

图 3-1 顺序结构的流程图

```
1    public class Example3_1
2    {
3        public static void main(String args[])
4        {
5            int m=1, n=6, t;
6            t=m;
7            m−n;
8            n=t;
9            System.out.println("m="+m);
10           System.out.println("n="+n);
11       }
12   }
```

程序运行结果如下:

m=6
n=1

程序分析如下:
交换两个变量的值要借助第三个变量才能实现。

3.2 分 支 结 构

在例 2-7 中,用户提供的一元二次方程系数 a、b 和 c 满足判别式大于 0,程序运行后可以得到两个不相等的实数根。但是,若考虑判别式等于 0 和小于 0 的情况,就对应着两根相等和

根不存在的结果。此时,需要分不同情形选择不同的语句块来得出结论。仅使用顺序结构无法实现这样的思路,应用分支结构就成为了编程的关键。许多现实生活中的实例都与分支结构的思想相对应。例如,打客服电话时话务员会提醒用户选择服务种类;再如使用自助存取现金时,ATM 机会根据提示选择币种,等等。在 Java 语言中,分支结构主要包括 if 语句和 switch 语句。

3.2.1 if 语句

if 语句有双分支结构和单分支结构,其语法格式如下:

```
if(条件表达式)
    语句块 1
[ else
    语句块 2
]
```

在执行时,先判断条件表达式的值,若为 true 则执行语句块 1,之后执行该 if 分支结构的后续语句;否则执行 else 后面的语句块 2。流程如图 3-2(a)所示。如果省略 else 子句,条件表达式值为 true 执行语句块 1,为 false 时什么也不做,其流程如图 3-2(b)所示。

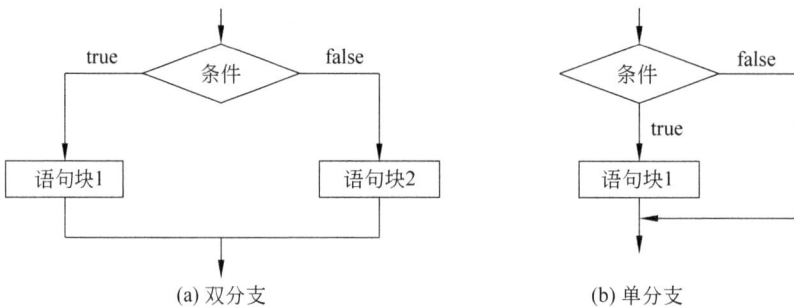

(a) 双分支　　　　　　　　　　(b) 单分支

图 3-2　if 语句流程图

【例 3-2】　比较两个数,求出其中的较大者并输出。若使用双分支的 if 语句,则程序代码如下:

```
1    import java.util.Scanner;
2    public class Example3_2
3    {
4        public static void main(String args[])
5        {
6            Scanner scan=new Scanner(System.in);
7            System.out.println("请输入两个数:");
8            double x=scan.nextDouble();
9            double y=scan.nextDouble();
10           if(x<y)
11           {
12               System.out.println("两个数中的较大者: "+y);
13           }
14           else
```

```
15            {
16                System.out.println("两个数中的较大者："+x);
17            }
18        }
19    }
```

程序运行后，在提示"请输入两个数："后面输入 3.14 和 2.7，则输出结果如下：

两个数中的较大者：3.14

程序采用了双分支的 if…else… 语句，这是二选一型结构。如果采用单分支 if 语句，则需要将上述程序代码进行修改，要将第 10～17 行替换为下列语句：

```
double max=x;
if(x<y)
{
    max= y;
}
System.out.println("两个数中的较大者："+max);
```

程序的运行结果不变。这里 if 语句仅有一个分支处理，故预设变量 max 并先将 x 的值赋给它。经过比较，确定调整或不调整 max 的值，再输出 max 即可。

【例 3-3】 已知下面的分段函数：

$$y=\begin{cases} 5x, & x\leqslant 0 \\ 1+2x, & x>0 \end{cases}$$

设计程序，输入 x 得到 y 的值。
程序代码如下：

```
1    import java.util.Scanner;
2    public class Example3_3
3    {
4        public static void main(String args[])
5        {
6            Scanner scan=new Scanner(System.in);
7            System.out.println("请输入 x:");
8            double x=scan.nextDouble(),y;
9            if(x<=0)
10           {
11               y=5 * x;
12           }
13           else
14           {
15               y=1+2 * x;
16           }
17           System.out.println("y="+y);
18       }
19    }
```

程序运行后,用户若输入 0 则输出 $y=0.0$;若输入 8 则输出 $y=17.0$。

本例中的分段函数也是二选一型的,应当用双分支 if 语句完成。但是,如果分段函数存在超过两种情形来选择时,使用前面的语句结构就难以完成了,此时可以用 if 语句的嵌套形式实现。

3.2.2 if 语句的嵌套

if 语句的嵌套是指单分支或双分支 if 语句中,语句块又包含着一重或多重 if 语句。其语法格式如下:

```
if(条件表达式)
    {if (条件表达式)
            语句块
        [else
            语句块
        ]}
[else
    {if (条件表达式)
        语句块
     [else
        语句块
        ]}
]
```

嵌套时,语句中的每一个 else 必须和一个 if 相对应,以避免产生混乱。

【例 3-4】 再计算下面分段函数的值:

$$y=\begin{cases}2x+1, & x<2 \\ x-3, & 2\leqslant x<8 \\ 3x-1, & x\geqslant8\end{cases}$$

程序代码如下:

```
1    import java.util.Scanner;
2    public class Example3_4
3    {
4        public static void main(String args[])
5        {
6            Scanner scan=new Scanner(System.in);
7            System.out.println("请输入 x:");
8            double x=scan.nextDouble(),y;
9            if(x<2)
10           {
11               y=2*x+1;
12           }
13           else
14           {   if(x<8)
15                   y=x-3;
```

```
16                else
17                    y=3 * x-1;
18            }
19            System.out.println("y="+y);
20        }
21    }
```

用户在程序运行后,分别输入 0,7 和 9,对应输出结果为 1.0,4.0 和 26.0。该程序使用了 if 语句嵌套形式:在 else 子句部分,又嵌入了 if 语句,这样建立了三选一型结构。请读者思考一下:若换作在 if 和 else 之间嵌入另外一个 if 语句,应当如何完成?

3.2.3　多分支 if 语句

例 3-4 中的 if 语句嵌套形式也可以改写为多分支 if 语句,这种格式看起来比较清晰。其语法格式如下:

```
if(条件表达式 1)
    语句块 1
else if(条件表达式 2)
    语句块 2
…
else if(条件表达式 n)
    语句块 n
[else
    语句块 n+1
]
```

多分支 If 语句的执行过程为,先计算条件表达式 1,若条件表达式 1 的值为 true 则执行其后的语句块 1,然后执行多分支 if 结构后面的语句;若条件表达式 1 的值为 false,则判断条件表达式 2 的值是否为 true,为 true 则执行其后的语句块 2,否则依次继续向下判断。如果所列出的前 n 个条件表达式的值都为 false,再看有没有 else 子句,有则执行它后面的语句块 n+1,若没有则执行该多分支 if 结构后面的语句。整个流程如图 3-3 所示。

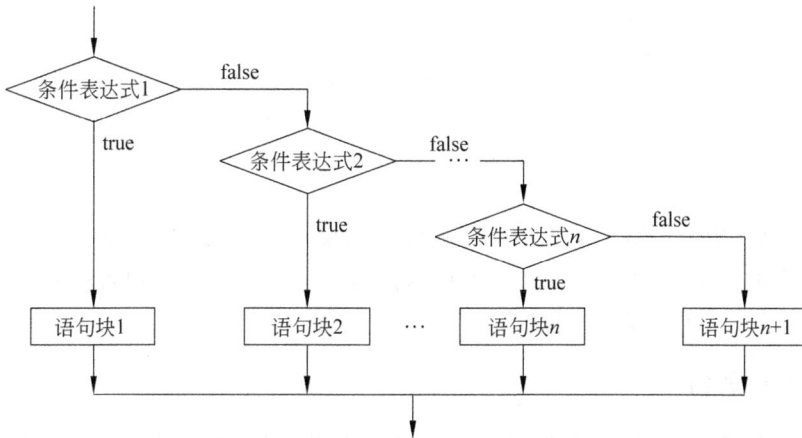

图 3-3　多分支的 if 语句流程图

将例 3-4 改写为多分支 if 语句,核心部分如下:

```
if(x<2)
    y=2 * x+1;
else if(x<8)
    y=x- 3;
else
    y=3 * x-1;
```

相比于 if 语句嵌套,这样的程序看起来层次更加分明。例 2-7 中,将判别式等于 0 和小于 0 的情况都考虑进来,则完整的程序代码如下:

```
1    import java.util.Scanner;
2    public class Example2_7
3    {
4        public static void main(String args[])
5        {
6            Scanner scan=new Scanner(System.in);
7            System.out.println("请输入方程的系数 a,b,c");
8            double a=scan.nextDouble();
9            double b=scan.nextDouble();
10           double c=scan.nextDouble();
11           double p,q,delta=b * b-4 * a * c;
12           p=-b/(2 * a);
13           if(delta<0)
14               System.out.println("该一元二次方程无实数根");
15           else if(delta==0)
16           {   double x=p;
17               System.out.println("该一元二次方程两根相等,x="+x);
18           }
19           else
20           {   q=Math.sqrt(delta)/(2 * a);
21               double x1=p+q;
22               double x2=p-q;
23               System.out.println("x1="+x1);
24               System.out.println("x2="+x2);
25           }
26       }
27   }
```

程序运行后,用户若输入 1,2 和－15 则输出结果为"x1＝3.0"和"x2＝－5.0";用户若输入 1,4 和 4 则输出结果为"该一元二次方程两根相等,x＝－2.0";用户若输入 5,1 和 2 则输出结果为"该一元二次方程无实数根"。

3.2.4　switch 语句

switch 语句是 Java 语言中另一种表示多分支结构的语句,该结构使得此类程序更为简练,其语法格式如下:

```
switch(表达式)
{
    case 常量 1:
        语句块 1
        [ break; ]
    case 常量 2:
        语句块 2
        [ break; ]
    ...
    case 常量 n:
        语句块 n
        [ break; ]
    [ default:
        语句块 n+1 ]
}
```

  switch 语句的执行过程为,先对表达式求值,然后将它逐一与 case 子句中的常量值相匹配:如果匹配成功,则执行该 case 子句中的语句块,直到遇见 break 才算结束,去执行 switch 结构的后续语句。假如某个 case 子句中没有 break,若表达式的值与该 case 后的常量值相等,在执行完毕该 case 子句中的语句块后,要紧接着去执行后继的 case 子句中的语句序列,直到遇见 break 才算结束。如果所有 case 子句的常量均未能匹配成功,则往下看有没有 default 子句,若有就执行语句块 $n+1$,若无就算结束,去执行 switch 结构的后续语句。整个流程如图 3-4 所示。

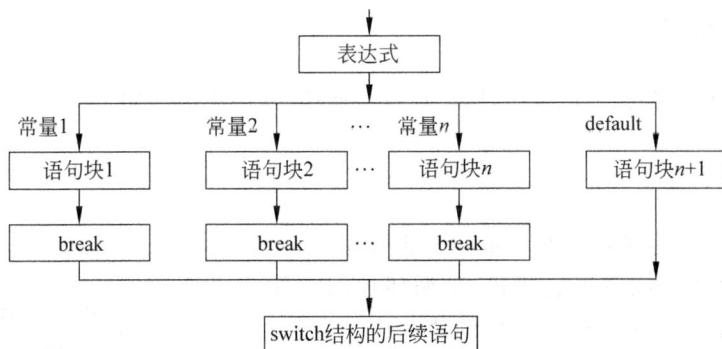

图 3-4　switch 语句的流程图

【例 3-5】 将数值 0~6 表示的星期几转换为由英文表示的形式。

程序代码如下:

```
1    import java.util.Scanner;
2    public class Example3_5
3    {
4        public static void main(String args[])
5        {
6            Scanner scan=new Scanner(System.in);
7            System.out.println("请输入一个数字(0~6): ");
```

```
8              int when=scan.nextInt();
9              switch(when)
10             {
11                 case 0: System.out.println("Sunday");    break;
12                 case 1: System.out.println("Monday");    break;
13                 case 2: System.out.println("Tuesday");   break;
14                 case 3: System.out.println("Wednesday"); break;
15                 case 4: System.out.println("Thursday");  break;
16                 case 5: System.out.println("Friday");    break;
17                 case 6: System.out.println("Saturday");  break;
18                 default: System.out.println("Error Input");
19             }
20      }
21  }
```

程序中的 switch 语句有 8 个分支,对应着用户输入不同数据的处理结果。

3.3　循　环　结　构

循环是指在程序中有规律地反复执行某一语句块的现象。被重复执行的语句块称为循环体,循环体的执行与否以及次数多少要视循环类型与条件而定。当然,无论何种类型的循环结构,其共同的特点是必须确保循环体的重复执行能被终止。

Java 的循环语句有 for 语句,while 语句和 do 语句。

3.3.1　for 语句

for 语句在循环结构中最常用,属于计数型循环,其语法格式如下:

```
for ([表达式 1];[表达式 2];[表达式 3])
    循环体语句块
```

其中,[表达式 1]是对循环控制变量初始化操作;[表达式 2]是关系表达式或逻辑表达式,是循环控制条件;[表达式 3]用于改变循环控制变量的值。这 3 个表达式都可以省略,当[表达式 2]省略时就默认该式的值为 true。

for 语句运行后,首先执行 1 式,进行循环控制变量的初始化。接下来判定 2 式的真假。如果为真,就去执行循环体语句块,并且要由 3 式来修改循环控制变量,这就完成了一次循环。然后再次判定 2 式的真假,如果为真就重复上述过程。这样的操作一直进行下去,直到 2 式的值为假时,不再执行下去,整个循环宣告结束,转向 for 结构的后续语句。当然,若首次判定 2 式的值就为假,则循环一次也不会执行。上述过程如图 3-5

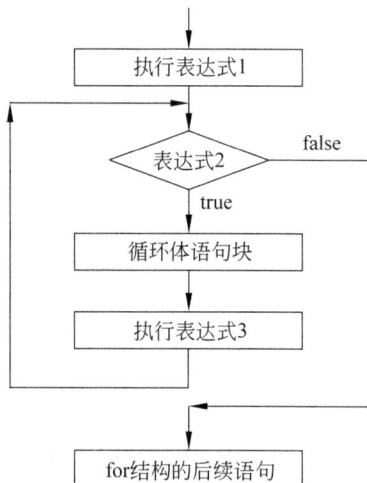

图 3-5　for 语句流程图

所示。

【例 3-6】 求 $1+2+3+\cdots+10$ 的值。

程序代码如下：

```
1    public class Example3_6
2    {
3        public static void main(String args[])
4        {
5            int sum=0;
6            for(int i=1;i<=10;i++)
7                sum=sum+i;
8            System.out.println("1+2+3+…+10="+sum);
9        }
10   }
```

程序运行结果如下：

1+2+3+…+10=55

本例题编程实现起来较为简单,理解了累加的思想就能顺利完成,第 7 行代码是关键。

【例 3-7】 求 Fibonacci 数列前 9 项的值。已知 Fibonacci 数列为 $1,1,2,3,5,\cdots\cdots$ 该数列有如下特点：第 1 项、第 2 项均为 1,从第 3 项开始,每一项都是前两项之和,即

$$F_n = \begin{cases} 1, & n=1 \\ 1, & n=2 \\ F_{n-1}+F_{n-2}, & n \geqslant 3 \end{cases}$$

程序代码如下：

```
1    public class Example3_7
2    {
3        public static void main(String args[])
4        {
5            int x1=1, x2=1, x3;
6            System.out.println("数列第 1 项："+x1);
7            System.out.println("数列第 2 项："+x2);
8            for(int i=3;i<=9;i++)
9            {
10               x3=x1+x2;
11               System.out.println("数列第"+i+"项："+x3);
12               x1=x2;
13               x2=x3;
14           }
15       }
16   }
```

程序运行结果如下：

数列第 1 项：1

数列第 2 项：1

数列第 3 项：2

数列第 4 项：3

数列第 5 项：5

数列第 6 项：8

数列第 7 项：13

数列第 8 项：21

数列第 9 项：34

程序分析如下：

定义变量 x1 代表第 1 项，x2 代表第 2 项。x3 代表第 3 项的值，它由 x1＋x2 求得（代码第 10 行）。当首轮计算完成后，x2 成为第 1 项（代码第 12 行），x3 成为第 2 项（代码第 13 行），然后进行下一轮的运算。继续后面各轮循环，直到最后计算出第 9 项的值，这样就得到了全部结果。

【例 3-8】 如果一个三位数等于其各位数字的立方和，则称这个数为水仙花数，例如 $153＝1^3＋5^3＋3^3,371＝3^3＋7^3＋1^3$。试编程找出所有的水仙花数。

程序代码如下：

```
1    public class Example3_8
2    {
3        public static void main(String args[])
4        {
5            int x, y, z, k;
6            System.out.println("全部水仙花数: ");
7            for(int i=100; i<=999; i++)
8            {
9                x=i/100;
10               y=i/10-x * 10;
11               z=i-x * 100-y * 10;
12               k=x * x * x+y * y * y+z * z * z;
13               if(i==k)
14               {
15                   System.out.print(i+"   ");
16               }
17           }
18       }
19   }
```

程序运行结果如下：

全部水仙花数：

153   370   371   407

程序分析如下：

100,101,102,…,999,每个数均要被检测。设每轮要测试的数为 i。针对判断条件，求出待测试数据 i 的百位（代码第 9 行）、十位（代码第 10 行）和个位（代码第 11 行）的数字，看看是否符合水仙花数的条件(代码第 12、13 行)。再一轮要测试加 1 之后的 i,如此循环 900 轮,完成对全部三位数的检测。

3.3.2　while 语句

循环结构中 for 语句一般用于循环次数可预知的情形。然而,编程时往往存在循环次数无法确定、要通过条件终止循环的状况,此时可以采用 while 语句来实现。while 语句属于条件型循环,它根据某一条件进行判断,决定是否执行循环。其语法格式如下:

```
while(布尔型表达式)
    循环体语句块
```

while 语句执行时,如果布尔型表达式的值为 true,则执行循环体语句块;否则退出循环。其执行流程如图 3-6 所示。

实际编程中,循环体语句块在执行时应能使条件发生改变,以确保布尔型表达式的值最终可以出现 false,否则会出现死循环。

【例 3-9】　我国现有人口 13 亿,求按照年增长率 1.2% 计算,需要多少年后我国人口超过 20 亿。

程序代码如下:

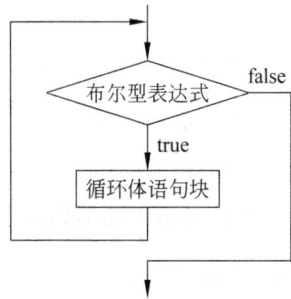

图 3-6　while 语句流程图

```
1    public class Example3_9
2    {
3        public static void main(String args[])
4        {
5            double p =13, r =0.012;
6            int i =0;
7            while(p<=20)
8            {
9                p =p *  (1 +r);
10               i =i +1;
11           }
12           System.out.println(i+"年后,我国人口达到"+p+"亿");
13       }
14   }
```

程序运行结果如下:

37 年后,我国人口达到 20.212606208344745 亿

程序分析如下:

定义变量 p 表示人口数并赋初值为 13(亿),变量 r 表示增长率并赋初值为 0.012,变量 i 表示经过多少年。while 语句的循环体主要来计算人口每过一年以后的数量(代码第 9 行),并且要修改循环控制变量 i 的值(代码第 10 行)。

【例 3-10】　求满足 $1+2+3+\cdots+n \geqslant 1000$ 时,n 的最小值。

程序代码如下:

```
1    public class Example3_10
2    {
3        public static void main(String args[])
4        {
5            int n =0, sum =0;
6           while(sum <1000)
7            {
8                n =n +1;
9                sum =sum +n;
10           }
11          System.out.println("sum="+sum+" "+"n="+n);
12       }
13   }
```

程序运行结果如下：

sum=1035 n=45

程序分析如下：

题目要用累加的思路来解决，设计条件型循环，第6行代码对应着循环控制条件。

3.3.3 do 语句

do 语句与 while 语句较为相似，具有如下的语法格式：

```
do
    循环体语句块
while(布尔型表达式);
```

do 语句的特点是首先要执行一次循环体语句块，再去判断表达式是否为真。若为真则继续执行循环体，否则退出 do 循环结构。因此，do 语句的循环体至少被执行一次。

【例 3-11】 已知 π 的近似值可用如下公式表示：

$$\frac{\pi}{4} \approx 1 - \frac{1}{3} + \frac{1}{5} - \frac{1}{7} + \cdots + (-1)^{n-1}\frac{1}{2n-1}$$

利用该公式求 π，要求最后一项的绝对值小于 0.000 000 01。

程序代码如下：

```
1    public class Example3_11
2    {
3        public static void main(String args[])
4        {
5            double r=0, sum=0;
6            int i=1,j=-1;
7            do
8            {   j=j*(-1);
9                r=(double)1/(2*i-1);
10               r=r*j;
```

```
11              sum=sum+r;
12              i=i+1;
13          }
14          while((Math.abs(r))>=0.00000001);
15          sum=sum*4;
16          System.out.println("π的近似值为: "+sum);
17      }
18   }
```

程序运行结果如下：

π的近似值为：3.1415926735902504

程序分析如下：

编程所采用的思路仍然是累加，代码第 11 行是关键。代码第 8～10 行都是为正确求得累加和所做的处理。

3.3.4 循环嵌套

3.3.1～3.3.3 节介绍的都是单层循环。实际应用中常涉及在循环体语句块内又包含其他循环的结构。一个循环结构中又包含一个或多个循环结构被称为循环嵌套，或称多重循环。

设计多重循环时，往往根据需要确定嵌套的层数。有几层嵌套，就称为几重循环，如二重循环、三重循环等。循环嵌套的执行过程是，外层循环每执行一次，内层循环要从头到尾执行一遍。

设计循环嵌套时要注意，内层循环变量与外层循环变量不能同名。

为了增强可读性，循环嵌套的程序应当采用缩进方式书写代码，也就是要使程序具有锯齿形样式。

【例 3-12】 将例 3-8 用循环嵌套的思路重新设计。

```
1    public class Example3_12
2    {
3        public static void main(String args[])
4        {
5            int i=1, j, h, k;
6            System.out.println("全部水仙花数: ");
7            while(i<=9)
8            {
9                j=0;
10               while(j<=9)
11               {
12                   h=0;
13                   while(h<=9)
14                   {
15                       k=i*i*i+j*j*j+h*h*h;
16                       if(k==100*i+10*j+h)
```

```
17                      {
18                          System.out.print(k+"  ");
19                      }
20                      h++;
21                  }
22              j++;
23          }
24      i++;
25      }
26  }
27 }
```

程序运行结果不变。

程序分析如下：

定义变量 i、j、k 分别代表百位、十位、个位数字，使用三重循环产生 100～999 的整数，最内层循环（第 15～20 行代码）用于判定当前的三位数是否符合水仙花数的规则。

【例 3-13】 用循环嵌套语句生成如图 3-7 所示的图形。

```
                    #
                   ###
                  #####
                 #######
                #########
               ###########
              #############
             ###############
            #################
           ###################
```

图 3-7　循环嵌套程序运行结果

程序代码如下：

```
1   public class Example3_13
2   {
3       public static void main(String args[])
4       {
5           int i=1, j=1;
6           do
7           {
8               j=1;
9               do
10              {
11                  System.out.print("#");
12                  j++;
13              }
14              while(j<=2 * i-1);
```

```
15          System.out.print("\n");
16          i++;
17        }
18      while(i<=10);
19    }
20  }
```

程序分析如下：

设计循环嵌套结构，外层循环变量 i 的值从 1 变化到 10，一共 10 轮；内层循环变量 j 的值从 1 变化到"2 * i—1"，控制输出"2 * i—1"个"♯"。

【例 3-14】 打印如下的九九乘法表。

```
1 * 1=1   1 * 2=2   1 * 3=3   1 * 4=4   1 * 5=5   1 * 6=6   1 * 7=7   1 * 8=8   1 * 9=9
2 * 1=2   2 * 2=4   2 * 3=6   2 * 4=8   2 * 5=10  2 * 6=12  2 * 7=14  2 * 8=16  2 * 9=18
3 * 1=3   3 * 2=6   3 * 3=9   3 * 4=12  3 * 5=15  3 * 6=18  3 * 7=21  3 * 8=24  3 * 9=27
4 * 1=4   4 * 2=8   4 * 3=12  4 * 4=16  4 * 5=20  4 * 6=24  4 * 7=28  4 * 8=32  4 * 9=36
5 * 1=5   5 * 2=10  5 * 3=15  5 * 4=20  5 * 5=25  5 * 6=30  5 * 7=35  5 * 8=40  5 * 9=45
6 * 1=6   6 * 2=12  6 * 3=18  6 * 4=24  6 * 5=30  6 * 6=36  6 * 7=42  6 * 8=48  6 * 9=54
7 * 1=7   7 * 2=14  7 * 3=21  7 * 4=28  7 * 5=35  7 * 6=42  7 * 7=49  7 * 8=56  7 * 9=63
8 * 1=8   8 * 2=16  8 * 3=24  8 * 4=32  8 * 5=40  8 * 6=48  8 * 7=56  8 * 8=64  8 * 9=72
9 * 1=9   9 * 2=18  9 * 3=27  9 * 4=36  9 * 5=45  9 * 6=54  9 * 7=63  9 * 8=72  9 * 9=81
```

程序代码如下：

```
1   public class Example3_14
2   {
3     public static void main(String args[])
4     {
5         System.out.println("九九乘法表");
6         for(int i=1;i<=9;i++)
7         {
8            for(int j=1;j<=9;j++)
9            {
10              System.out.print(i +" * " +j +"=" +i * j);
11              if(i * j<=9)
12              {
13                  System.out.print("   ");
14              }
15              else
16              {
17                  System.out.print("  ");
18              }
19            }
20            System.out.print("\n");
21         }
22     }
23  }
```

程序运行将输出题目要求的结果。程序设计了二重循环,第 6 行代码对应外层循环,用于行循环变量的控制(i:1~9);第 8 行代码对应内层循环,用于列循环变量的控制(j:1~9)。外层每循环 1 轮,内层要循环 9 次。第 10 行代码是关键,用于产生乘法公式。第 11~18 行代码属于输出格式调整语句,用于使同一列上下对齐,其中第 13 行输出两个空格,第 17 行输出一个空格。也可以将第 11~18 行代码删去,同时将第 10 行代码改为

```
System.out.print(i+" * "+j+"="+i * j+"\t");
```

也可以达到同样的效果,而且整个程序显得更为简练。

3.4 转 移 语 句

转移语句有两个:break 语句和 continue 语句。

3.4.1 break 语句

在 3.2.4 节中已经出现了关键字 break,其作用是跳出 switch 部分,转向多分支结构后面的语句。在循环结构中也可以添加 break 语句,这时候它的作用是跳出循环体。应当注意,break 只能跳出其所在的最内层循环体。如果需要跳出多重循环,则要使用带标号的break 语句。其语法格式如下:

```
break [标号];
```

【例 3-15】 将例 3-10 用含有 break 语句的循环结构实现。
程序代码如下:

```
1    public class Example3_15
2    {
3        public static void main(String args[])
4        {
5            int n=0, sum=0;
6            while(true)
7            {
8                n++;
9                sum+=n;
10               if(sum>1000)
11                   break;
12           }
13           System.out.println("n="+n+" "+"sum="+sum);
14       }
15   }
```

程序运行结果如下:

```
n=45  sum=1035
```

可以看到,使用含 break 语句的循环结构解决一些问题比较方便。

在多重循环中,若要连跳几层,甚至直接跳出最外层,则要使用带标号的 break 语句,例如:

```
label1:
    while(…)
    {
        while(…)
        {
            for(…)
            {
                if(…)
                    break label1;
            }
        }
    }
```

3.4.2 continue 语句

continue 语句和 break 语句相比,它不是跳出循环体,而是中断执行当前循环体的剩余部分,并准备进入下一轮循环。其语法格式如下:

```
continue [标号];
```

【例 3-16】 用含有 continue 语句的循环结构求 1~100 的所有奇数和。

程序代码如下:

```
1    public class Example3_16
2    {
3        public static void main(String args[])
4        {
5            int total=0, i;
6            for(i=1; i<=100; i++)
7            {
8                if(i %2 ==0)
9                    continue;
10               total+=i;
11           }
12           System.out.println("total="+total);
13       }
14   }
```

程序运行结果如下:

```
total=2500
```

程序分析如下:

当 i 为偶数时,continue 语句将使得程序跳转。此时循环体语句块的剩余部分(第 10 行代码)不再执行,转向执行将循环控制变量 i 的值加 1,再判断是否进行下一轮循环。

3.5 数　　组

Java 中有序数据的集合可以用数组来表示,一般一个数组中的元素属于同一种数据类型。数组在内存中对应着一段连续存储区域,数组名是这块区域的起始地址。利用数组名和下标可以方便地访问每一个数组元素。数组下标从 0 开始,数组的长度即为数组元素的个数。数组根据其下标个数的不同分为一维数组、二维数组和多维数组,这里重点介绍前两种。

3.5.1 数组的声明

从上一个程序中可以看到,如果首次使用变量 i,要通过语句 int i;和 i＝1;来完成声明和初始化操作,也可以通过语句 int i＝1 来完成。类似地,首次使用一个数组也需要先声明和初始化。

1. 声明一维数组

声明一维数组的语法格式有两种:

```
类型　数组名[];
类型[]　数组名;
```

这两种格式的作用相同。其中,类型对应于 Java 语言中的任意数据类型;数组名应当是一个合法的标识符,[]表明这是个数组类型的变量。例如:

```
double a[];
long array1[], array2[];
```

前者声明了一个 double 型的数组 a,后者声明了两个 long 型的数组 array1 和 array2。它们也可以写成下面的格式:

```
double[] a;
long[] array1, array2;
```

2. 声明二维数组

声明二维数组的语法格式有 3 种:

```
类型 数组名 [][];
类型 [][] 数组名;
类型 [] 数组名[];
```

例如,下面声明了 3 个 short 型二维数组,采用的是 3 种不同的格式:

```
short Arr1[][];
short[][] Arr2;
short[] Arr3[];
```

3.5.2 数组的初始化

数组被声明后,仅代表想创建一个数组,系统并没有为其分配内存储空间。只有将数组初始化以后,才标志着以数组名为内存首地址的一段连续存储区域被分配给数组。数组的初始化有两种:静态初始化和动态初始化。

1. 静态初始化

在声明数组后,直接对其赋值,根据值的类型及个数,系统为它分配内存储区域,并保存下来首地址,这就是数组的静态初始化。例如,一维数组的静态初始化如下:

```
float price[];
price={13.7f, 28.8f, 30.2f};
```

上述语句创建了数组 price,含有 3 个 float 型的下标变量,并为其分配内存储区域,它们是 price[0]、price[1] 和 price[2],对应的值为 13.7f、28.8f 和 30.2f。

另外,采用将数组声明和初始化合并的写法,会显得较为简练。例如,将上面两行代码合并为:

```
float price[]={13.7f,28.8f,30.2f};
```

【**例 3-17**】 对二维数组进行静态初始化,再输出全部数组元素。

```
1    public class Example3_17
2    {
3        public static void main(String args[])
4        {
5            int array[][]={{6,2,7}, {5,2,0}, {3,9,1}};
6            for(int i=0; i<=2; i++)
7            {
8                for(int j=0; j<=2; j++)
9                {
10                   System.out.print("array"+"["+i+"]"+"["+j+"]"+"=");
11                   System.out.print(array[i][j]+" ");
12               }
13                System.out.print("\n");
14           }
15       }
16   }
```

程序运行结果如下:

```
array[0][0]=6  array[0][1]=2  array[0][2]=7
array[1][0]=5  array[1][1]=2  array[1][2]=0
array[2][0]=3  array[2][1]=9  array[2][2]=1
```

程序分析如下:

第 5 行代码完成了对二维数组 array 的声明和静态初始化操作。由此可知,数组 array 第一维和第二维的长度均为 3,故一共包含 9 个 int 型的下标变量,它们是 array[0][0]、array[0][1]、array[0][2]、array[1][0]、array[1][1]、array[1][2]、array[2][0]、array[2][1] 和 array[2][2]。第 6~14 行代码用于输出这 9 个数组元素,采用二重循环结构,设计了 3 行 3 列的显示样式。第 13 行代码用于换行。

2. 动态初始化

动态初始化是指使用关键字 new 为数组分配内存储区并赋初值,可以采用先声明,再初始化的格式,也可以采用合并的形式。

对于一维数组,动态初始化的语法格式有两种,它们的作用相同。格式如下:

类型 数组名[]=new 类型[数组大小];
类型[] 数组名=new 类型[数组大小];

例如:

char H[]=new char[6];
long[] b=new long[25];

使用 new 关键字创建数组后,其中的各个数组元素自动初始化为该元素类型的默认值。例如,整型和浮点型的数组元素初始化为 0,布尔型的数组元素初始化为 false,对象型的数组元素则初始化为 null,详见第 4 章。

将静态初始化语句 float price[]={13.7f, 28.8f, 30.2f};改为动态初始化,代码如下:

```
float price[]=new float[3];
price[0]=13.7f;
price[1]=28.8f;
price[2]=30.2f;
```

对于二维数组,一般可采用两种初始化的语法格式。第一种格式如下:

类型 数组名[][]=new 类型[第一维大小][第二维大小];

二维数组初始化的第二种格式如下:

类型 数组名[][]=new 类型[第一维大小 n][];
数组名[0]=new 类型[第二维大小 size0];
数组名[1]=new 类型[第二维大小 size1];
...
数组名[n-1]=new 类型[第二维大小 size$n$-1];

第一种格式创建的数组是矩阵形式,即数组每行的列数都相同。例 3-17 中的数组 array 就与此相对应。若将例 3-17 中的数组进行动态初始化,只需把代码

```
int array[][]={{6,2,7},{5,2,0},{3,9,1}};
```

改为如下的代码:

```
int array[][]=new int[3][3];
array[0][0]=6;
array[0][1]=2;
array[0][2]=7;
array[1][0]=5;
array[1][1]=2;
array[1][2]=0;
array[2][0]=3;
```

```
array[2][1]=9;
array[2][2]=1;
```

第二种格式创建的数组不一定是矩阵形式,它的每行列数可以相同,也可以不同。下面创建二维数组 ARR 和 arr,都采用第二种格式。前者为矩阵形式,但后者不是。代码如下:

```
1    int ARR[][]=new int[3][];
2    ARR[0]=new int[3];
3    ARR[1]=new int[3];
4    ARR[2]=new int[3];
5    long arr[][]=new long[4][];
6    arr[0]=new long[3];
7    arr[1]=new long[2];
8    arr[2]=new long[4];
9    arr[3]=new long[1];
```

上面第 1 行创建了二维数组 ARR。实际上,ARR 包含 3 元素,每个都对应着一维 int 型数组。第 2~4 行代码就是用于分别创建这 3 个一维数组的,并使得一维数组均包含 3 个整数。故此,由 3 个一维数组且它们均含有 3 个整数所形成的 ARR 数组,看起来就是 3×3 的矩阵形式。

上面第 5 行创建了二维数组 arr。arr 包含 4 元素,每个都对应着一维 long 型数组。第 6~9 行代码用于创建这 4 个一维数组,但是它们分别包含了 3 个、2 个、4 个、1 个 long 型数据,故此 arr 数组不是矩阵形式。

3.5.3 数组元素的引用

数组的下标从 0 开始,若数组大小为 n,则下标到 $n-1$ 为止。系统使用变量 length 来记录数组的长度,这个量是数组中唯一的数据成员变量,由系统根据数组的实际自动修改。数组元素的访问很简单,由数组名结合下标就可引用某个数组元素了。语法格式如下:

数组名[下标];

例 3-17 程序代码已使用了此格式,即

```
System.out.print(array[i][j]+" ");
```

在访问数组元素时,要保证下标不能超出上限值;否则,将产生访问越界的错误,系统会抛出一个 ArrayIndexOutOfBoundsException 异常,详见第 6 章。

3.6 字 符 串

字符串在程序设计中广泛应用,在 2.2.2 节介绍常量时曾举例"No.1"来说明。凡是用""""括起来的字符序列就是字符串,再比如"Beijing"和"天宫二号"等。Java 在标准包 java.lang 中提供了两个创建字符串的类:String 和 StringBuffer,其中 String 类用于处理不变字符串。也就是说,对于 String 类产生的实例只能进行查找、比较等操作;如果想改变字符串的内容,例如向字符串中添加新字符,只能使用 StringBuffer 类。

3.6.1　字符串的声明和初始化

字符串中各个字符在内存中占用连续的存储单元,编程时首次使用字符串变量,也要先声明并初始化。声明字符串变量的语法格式如下:

```
String 字符串变量;
StringBuffer 字符串变量;
```

初始化字符串就要为其分配内存储区域,需要使用关键字 new。为方便起见,常把字符串的声明与初始化合并在一起,语法格式如下:

```
String 字符串变量=使用 new 创建空字符串;
String 字符串变量=使用串常量创建;
```

后面一种格式比较常用,例如:

```
String str="pencil";
```

这里虽没有使用 new,但它与下面两行语句等价:

```
char arrs[]={'p', 'e','n','c','i','l'};
String  str=new String(arrs);
```

3.6.2　字符串的处理

2.3.7 节提到了字符串连接运算符(+),它的作用是连接两个字符串。例如:

```
String ss="He"+"comes"+"from"+"England.";
```

此外,String 类和 StringBuffer 类提供了一些方法,方便编程时对字符串进行处理。String 类中的常用方法有以下几种。

length():返回字符串中的字符个数。

charAt(int index):返回字符串中 index 位置的字符。

toLowerCase():将字符串中所有字符转换为小写形式。

toUpperCase():将字符串中所有字符转换为大写形式。

subString(int sIndex):截取字符串中从 sIndex 开始到末尾的子串。

replace(char a1, char a2):将字符串中出现的 a1 字符转换为 a2 字符。

indexOf(String str, int i):在字符串中从 i 处查找 str 子串,若找到则返回子串首次出现的位置;否则返回-1。

StringBuffer 类中的常用方法有以下几种。

append(String str):将字符串 str 放到字符串缓冲区之后。

deleteCharAt(int index):删除字符串缓冲区中 index 位置的字符。

insert(int k, String str):在字符串缓冲区的第 k 个位置插入字符串 str。

replace(int m, int n, String str):将字符串缓冲区中 $m\sim n$ 的以字符串 str 取代。

reverse():将字符串缓冲区中的字符串按反向排列。

【例 3-18】 String 类常用方法使用举例。

```
1    public class Example3_18
2    {
3        public static void main(String args[])
4        {
5            String str="Java Language";
6            System.out.println("length="+str.length());
7            System.out.println("charAt(2)="+str.charAt(2));
8            System.out.println("substring="+str.substring(5));
9            System.out.println("uppercase="+str.toUpperCase());
10           System.out.println("substring location="+str.indexOf("age",0));
11       }
12   }
```

程序运行结果如下：

```
length=13
charAt(2)=v
substring=Language
uppercase=JAVA LANGUAGE
substring location=10
```

程序分析如下：

第 5 行代码创建了字符串 str。第 6 行测试其长度，第 7 行求出 str 中序号为 2 的字符，第 8 行求出从序号 5 开始直到末尾的子串，第 9 行将 str 全部转换成大写，第 10 行从 str 开头找出子串"age"的位置。

习　题　3

一、选择题

1. 结构化程序设计由 3 种基本结构组成，它们不包含下面的(　　　)。

    A. 循环语句　　　　　B. 分支语句　　　　　C. 顺序语句　　　　　D. 转移语句

2. 关于 if 语句中的"条件表达式"，下列叙述正确的是(　　　)。

    A. 它可以是关系表达式和逻辑表达式

    B. 它可以是字符型常量

    C. 它可以是字符串型常量

    D. 它可以是数值型常量

3. 阅读下列程序片段，其运行结果为(　　　)。

```
int x=2;
int y=5;
if(x * y >1)
    y-=1;
else
    y=-1;
```

```
System.out.print( y>0 );
```

  A. false   B. true   C. 4   D. −1

4. 下面正确的 for 语句是（ ）。

  A. for(int x＝0；x＜20；x＋＋)   B. int x＝0；for(；int x＜20；x＋＋)

  C. for(int x＝0；x＜20；) x＋＋   D. int x＝0；for(x＜20；) x＋＋；

5. 下面程序段执行后，z 的值为（ ）。

```
int z=0;
for(int x=1, y=20; x * y <125; x++, y++)
z=z+x * y;
```

  A. 220   B. 340   C. 490   D. 以上都不对

6. 下面程序段执行后，w 的值为（ ）。

```
int x=6, y=27, w=0;
while( ++x<10 | --y>15)
{
    if(y%x==0)
    break;
    w++;
}
```

  A. 3   B. 4   C. 5   D. 6

7. 下列关于转移语句说法中，正确的是（ ）。

  A. break 语句只能用于循环结构

  B. break 语句的作用是在程序中彻底跳出循环结构

  C. continue 语句中必须有标号

  D. continue 语句可以跳转到标号指定的位置

8. 以下数组声明语句中正确的是（ ）。

  A. byte arr[2][2]； B. char [2][2]arr； C. int [] arr[]； D. []long []arr；

9. 下列语句不能通过编译的是（ ）。

  A. int[][] u＝{{6,3}, {4,7}}；   B. int v[]＝{54，39}；

  C. int x[][]＝new int[2][]；   D. int y＝new int[2][2]；

10. 在下列构建字符串的语句中错误的是（ ）。

  A. String str ＝ new String；

  B. String str ＝ new String()；

  C. String str ＝ "JAVA"；

  D. char ss[] ＝{'J','A','V','A'}；

    String str ＝ new String(ss)；

二、简答题

1. for 循环语句和 while 循环语句有什么不同之处？

2. 简述 break 语句和 continue 语句的区别。

3. 怎样对一维数组和二维数组声明并初始化？

4. 涉及字符串处理的两个类 String 和 StringBuffer 有什么区别？

三、编程题

1. 输入一个年份，判断该年份是否为闰年。判定条件是能被 400 整除或者能被 4 整除但不能被 100 整除的年份是闰年。

2. 从键盘输入一个整数，判断它是否为 3、5 和 7 的公倍数，输出判断结果。

3. 已知某商店进行促销，全场商品均九五折，并且一次购物 1000 元以上九折，2000 元以上八五折，3000 元以上八折，4000 元以上七折。编程计算顾客实际支付金额。

4. 编写计算铁路运费的程序。假设铁路托运行李，规定每张客票托运费计算方法如下：行李重不超过 50 千克时，每千克 0.25 元；超过 50 千克而不超过 100 千克时，其超过部分每千克 0.35 元；超过 100 千克时，其超过部分每千克 0.45 元。要求输入行李重量，输出托运费用。

5. 国际象棋的棋盘一共有 64 格。如果第 1 格放 1 粒麦子，第 2 格放 2 粒麦子，第 3 格放 4 粒麦子，以此类推。请问整个棋盘上一共放了多少粒麦子？

6. 有一阶梯，如果每步跨 2 阶，最后余 1 阶；每步跨 3 阶，最后余 2 阶；每步跨 5 阶，最后余 4 阶；每步跨 6 阶，最后余 5 阶；每步跨 7 阶，正好到达阶梯顶。问阶梯至少有多少阶？

7. 勾股定理中 3 个数的关系是 $a^2 + b^2 = c^2$。编程输出 20 以内满足上述关系的整数组合，例如 3，4，5 就是一个整数组合。

8. 百钱买百鸡。公元前 5 世纪，我国数学家张丘建在《算经》中提出了"百鸡问题"：今有鸡翁一，值钱五；鸡母一，值钱三；鸡雏三，值钱一。凡百钱买百鸡，问鸡翁母雏各几何？

9. 利用数组求 Fibonacci 数列前 50 项的值。

10. 输入一个字符串，统计其中字母、数字和特殊符号的个数。

说明：可使用如下两条语句接收来自键盘输入的字符串。

```
Scanner scan=new Scanner(System.in);
String str=scan.nextLine();
```

第4章 Java 面向对象编程

面向对象程序设计（Object-Oriented Programming，OOP）是目前软件开发的主流方法。本章的主要内容将从介绍面向对象程序设计的基本概念入手，进一步解读 Java 中如何定义类，以及与之相关的对象、类的继承性、类的封装性和类的多态性等概念。

4.1 面向对象编程概述

4.1.1 面向对象的程序设计方法

软件开发的过程是一个问题求解的过程。随着计算机技术的不断发展，人们希望通过计算机解决问题的复杂度越来越高，传统的程序设计方法已无法适应发展的需求。另外，如何便捷地实现软件的修改和扩充也成为新的程序设计方法的发展特点。

面向对象的程序设计方法正是满足了这样的发展需求。在面向对象的程序设计方法中，使用"对象"的概念反映现实世界中的实体，例如某个人、某辆汽车等，这些实体都是对象。任意一个实体都有自己的特征和行为。在问题求解时，程序设计人员关注对象的某些特征和行为，例如某个人的姓名、性别、学历等特征，学习、研究等行为。

4.1.2 类和对象

某个人、某辆汽车是现实世界中"人"和"汽车"概念的具体实例。

在面向对象的程序设计方法中，通过"类"对一组同类型的对象进行统一描述：在"类"中定义同类型对象共有的特征和行为，然后利用已经定义的"类"创建多个对象，例如张三、李四为人类的两个对象，"甲壳虫"汽车为汽车类的一个对象。

因此，对象是类的实例，类是对象的抽象，类提供了创建对象的模板。

4.1.3 面向对象编程的特点

封装性、继承性和多态性是面向对象编程的三大特点。

类是封装的基本单元。面向对象编程中，使用成员变量和成员方法表现特征和行为。通过封装，程序设计人员可以控制成员变量和成员方法的访问范围，以此来避免对于成员变量的直接操作，屏蔽程序的实现细节，也可使软件错误局部化，便于程序维护。

类和类之间可以存在继承关系。继承提高了程序代码的复用性，也便于进行功能扩充。当通过继承使用某个类（父类）产生一个新类（子类）时，子类中便包含了父类的某些成员变量和成员方法，同时又可以定义自己特殊的成员变量和成员方法。

类的多态性指由于执行成员方法的对象不同，使得成员方法具有了不同的实现过程和结果。例如，汽车启动是汽车类的成员方法，可以区分为某个自动挡汽车（对象）启动或者某个手动挡汽车（对象）启动。程序设计中，类的多态性表现为"同名方法，不同实现"。

4.1.4　Java 程序设计语言

Java 是一种完全面向对象的程序设计语言。

类是 Java 程序的基本构成单位。类中封装所有的成员变量和成员方法。程序设计时，需要创建对象才能访问其中的成员变量和成员方法。

Java 程序中允许类和类之间存在单继承关系，即一个类只能有一个父类。这样的单继承降低了程序的复杂性，同时也满足了代码复用和功能扩充的需求。

Java 语言中，类的多态性分为静态多态和动态多态两种，前者是由于同一个类中允许方法重载（Overload）引起的，后者则是在类的继承时方法覆盖（Override）的结果。

4.2　类

4.2.1　类的定义

一个 Java 源程序由一个或多个类构成。编写 Java 程序的过程就是定义类和使用类的过程。

Java 语言中提供了大量系统定义好的类，例如 String、System、Applet 等。当然，用户程序针对特定问题，也可以定义自己的类。

Java 语言中，类必须先定义，然后才能用来创建对象。类定义的语法格式如下：

```
[修饰符] class 类名 [extends 父类名][implements 接口名]
{
    成员变量声明
    成员方法声明
}
```

说明：

（1）关键字 class 表示类的定义。

（2）关键字 extends 表示类之间的继承关系，详见 4.5 节。

（3）关键字 implements 表示类实现了某些接口，详见 5.1 节。

（4）类名为定义类时指定的一个标识符，习惯上构成类名的每个单词的首字母都大写。建议类名的命名要做到"见名知义"。

（5）修饰符包括访问权限修饰符（public 或省略）和其他特性修饰符（abstract、final 等）。

（6）"{}"中的部分为类体，包括成员变量和成员方法的声明。

（7）"[]"中的部分表示的内容在类定义时可以不出现。

例如：

```
public class Person
{
    ...
}
```

定义了一个名为 Person 的类，该类的访问权限为 public（访问权限详见 4.4 节）。

4.2.2　成员变量

类的成员变量即类的特征。成员变量在声明时必须给出变量名、变量类型以及其他特性。成员变量声明的语法格式如下：

［访问权限修饰符］［static］［final］［transient］数据类型 变量名 1［，变量名 2…］；

说明：

（1）数据类型可以是 Java 中任意一个基本数据类型，也可以是数组或类。

（2）变量名为用户自定义的标识符，一般为名词。建议变量名能够"见名知义"。

（3）访问权限修饰符包括 public、private、protected 和缺省形式。

（4）关键字 static 表示该变量为静态变量。

（5）关键字 final 表示该变量为最终变量，即常量。

（6）关键字 transient 表示声明一个临时变量。

例如：

```
class Date1
{
    int year,month,day;                 //表示年、月、日
}
```

定义了一个名为 Date1 的类，该类中包含 3 个成员变量，数据类型均为 int，变量名分别为 year、month 和 day。

又如：

```
public class Person
{
    String name;                 //姓名
    boolean sex;                 //性别
    Date1 birth;                 //出生日期
    private String[] families;   //家庭成员
}
```

定义的公共类 Person 中包含了 4 个成员变量，其中 birth 为已有类 Date1 的一个对象；家庭成员信息声明为字符串数组 families，并且声明 families 为私有的（private）。

4.2.3　成员方法

类是构成 Java 程序的基本单位，而类中的成员方法用于实现各种程序功能。因此，正确定义成员方法并调用成员方法执行其功能是 Java 程序设计的核心内容。

成员方法表示类的行为，其操作的数据是类中的各个成员变量，作用是使成员变量获取值、计算返回某个值或者输出某些数据。另外，为了实现成员方法的特定功能，有时需要在成员方法内定义局部性的变量，辅助实现程序功能；或者通过成员方法定义时指定的参数从外界获取数据，以达到数据传递与交换的现实需求。

每个成员方法都有自己的方法名。成员方法定义后,必须被调用才能实现其程序功能。调用时,调用者指定要调用的方法名并提供其所需的参数(如果需要);调用语句位于某个成员方法内,该成员方法与被调成员方法可以是在同一个类中,或者位于不同的类中。总体来讲,Java 程序设计的主要工作就是定义类、使用类创建对象、使用对象访问成员变量和调用成员方法。

1. 成员方法的声明

Java 语言中,成员方法声明的语法格式如下:

[访问权限修饰符][static][final][abstract][synchronized] 方法返回值类型 方法名([参数列表])[throws 异常列表]
{
...   //方法体
}

说明:

(1) 成员方法的访问权限修饰符包括 public、private、protected 或者省略。

(2) static 关键字表示该成员方法为静态方法。

(3) final 关键字表示该成员方法为最终方法,指该方法所在类被继承时,子类中不能出现与该方法同名的成员方法定义。

(4) abstract 关键字表示该成员方法为抽象方法。抽象方法详见 4.5.4 节。

(5) synchronized 关键字表示该成员方法为同步方法,用于多线程程序设计,能够保证在某一时刻只有一个线程访问该方法,以此来实现线程同步。多线程详见第 10 章。

(6) 方法返回值类型为 Java 语言的任何数据类型。通过执行方法体,若成员方法需要返回值则通过 return 语句来实现;如执行方法体后不需要返回值,则方法返回值类型为void。

(7) 方法名为用户自定义的标识符,要做到"见名知义"。

(8) 参数列表用于接收外界数据,详见本节后续内容。

(9) throws 关键字表示方法体在执行过程中可能抛出异常,throws 关键字后面为可能抛出的异常类型列表。异常处理详见 6.3 节。

(10) 方法体是程序功能的具体实现,详见本节后续内容。

例如,定义一个表示圆的 Circle 类,其中包含两个成员方法,分别用于计算圆的面积和圆的周长,并将计算结果返回:

```java
class Circle
{
    //成员变量声明
    private double radius;              //圆半径
    //成员方法声明
    public double area()               //计算圆的面积
    {
        return 3.14159 * radius * radius;
    }
    public double perimeter()          //计算圆的周长
```

```
    {
        return 2 * 3.14159 * radius;
    }
}
```

Java 语言中,方法声明时的参数列表可以为空,但是方法名后面的"( )"不能省略。

又如,定义日期类 Date1,类中的成员方法 printDate()用于显示输出日期信息:

```
class Date1
{
    //成员变量声明: 年、月、日
    int year, month, day;
    //成员方法声明
    public void printDate()
    {
        System.out.println("The date is "+year+"-"+month+"-"+day);
    }
}
```

注意:当成员方法的方法体执行后不需要返回值时,必须使用 void 声明方法返回值类型,不能省略。

2. 参数列表

方法体在执行时,有时需要外界传递数据,正如手机充值的实现需要手机用户提供手机号码和充值金额。参数列表即用于接收外界数据,以完成方法体要实现的功能。

Java 语言中,参数列表声明的语法格式如下:

数据类型 变量1[,数据类型 变量2,…]

其中,数据类型可以为 Java 中的任意数据类型。

例如,在 Circle 类中增加方法 setRadius()和 getRadius(),分别用于设置和读取成员变量 radius 的值:

```
public void setRadius(double r)                //设置圆半径的值,写操作
{
    radius=r;
}
public double getRadius()                      //获取圆半径的值,读操作
{
    return radius;
}
```

其中,成员方法 setRadius()中包含一个参数 r,用于为成员变量赋值。

又如,在类 Date1 中增加成员方法 setDate(),用于设置日期:

```
public void setDate(int y, int m, int d)       //通过参数为成员变量赋值
{
```

```
    year=y;
    month=m;
    day=d;
}
```

其中,成员方法 setDate()中包含 3 个参数,分别用于为各成员变量赋值。当参数列表中包含多个参数时,各个参数之间用逗号分隔开,每个参数均必须独立声明,即数据类型说明不能省略。

注意:参数列表中声明的各个变量只能在其成员方法的方法体中被访问。

3. 方法体

方法体是成员方法定义的主要部分,用于实现一个特定功能。方法体的一般形式如下:

```
{
    局部变量定义
    执行语句
}
```

方法体中的执行语句可以访问所在类的成员变量、参数列表中的变量,以及方法体中根据功能需要定义的局部变量。局部变量只在所定义的成员方法内有效,不能与参数列表中的变量同名。

1) 方法体中的局部变量

局部变量定义的语法格式如下:

```
数据类型 变量 1[,变量 2,…];
```

【**例 4-1**】 定义 Person4_1 类,要求包括成员方法 printFamilies()输出家庭成员信息。程序代码如下:

```
1    public class Person4_1
2    {
3        //成员变量
4        String name;                    //姓名
5        boolean sex;                    //性别
6        Date1 birth;                    //出生日期
7        String[] families;              //家庭成员
8        //成员方法
9        public void printFamilies()
10       {
11           int i;                      //局部变量
12           System.out.println("家庭成员信息: ");
13           for(i=0;i<families.length ;i++)
14           {
15               System.out.print(families[i]+"\t");
16           }
```

```
17              System.out.println();
18          }
19      //程序入口点,测试 Person 类中的定义的成员方法
20      public static void main(String[] args)
21      {
22          Person4_1 p=new Person4_1();
23          String[] sarr={"Father","Mother","Sister","brother"};
24          p.families=sarr;
25          p.printFamilies();
26      }
27  }
```

程序运行结果如下:

家庭成员信息:
Father Mother Sister brother

程序分析如下:

本例中 Person4_1 类定义了成员方法 printFamilies(),用于输出成员变量 families 的值。其中,families 为一个字符串数组,为了输出其值,第 13～16 行代码使用 for 循环结构实现。为此,第 11 行代码定义局部变量 i,以控制 for 循环。Java 中,局部变量在方法体中必须赋初值。本例中,第 13 行代码对局部变量 i 赋初值 0。

思考:该程序的源文件需要和 Date1.java 放在同一路径下。为什么?

2)return 语句

方法体执行后若需要返回值,通过 return 关键字实现。

return 语句可以返回运算结果,同时终止方法的执行。return 语句的语法格式如下:

return 表达式;

其中,表达式的类型要与声明的方法返回值类型相同。

方法体中可以包含多个 return 语句。执行过程中,一旦遇到某个 return 语句便结束方法体的执行,即方法体中该 return 语句的后续语句将不会被执行。因此,多个 return 语句通常和分支语句相结合,表示不同情况下的各种返回值。

例如,在例 4-1 的类中增加如下成员方法的定义:

```
public String getSex()
{
    if(sex==true)
    {
        return "男";
    }
    else
    {
        return "女";
    }
}
```

该方法的功能是根据成员变量 sex 的不同取值(true 或者 false)输出性别信息("男"或"女")。

注意：类中的各个成员方法不能嵌套,即不能在某个方法体中再声明其他的成员方法。

4.2.4 构造方法

Java 语言中,有一类特殊的成员方法,即构造方法(Constructor)。构造方法的作用是初始化成员变量。

1. 构造方法的特殊性

构造方法的特殊性主要体现在以下几点。

(1) 构造方法的方法名必须与所在类的类名相同。

(2) 构造方法的修饰符只有访问权限修饰符(public、private、protected 或者省略)。

(3) 构造方法没有返回值,也不能使用 void 声明。

(4) 构造方法在创建对象(使用 new 运算符)时自动执行,不能被显式调用。

(5) 构造方法不能被继承。

(6) 构造方法可以重载。所谓构造方法重载,是指在类中存在多个具有不同参数列表的构造方法,即多个构造方法的参数个数、类型和顺序不同。

2. 无参数的构造方法

若一个 Java 类中不包含构造方法,则系统会为该类生成一个无参数的默认构造方法。默认构造方法的方法体中没有任何具体语句,其作用仅仅是用于创建对象。

【例 4-2】 默认构造方法举例。定义类 Circle4_2 表示圆,其中包含计算圆面积和设置圆半径的方法,并编写 main()方法以测试成员方法的功能。程序代码如下:

```
1    class Circle4_2
2    {
3        //成员变量声明
4        private final double PI=3.1415926;      //常量,圆周率
5        private double radius;                   //圆半径,私有成员变量
6        //成员方法声明
7        public double area()                     //计算圆的面积
8        {
9            return PI * radius * radius;
10       }
11       public void setRadius(double r)          //设置圆半径的值,写操作
12       {
13           radius=r;
14       }
15       //main 方法,Java 应用程序的入口点
16       public static void main(String[] args)
17       {
18           //使用默认构造方法创建对象
19           Circle4_2 c=new Circle4_2();
```

```
20              c.setRadius(10);
21              System.out.println("半径为 10 的圆面积为: "+c.area());
22      }
23  }
```

程序运行结果如下:

半径为 10 的圆面积为: 314.15926

程序分析如下:

Circle4_2 类中没有显式定义构造方法,第 19 行代码使用系统提供的无参数默认构造方法创建对象。

当需要接收外部数据以初始化成员变量时,就要定义有参数的构造方法。用户一旦显式定义构造方法,系统便不再提供默认构造方法。为此,一般建议在声明构造方法时保留一个无参数的构造方法。

【例 4-3】 无参构造方法和构造方法重载举例。定义表示日期的类 Date4_3,其中包含 3 个重载的构造方法。程序代码如下:

```
1   public class Date4_3
2   {
3       //成员变量
4       private int year,month,day;
5       //无参数的构造方法
6       public Date4_3(){}
7       //有参数的构造方法,接收外界数据直接赋值给成员变量
8       public Date4_3(int y,int m,int d)
9       {
10          year=y;
11          month=m;
12          day=d;
13      }
14      //有参数的构造方法,接收外界数据,如"2012/12/25",计算后赋值给成员变量
15      public Date4_3(String str)
16      {
17          String[] date=str.split("/");
18          year=Integer.parseInt(date[0]);
19          month=Integer.parseInt(date[1]);
20          day=Integer.parseInt(date[2]);
21      }
22      //成员方法
23      public void printDate()                 //输出日期信息
24      {
25          System.out.println(year+"-"+month+"-"+day);
26      }
27      public static void main(String[] args)
28      {
```

```
29          Date4_3 d1=new Date4_3();
30          Date4_3 d2=new Date4_3(2000,1,1);
31          Date4_3 d3=new Date4_3("2012/12/25");
32          d1.printDate();
33          d2.printDate();
34          d3.printDate();
35      }
36  }
```

程序运行结果如下：

```
0-0-0
2000-1-1
2012-12-25
```

程序分析如下：

本例中，第6行代码为无参数的构造方法，其中没有编写任何具体语句，但是各个成员变量均会获得系统默认值：数值型变量默认值为0，布尔型变量的默认值为false，字符型变量的默认值为'\0'，引用型变量的默认值为null。读者也可自行编写无参构造方法的方法体以初始化成员变量。另外，第8~21行代码中定义了两个重载的构造方法，其中一个包含3个整型参数，另外一个包含一个字符串类型的参数。在进行Java程序设计时，应该提供多样化的构造方法以满足使用者的不同需求。

4.3 对　　象

4.3.1 对象的声明

Java程序定义类的最终目的是使用它来创建对象。类也是一种数据类型，使用类定义的变量即是对象，也称为类的实例。

Java语言中，对象必须先声明，再创建，然后使用。

对象的声明和简单变量的声明相似，其语法格式如下：

类名 对象1[,对象2,…];

其中，对象的命名规则同简单变量的命名规则。

例如：

```
Circle c;
Date4_3 d1,d2,d3;
```

4.3.2 对象的创建及初始化

1. 对象的创建

对象的创建即对象的实例化，是指给对象分配内存空间以保存其中的数据和代码。对象的创建必须使用new运算符，其语法格式如下：

```
对象名=new 构造方法([实际参数列表]);
```

例如：

```
c=new Circle();
d1=new Date4_3();
d2=new Date4_3(2000,1,1);
d3=new Date4_3("2012/12/25");
```

Java 中也可以在声明对象的同时将其实例化。其语法格式如下：

```
类名 对象名=new 构造方法([实际参数列表]);
```

例如：

```
Person4_1 p=new Person4_1();
```

事实上，这里的构造方法的方法名和类名是完全相同的。

2. 对象的初始化

对象实例化时，对象的初始化同时进行。即通过使用 new 运算符实例化对象，而对象的初始化工作由类的构造方法来完成。

4.3.3　对象的使用

创建对象后，该对象就拥有所属类的成员变量和成员方法，可以根据它们的访问权限访问成员变量或调用成员方法。

1. 访问成员变量

成员变量的访问格式如下：

```
对象名.成员变量名
```

其中，"."为引用运算符。

例如，引用成员变量并为其赋值的语句如下：

```
p.name="Candy";
p.sex=false;
```

2. 调用成员方法

成员方法调用的语法格式如下：

```
对象名.方法名([实际参数列表])
```

例如，成员方法的调用语句如下：

```
c.setRadius(7);                              //成员方法无返回值,独立出现
double area=c.area();                        //成员方法有返回值
System.out.println("圆面积为: "+area);
System.out.println("圆周长为: "+c.perimeter());   //成员方法有返回值
```

Java 程序中，调用语句所在的成员方法称为主调方法，被调用的成员方法称为被调方法。在主调方法的方法体执行时，若遇到方法调用语句，程序执行流程转去被调方法的方法

体执行,直到被调用方法的方法体执行完毕,程序流程返回主调方法中的下一条语句继续执行。程序设计时,无返回值的方法调用通常以独立语句出现,有返回值的方法调用则作为表达式或表达式的一部分出现。

1) 实际参数

方法调用时,方法名后“()”中给定的数据称为实际参数,简称为实参。相应地,方法声明时,括号中的参数为形式参数,简称为形参。

实参可以是常量、变量或表达式,也可以是某个对象、数组名。相邻两个实参之间用逗号隔开。实参的个数、顺序、类型要和形参一一对应。

例如:

```
Date1 d=new Date1();
d.setDate(2000,1,1);
```

2) 参数传递

当发生方法调用时,形参获得内存单元,实参把“值”传递给形参,程序流程转去执行被调方法的方法体。当被调方法的方法体运行结束,程序流程返回调用处继续执行,同时形参的内存单元也被释放。因此,形参的值若发生变化是不会影响实参的。

【例 4-4】 值传递举例。定义类 ParameterDemo4_4,其中包含成员方法 setM()用于给成员变量赋值。阅读程序代码,观察程序运行结果,理解形参和实参之间的关系。程序代码如下:

```
1    public class ParameterDemo4_4
2    {
3        //成员变量
4        int m;
5        //成员方法
6        public void setM(int a)
7        {
8            a=a+1;                              //改变形参的值
9            m=a;
10       }
11       public void printM()
12       {
13           System.out.println("m="+m);
14       }
15       public static void main(String[] args)
16       {
17           ParameterDemo4_4 pd=new ParameterDemo4_4();
18           int a;
19           a=89;
20           pd.setM(a);                          //方法调用
21           pd.printM();
22           System.out.println("a="+a);
23       }
24   }
```

程序运行结果如下：

m=90
a=89

程序分析如下：

本例方法 setM()中，第 8 行代码修改了形参变量的值，然后，第 9 行代码将其赋给成员变量 m；main()方法中调用 setM()方法，实际参数 a 将其值"89"传递给对应的形参。从程序运行结果可以看到，形参值的变化并未影响实参的值。

Java 中参数的传递方式为"传值"。因此，当实际参数为简单变量或表达式，在方法调用时一定要保证其有确定的值：简单变量通过赋值语句给定值，表达式要通过计算获得值；若实际参数为对象或数组，则必须是创建后的对象、数组名。

Java 成员方法定义时，参数列表中可以包括数组。形参数组的"[ ]"中不指定数组元素个数；方法调用时，其对应的实参位置上只给出已创建好的某数组名，要求形参数组和实参数组数据类型要一致。实参数组名把其值(数组元素在内存空间中的首地址)传递给形参数组。这样，形参数组获得实参数组的内存空间，就像是两个路标指向同一个目标地点一样，若其中一个路标指向的位置发生变化，另一个路标也要改变指向。因此，形参数组中数组元素的值发生变化会直接反映在实参数组中。

【例 4-5】 数组参数举例。定义类 ArrayParameterDemo4_5，其中包括成员方法 sort()用于对形参数组排序。观察程序运行结果。掌握数组作为参数时用法。

程序代码如下：

```
1    public class ArrayParameterDemo4_5
2    {
3        //排序：选择排序
4        //形式参数为数组类型,方括号中不指定数组元素个数
5        public void sort(int[] arr)
6        {
7            int i,j;
8            for(i=0;i<arr.length -1;i++)
9            {
10               for(j=i+1;j<arr.length ;j++)
11               {
12                   if(arr[i]>arr[j])
13                   {
14                       int temp=arr[i];
15                       arr[i]=arr[j];
16                       arr[j]=temp;
17                   }
18               }
19           }
20       }
21       public static void main(String[] args)
22       {
23           int[] scores={65,78,98,83,76};
24           ArrayParameterDemo4_5 apd=new ArrayParameterDemo4_5();
```

```
25              //方法调用:实参数组为数组名
26              apd.sort(scores);
27              for(int i=0;i<scores.length ;i++)
28              {
29                  System.out.print(scores[i]+"\t");
30              }
31              System.out.println();
32          }
33      }
```

程序运行结果如下:

```
65   76   78   83   98
```

程序分析如下:

类 ArrayParameterDemo 中定义了成员方法 sort(),其功能是对一组数据排序。这组数据存放在数组中。在 main()方法中,第 26 行代码调用 sort()方法,实参数组名 scores 把其值(数组元素在内存空间中的首地址)传递给形参数组 arr。这样,两个数组共享同一块内存区域。第 8~19 行代码中,形参数组由于排序修改了各数组元素的值。调用返回时,实参数组中的各数组元素的值为排序后的结果。

事实上,对象作为参数传递数据时,也是把实参对象的内存空间地址传递给形参对象。因此,如果被调方法的方法体中通过形参对象修改了成员变量的值,方法调用返回后实参对象再次访问相应的成员变量,将获得改变后的值。读者不妨自己编写代码验证一下。

3) main()方法的参数

Java 应用程序中,main()方法是程序的入口点。main()方法的首部定义如下:

```
public static void main(String[] args)
```

或

```
public static void main(String args[])
```

也就是说,main()方法是有参数的,其参数 args 为一个字符串数组,可以接收用户从键盘输入的数据。

【例 4-6】 在以命令行的方式编译、执行 Java 程序时,可以直接通过键盘输入为 main()方法传递参数。程序代码如下:

```
1    public class CommandParameterDemo4_6
2    {
3        public static void main(String[] args)
4        {
5            System.out.println("main()方法的参数: ");
6            //使用 for 循环输出 main()方法参数 args 中的所有值
7            for(int i=0;i<args.length ;i++)
8            {
9                System.out.print(args[i]+"\t");
10           }
11           System.out.println();
```

```
12        }
13    }
```

通过 DOS 命令符窗口执行该 Java 程序的结果如图 4-1 所示。

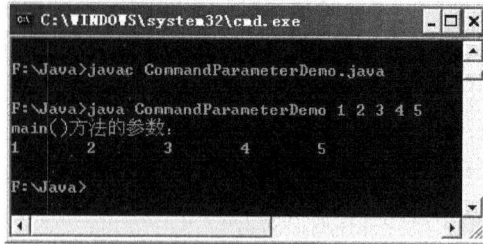

图 4-1　main()的命令行参数

程序分析如下：

主方法 main()的参数 args 接收命令

java 文件名

后输入的数据。在某次运行时，可以直接在命令语句中输入多个数据(1,2,3,4,5)，参数之间用空格隔开，这些数据将依次存入参数 args 中。

如果在 Eclipse 环境中运行此类程序，args 参数要接收的数据可以通过以下步骤来设置完成。

(1) 选中 Run|Run Configurations 菜单项，弹出 Run Configurations 对话框。

(2) 在对话框左侧的程序列表框中展开 Java Application，选中要设置参数的 Java 源程序，例如 CommandParameterDemo4_6。

(3) 在右侧 Arguments 选项卡的 Program arguments 文本框中输入数据。多个数据以空格或回车换行符(按 Enter 键)隔开。

(4) 数据输入完成后单击 Apply 按钮即可。

4.3.4　对象的销毁

对象的从创建到使用再到销毁的过程称为对象的生命周期。

对象通过 new 运算符创建时，系统为对象分配所需的存储空间。但内存是有限的，在对象使用完毕后，应该释放对象所占有的系统资源，即对象的销毁。

Java 提供了资源回收机制，自动销毁无用对象。一般情况下不需要设计释放对象的方法。如果有特别操作需要主动释放对象，则可以在类中定义 finalize()方法，该方法也称为析构方法。finalize()方法的基本语法格式如下：

```
［修饰符］void finalize()
{
    …                                                    //方法体
}
```

析构方法在对象销毁前自动执行。一个类中只能有一个 finalize()方法。该方法没有返回值，没有参数。

系统销毁对象发生在运行过程中的不同时间点,发生次数和时间是不确定的,通常在有许多无用对象时发挥作用。读者可以尝试创建足够量的对象,编写程序观察运行结果。

4.3.5 this 关键字

Java 语言中,this 关键字代表当前类的一个对象引用。在类的成员方法定义中如果需要引用该类的对象,可以用 this 表示。需要强调的是,静态成员方法中不可以使用 this 关键字。

1. 指代对象本身

例如,下面代码中 this 关键字指代该类的一个对象:

```java
public class ThisDemo {
    int count=10;
    void methodA(ThisDemo td){              //形参 td 是该类的一个对象
        System.out.println("count="+td.count);
    }
    void methodB(){
        methodA(this);                       //this 作为实参,代表该类的一个对象
    }
    public static void main(String[] args){
        ThisDemo td=new ThisDemo();
        td.methodB();
    }
}
```

读者可自己运行此段程序,观察运行结果,体会运行机制。

2. 访问本类的成员

使用 this 关键字访问本类成员时,其语法格式如下:

```
this.变量名
this.方法名([参数列表])
```

正常使用时,如果需要访问本类成员,this 关键字可以省略。但在下述情况下必须使用 this 关键字引用本类成员。

例如,修改例 4-3 中第 8~13 行的构造方法如下:

```java
public Date4_3(int year,int month,int day)
{
    this.year=year;
    this.month=month;
    this.day=day;
}
```

Java 语言中,局部变量可以与成员变量同名。本例中,构造方法的方法体中为各个成员变量赋初值。为了区别局部变量或是成员变量,使用 this 关键字引用成员变量。

3. 调用本类的构造方法

Java 程序中,多个重载的构造方法之间也可以相互调用,其语法格式如下:

```
this([参数列表]);
```

例如,同一类中多个构造方法相互调用的代码如下:

```
class Person1
{
    String name;                        //姓名
    boolean sex;                        //性别
    Date4_3 birth;                      //出生日期
    //无参数的构造方法
    Person1(){}
    //有参数的构造方法
    Person1(String name,boolean sex)
    {
        this.name =name;
        this.sex=sex;
    }
    //使用对象实例为出生日期赋初值
    Person1(String name,boolean sex,Date4_3 birth)
    {
        //构造方法中调用另一个构造方法,使用 this([参数列表])
        this(name,sex);
        this.birth=birth;
    }
    //直接使用年、月、日的方式为出生日期赋初值
    Person1(String name,boolean sex,int year,int month,int day)
    {
        //构造方法中调用另一个构造方法,使用 this([参数列表])
        this(name,sex);
        this.birth=new Date4_3(year,month,day);
    }
}
```

该 Java 程序中,Person1 类中提供了多个构造方法以满足用户的不同操作习惯。读者可尝试结合例 4-1 和例 4-3 完善程序代码,并编写 main()方法测试各类成员的功能。

4.4　类的封装性

封装性是面向对象编程的核心特征之一。Java 中,类是封装的基本单元,已有的若干个 Java 类以"包"的形式组织在一起。类的封装性提供了数据安全,也便于程序维护和功能扩展。

4.4.1　包

"包"是类和接口的组织形式。Java 中引进"包"机制解决同名问题:一个包中不允许有

同名的类和接口,不同的包中允许有同名的类和接口。就像 Windows 中的文件夹一样。事实上,一个包对应一个文件夹。包与类就像文件夹和文件。

1. Java 类库

Java 语言提供了大量系统定义好的类。编程时可以直接利用这些现有的类完成特定的基本功能和任务,不需要"白手起家"。

这些系统定义好的类根据实现的功能不同存放在不同的"包"中,所有的"包"合称为类库。类库是 Java 语言的重要组成部分。可以说,学习使用 Java 类库是提高编程效率和质量的必由之路。常用的"包"有以下几种。

(1) java.lang 包:该包为 Java 语言的核心类库,包含运行 Java 程序必不可少的系统类,如基本数学函数、字符串处理、线程、异常处理等。

(2) java.io 包:该包为标准输入输出类库。

(3) java.awt 包:该包是用来构建图形用户界面(GUI)的类库。

(4) java.awt.event 包:该包中定义了不同类型的事件及处理方式,用于图形界面中各功能组件的事件处理。

(5) java.applet 包:该包为 Java Applet 程序的工具类库,用来实现 Java 小程序的运行。

(6) java.sql 包:该包是实现 JDBC(Java Database Connection)的类库,用来使 Java 程序访问不同类型的数据库。

2. 包的导入

包的导入要使用关键字 import。设计程序时,若没有导入包,则需要使用类的全名来引用包中的类。例如:

```
java.awt.Button btn=new java.awt.Button("按钮");
```

使用 import 语句导入包后可使程序更简洁、清晰。例如:

```
Button btn=new Button("确定");
```

一条 import 语句导入一个包,使该包中的类能被直接使用。导入包的 import 语句的语法格式如下:

```
import 包名 1[.包名 2[.包名 3.…]].类名;
import 包名 1[.包名 2[.包名 3.…]].*;
```

其中,"*"表示引入包中的所有类。例如:

```
import java.applet.Applet;
import java.awt.*;
import java.awt.event.*;
```

import 语句在 Java 程序中必须位于类或接口声明之前。另外,java.lang 包是自动引入的,可以不使用 import 语句即可使用其中的类,例如 System 类、Math 类、String 类等。

3. 自定义包

Java 程序中若没有声明包,类就放在默认的包中,这个包没有名字。但在使用 Java 开发大型系统时就需要定义包。

定义包使用关键字 package 实现,其语法格式如下:

package 包名 1[.包名 2[.包名 3.…]];

使用 package 语句需要注意以下几个问题。

（1）package 语句必须位于程序中的第一行。

（2）一个 Java 程序中只能有一条 package 语句。在该程序中定义的所有类和接口的字节码文件都位于 package 语句声明的包中。

（3）包名为用户自定义的标识符。通常都是小写字符。

（4）"."表示包之间的层次关系，就像 Windows 文件夹中可以包含子文件夹一样。

（5）使用包机制需要首先定义与包名同名的文件夹，再声明类或接口所在的包；或者使用 javac 命令中的-d 参数指定字节码文件存放的位置。关于 javac 命令的具体操作读者可查阅相关工具书。

【例 4-7】 用 package 语句定义包。在任意路径下创建 Java 程序 PackageDemo4_7 .java，然后在 DOS 命令提示符窗口中编译、执行该程序。假设 DOS 提示符窗口中的当前路径为 F:\java。程序代码如下：

```
1    package mypackage;
2
3    public class PackageDemo4_7
4    {
5        public PackageDemo4_7()
6        {
7            System.out.println("package demo");
8        }
9        public static void main(String[] args)
10       {
11           PackageDemo4_7 pd=new PackageDemo4_7();
12           ClassA ca=new ClassA();
13           ClassB cb=new ClassB();
14       }
15   }
16   class ClassA
17   {
18       ClassA()
19       {
20           System.out.println("A class");
21       }
22   }
23   class ClassB
24   {
25       ClassB()
26       {
27       System.out.println("B class");
28       }
29   }
```

程序运行结果如下：

```
package demo
A class
B class
```

程序分析如下:

该 Java 源程序中包含了 3 个类的定义,第 3~15 代码中定义的 PackageDemo4_7 为公共类,也为主类。main()方法中,第 11~13 行代码依次创建各个类的对象,执行对应的构造方法。该程序运行时,首先使用

```
javac -d. PackageDemo4_7.java
```

命令编译源程序,系统将在当前路径 F:\java 下自动创建 mypackage 子文件夹,并在文件夹 mypackage 中生成 3 个字节码文件:PackageDemo.class、ClassA.class 和 ClassB.class;然后使用命令

```
java mypackage.PackageDemo4_7
```

得到结果。运行结果如图 4-2 所示。

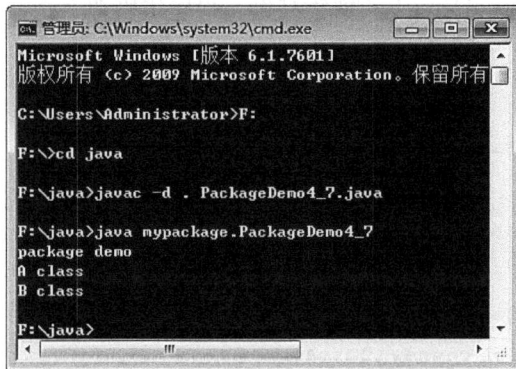

图 4-2 例 4-7 的命令行运行结果

注意:执行命令

```
java mypackage.PackageDemo4_7
```

时,Java 虚拟机会依次搜索 classPath 环境变量所指定的路径,查找这些路径下是否包含 mypackage 子目录,并在 mypackage 目录下查找是否包含 PackageDemo4_7.class 文件。因此,请读者在环境变量 classPath 中增加路径 F:\java,以便在 DOS 命令提示窗口中正确编译、执行。

4.4.2 访问权限

Java 语言中,类的封装原则是尽可能地隐藏实现细节,同时又要提供公共接口供类外访问。因此,要合理地给类及其成员变量、成员方法设置访问权限。

1. 成员的访问权限

Java 中,成员的访问权限有 4 种: public、protected、private 和省略。

(1) public: public 修饰符表示其所修饰的成员变量或成员方法为公共的,可以在所有类中访问: 公共方法可以在所有类中被调用,公共属性可以在所有类中被引用和赋值。

（2）protected：protected 修饰符表示其所修饰的成员变量或成员方法为受保护的。protected 类型的成员可以在声明它们的类中访问，在该类的子类中访问，也可以在与该类在同一包中的其他类访问。

（3）private：private 修饰符表示其所修饰的成员变量或成员方法为私有的。私有成员只能在声明它们的类中访问。

（4）省略：省略是指不使用前述任一访问修饰符。没有访问权限修饰符的成员变量和成员方法可以在声明它们的类中访问，也可以在与该类在同一包中的其他类访问。

2. 类的访问权限

Java 中类的访问权限有 public 和省略两种。一个 Java 程序由一个或多个类组成，但最多只有一个类为公共类。公共类可以在所有类中访问，非公共类只能被同一包内的其他类访问。

类的访问权限比成员的访问权限有更高级别。非公共类中的成员变量或成员方法不能被其他包中的类访问。

【例 4-8】 类和其成员的访问权限举例。创建 Java 源程序 PackageDemoTest4_8.java，在其中使用公共类 PackageDemo4_7 创建对象。程序代码如下：

```
1    import mypackage.*;
2
3    public class PackageDemoTest4_8
4    {
5        public static void main(String[] args)
6        {
7            PackageDemo4_7 pd=new PackageDemo4_7 ();
8            //ClassA ca=new ClassA();
9            //ClassB cb=new ClassB();
10       }
11   }
```

程序运行结果如下：

```
package demo
```

程序分析如下：

本例中通过 import 语句导入例 4-7 中生成的字节码文件。由于类 ClassA 和类 ClassB 的访问权限为省略的，即这两个类只具有包内访问性。因此，类 PackageDemoTest4_8 中无法访问 ClassA.class 和 ClassB.class。读者可尝试把第 8、9 行代码的注释取消，观察程序的错误提示，理解类的访问权限。

思考：若在例 4-7 中的类 PackageDemo4_7 中分别增加具有 public、protected、private 和缺省访问权限的成员，则在例 4-8 中能够访问的成员有哪些？请编写代码测试之。

事实上，在 Eclipse 环境下编写代码时，借助代码自动完成功能可以找到当前操作时所有能够被访问的成员。

4.4.3 访问器

声明类时,通常将成员变量声明为 private,以防止直接访问成员变量而引发的恶意操作。但是,这并不是不允许访问,而是可以通过公共接口间接访问。所谓的公共接口,就是程序设计人员在类中定义与各个私有成员变量相关的公共方法,以提高安全级别。习惯上,称具有 private 访问权限的成员变量为属性,把与之相对应的公共方法称为访问器。访问器根据其功能区分为读访问器(getter)和写访问器(setter)。

例如,若某类中具有私有成员变量 XXX,与之相应的访问器为 setXXX() 和 getXXX()。其中读访问器的返回值类型与对应的属性类型相同,无参数;写访问器返回值类型为 void,需要一个与对应属性类型相同的参数。

只有读访问器的属性为只读属性。具有写访问器的属性称为可写属性。例如:

```
public class AccessDemo
{
    //私有成员变量,称为属性
    private int readOnly;
    private int writeOnly;
    //读访问器: readOnly 为只读的
    public int getReadOnly()
    {
        return readOnly;
    }
    //写访问器: writeOnly 为可写的
    public void setWriteOnly(int writeOnly)
    {
        this.writeOnly=writeOnly;
    }
}
```

若一个类中声明了多个私有成员变量,在 Eclipse 中可以通过以下步骤快速生成与之相应的访问器。

(1) 选中 Source|Generate Getters and Setters 菜单项,弹出 Generate Getters and Setters 对话框,如图 4-3 所示。

(2) 在 Select getters and setters to create 列表中列出了当前类中所有的私有成员变量以及与之对应的访问器。用户可以根据需要选择合适的访问器,也可以通过列表框右侧的命令按钮快速生成访问器。

(3) 在 Insertion point 下拉列表中设置访问器的插入点;在 Sort by 下拉列表中选择访问器的排序方式。

(4) 在 Access modifier 栏中选中访问器的访问权限和其他修饰符。

(5) 可以选中 Generate method comments 复选框,系统会为各个访问器自动生成注释。

(6) 设置完成后,单击 OK 按钮即可。

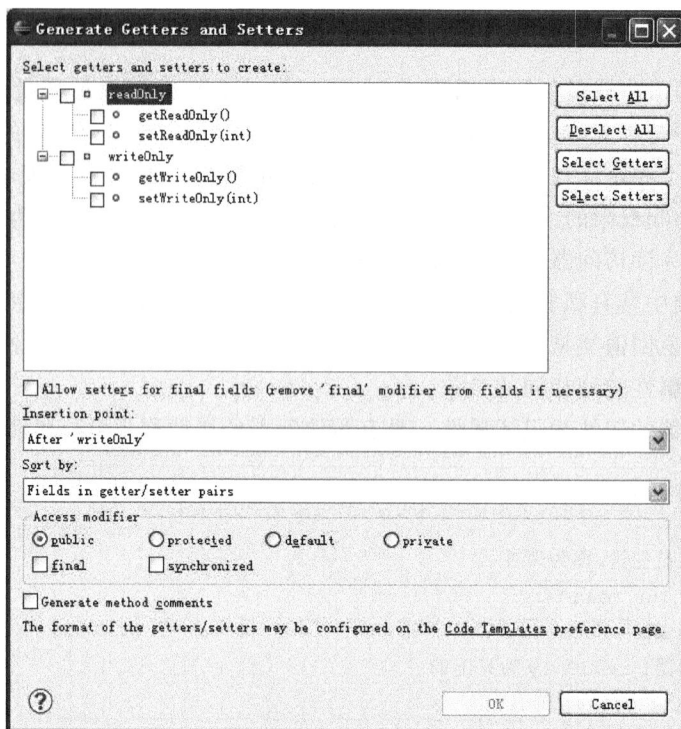

图 4-3 生成访问器

4.4.4 静态成员

声明类中的成员变量或成员方法时,若有关键字 static 则称其为静态成员。静态成员也称为类成员。静态成员的生命周期等同于类的生命周期,与对象的生命周期无关。

静态成员变量的引用格式如下:

类名.类变量名

或者

对象名.类变量名

静态成员方法的引用格式如下:

类名.类方法名([参数列表])

或者

对象名.类方法名([参数列表])

Java 类库中提供了大量常用的类方法,例如 Math 类中的成员方法都是静态的。虽然 Java 中允许通过对象名访问静态成员,但实际上静态成员不属于某个对象,而是为所有对象所共享。因此,通常直接使用类名访问静态成员。另外,在类方法中只能直接引用类变量和该方法中声明的局部变量,即非静态的成员变量不能在类方法中直接访问。

【例 4-9】 在类中定义静态成员和非静态成员,并在 main()方法中创建对象访问它们。观察运行结果,体会静态成员的特点。程序代码如下:

```
1    public class StaticMemberDemo4_9
2    {
3        //成员变量
4        private int x;
5        public static int y;                    //静态成员变量
6        //构造方法
7        public StaticMemberDemo4_9()
8        {
9            x=0;
10           y=0;
11       }
12       //属性 x 的读访问器
13       public int getX()
14       {
15           return x;
16       }
17       //属性 x 的写访问器
18       public void setX(int x)
19       {
20           this.x=x;
21       }
22       //静态成员方法,只能访问静态成员 y
23       static void print()
24       {
25           //System.out.println("x="+x);
26           System.out.println("y="+y);
27       }
28       static void setY(int m)
29       {
30           y=m;
31       }
32       public static void main(String[] args)
33       {
34           StaticMemberDemo4_9 smd1=new StaticMemberDemo4_9();
35           StaticMemberDemo4_9 smd2=new StaticMemberDemo4_9();
36           //修改对象 smd1 中的成员变量 x 的值,不会影响 smd2 中成员变量 x 的值
37           smd1.setX(15);
38           System.out.println("对象 1 中,x="+smd1.getX());
39           System.out.println("对象 2 中,x="+smd2.getX());
40           //通过对象 1 改变了静态变量 y 的值
```

```
41          smd1.setY(16);
42          System.out.print("对象 1 中,");
43          smd1.print();
44          System.out.print("对象 2 中,");
45          smd2.print();
46      }
47  }
```

程序运行结果如下：

对象 1 中,x=15
对象 2 中,x=0
对象 1 中,y= 16
对象 2 中,y= 16

程序分析如下：

StaticMemberDemo4_9 类中,第 23～27 行代码定义了静态方法 print(),在其中只能访问类变量 y。另外,由于静态成员为所有对象所共享,因此在一个对象中对类变量的操作会影响同一类的其他对象。可以看到,第 41 行代码通过对象 smd1 修改了类变量 y 的值后,对象 smd2 引用 y 的值为改变后的值。读者可以尝试把第 25 行代码的注释取消观察错误提示。

思考：main()方法为 Java Application 程序的入口点。为什么将 main()方法定义为静态？在 main()方法中定义程序代码时需注意些什么？

4.5 类的继承性

4.5.1 继承的概念

现实世界中的实体之间存在继承的关系。例如儿子继承父亲的身高特征和学习行为。显然,这种继承不是简单的复制,即儿子可以拥有自己的特征和行为,如学历上的突破和父亲不具备的程序设计能力。面向对象程序设计方法中使用"继承"机制使得软件修改和功能扩充变得简单易行。

继承性是面向对象的核心特征之一。继承,是指利用已有类创建新类的过程。被继承的已有类称为超类或父类,创建的新类称为派生类或子类。通过继承,子类获得父类的成员,同时子类中又可以定义新的成员变量或成员方法,甚至是在子类类体中对继承来的父类中的成员进行修改。

若允许一个类有多个父类,称这种继承为多继承;否则,只允许有一个父类的继承称为单继承。当然,一个父类可以定义多个子类,这样类与类之间就构成了一种具有树状结构的层次关系。其中,Object 为树状结构的树根,是所有类的祖先。

Java 中,Object 类位于 java.lang 包中,在其中定义了所有对象的基本状态和行为。Java 中的继承为单继承,通过关键字 extends 实现。若类定义时没有指明父类则系统默认指定 Object 为其父类。

4.5.2 子类

1. 子类的声明

Java 中，子类声明的语法格式如下：

[修饰符] class 类名 extends 父类名
{
　　成员变量声明
　　成员方法声明
}

其中，父类名为一个已经预先定义好的类或者某个系统类。Java 中只允许单继承，即这里的父类名只能出现一个。

例如：

public class AppletDemo extends Applet

为 Java Applet 的类首声明。Java 中所有的 Java Applet 必须从 Applet 类或 JApplet 类继承。Applet 类位于 java.applet 包中，JApplet 类位于 javax.swing 中。

又如，定义一个学生类，继承例 4-1 中的 Person4_1 类，同时增加表示学号和系别的成员变量 no、dept。程序代码如下：

```
public class Student extends Person4_1
{
    String no;                      //学号
    String dept;                    //系别
}
```

读者可以尝试创建 Student 的对象，并访问其中的成员，观察 Student 类从父类继承的成员是否能正确访问。

2. 继承原则

Java 中，类之间的继承原则如下。

(1) 子类继承父类中的所有非私有成员变量和成员方法。

(2) 父类中的构造方法不能被继承。

(3) 子类中可以对继承的父类成员重新定义。即 Java 允许子类中定义与父类中相同名字的成员，此时，父类中同名的成员变量在子类中被隐藏（Hiding），父类中同名的成员方法在子类中被覆盖（Override）。

【例 4-10】 重写父类成员。程序代码如下：

```
1    class father
2    {
3        //成员变量
4        protected int x;
5        //构造方法
6        public father(){}
```

```
7          public father(int x)
8          {
9              this.x=x;
10         }
11     //成员方法
12     public void print()
13         {
14             System.out.println("父类中,x="+x);
15         }
16 }
17 class son extends father
18 {
19     //同名的成员变量
20     int x;
21     public son(int x)
22     {
23         this.x=x;
24     }
25     //方法的覆盖(重写)
26     public void print()
27     {
28         //父类中同名的成员变量 x 在子类中被隐藏
29         System.out.println("子类中,x="+x);
30     }
31 }
32 public class RedefinitionDemo4_10
33 {
34     public static void main(String[] args) {
35         father f=new father(10);
36         son s=new son(15);
37         f.print();                  //调用父类的 print 方法
38         s.print();                  //调用子类的 print 方法
39     }
40 }
```

程序运行结果如下：

```
父类中,x=10
子类中,x=15
```

程序分析如下：

本例中，第 1～16 行代码定义的 father 类为父类，第 17～31 行代码定义的 son 类为其子类。son 类中定义的成员变量 x 与父类中的成员变量 x 同名，父类中的 x 在子类中被隐藏，因此第 29 行代码输出的为子类中成员变量 x 的值。另外，第 26～30 行代码中定义的成员方法覆盖了父类中同名的成员方法。这样，第 37、38 行代码通过对象名调用各自的成员方法执行。

注意：

（1）方法覆盖要求参数列表要完全相同，否则视为方法的重载。

（2）方法覆盖时，子类中的同名方法不能降低父类方法的访问级别。请读者尝试修改第 26 行代码中 print()方法的访问修饰符，观察系统的错误提示。

思考：如果例 4-10 中的子类 son 中只包含构造方法，程序是否能正确运行？修改程序代码，然后运行程序观察结果，体会类的继承。

3. 访问权限

子类虽然继承父类中各个成员，但是不代表能够对这些成员具有访问权限，即在子类类体中声明的成员方法并不能访问父类中所有的成员变量或成员方法。子类的访问权限如下。

（1）子类中不能直接访问父类中的 private 成员。

（2）子类中可以直接访问父类中的 public、protected 成员。

（3）对于父类中声明为缺省访问权限的成员，若子类与父类位于同一包中则可以访问，否则不能访问。

因此，在类定义时，如果类中成员仅限于该类内使用，应声明该成员为 private；如果类中成员允许其子类访问，则声明为 protected；允许所有类访问的成员应声明为 public；其余情况可以选择默认的访问权限。

思考：在例 4-10 中，father 类包含了一个成员变量 x。如果 father 类单独作为一个 Java 源文件，并且与 RedefinitionDemo4_10.java 放在不同的"包"中，成员变量 x 是否可以在 son 中访问？请修改例 4-10 的程序代码，并改变父类中 x 的访问权限，观察运行结果。

4.5.3　super 关键字

Java 中，super 关键字表示对父类的引用。同 this 关键字，super 关键字也不能出现在静态成员方法中。

1. 访问父类同名成员

Java 中，可以在子类成员方法的方法体中使用 super 来访问被屏蔽的父类成员，其语法格式如下：

```
super.成员变量名
super.成员方法名([参数列表])
```

例如，修改例 4-10 中 son 类的 print()方法，代码如下：

```java
//方法的覆盖(重写)
public void print()
{
    //父类中同名的成员变量 x 在子类中被隐藏
    System.out.println("子类中,x="+x);
    System.out.println("子类中被隐藏的成员变量 x="+super.x);
}
```

修改后，程序运行结果如下：

父类中,x=10
子类中,x=15
子类中被隐藏的成员变量 x=0

2. 调用父类构造方法

父类的构造方法用于创建父类对象,不能被子类继承,在子类中需要定义自己的构造方法。但是遵循代码复用的原则,子类构造方法中可以调用父类的构造方法,以对各个成员变量初始化,其语法格式如下:

super([参数列表]);

【例 4-11】 子类构造方法中调用父类的构造方法举例。程序代码如下:

```
1    class father1
2    {
3        int f;
4        //构造方法
5        public father1()
6        {
7            f=1;
8            System.out.println("父类无参构造方法");
9        }
10       public father1(int f)
11       {
12           this.f=f;
13       }
14   }
15   class son1 extends father1
16   {
17       int s;
18       //构造方法
19       public son1()
20       {
21           s=1;
22           System.out.println("子类无参构造方法");
23       }
24       public son1(int f,int s)
25       {
26           //调用父类的构造方法对成员变量 f 初始化
27           super(f);
28           //this.f=f;
29           this.s=s;
30       }
31       //输出子类中各个成员变量的值
32       public void print()
33       {
```

```
34              System.out.println("f="+f+",s="+s);
35          }
36      }
37  public class SuperCallConstructorDemo4_11
38  {
39      public static void main(String[] args)
40      {
41          son1 s1=new son1();
42          son1 s2=new son1(15,20);
43          s1.print();
44          s2.print();
45      }
46  }
```

程序运行结果如下：

父类无参构造方法
子类无参构造方法
f=1,s=1
f=15,s=20

程序分析如下：

本例中，第 27 行代码通过 super 关键字调用父类中相应的构造方法以初始化成员变量 f，此语句的作用等效于第 28 行代码中注释的语句。另外，在 main() 方法中，第 41 行代码通过无参构造方法创建子类对象时，可以看到首先输出了"父类无参构造方法"，也就是说在创建子类对象时，若没有使用 super 关键字显式调用父类的构造方法，系统将隐式调用父类的默认构造方法或者无参构造方法，然后才调用子类的构造方法。

注意：

（1）使用 super 调用父类构造方法的语句必须位于子类构造方法体的最前面。

（2）若一个类可能成为其他类的父类，则定义该类的构造方法时应该保留一个无参数的构造方法，以保证子类对象的正确创建。

4.5.4 最终类和抽象类

1. 最终类

若一个类不允许被继承，则应该使用关键字 final 声明，称该类为最终类。最终类位于类的树状结构的最底端（叶子），不能被继承。例如：

```
final class leaf
{
    ...
}
```

系统类库中，String 类、StringBuffer 类等都是 final 类。

2. 抽象类

抽象类和最终类正好相反，抽象类是必须被继承的类，使用关键字 abstract 声明。例如：

```
abstract class fatherClass
{
    ...
}
```

　　抽象类的类体定义同普通类的类体定义相似,只是,其中可以包含一类特殊的成员方法,即抽象方法。抽象方法只有方法首部声明,不声明方法体,其格式如下:

　　[修饰符] abstract 方法名([参数列表]);

　　若某个类继承自抽象类,在该类中必须实现父类中包含的所有抽象方法,即给出方法体的定义。例如:

```
abstract class father3
{
    protected int f;
    //抽象方法
    abstract void setF(int f);
    abstract int getF();
}
class son3 extends father3
{
    //子类中要给出父类中所有抽象方法的实现
    void setF(int f)
    {
        this.f=f;
    }
    int getF()
    {
        return f;
    }
}
```

　　注意:包含抽象方法的类必须是抽象类,但是抽象类中可以不包含抽象方法。
　　思考:若子类 son3 中未能实现方法 getF(),son3 如何定义?

4.6　类的多态性

4.6.1　多态的概念

　　多态性是面向对象程序设计的另一个重要特征,表现为"同名方法,不同实现",即同一个名字的若干个方法,方法体却不同。系统根据调用方法的对象或参数自动选择一个方法执行。
　　Java 语言中,方法的重载(Overload)和覆盖(Override)是实现多态的两种途径。

4.6.2　方法重载

　　一个 Java 类中允许存在多个同名的成员方法,称为方法重载。方法重载要求各个同名的成员方法必须具有不同的参数列表,即参数的类型、个数和顺序必须不同。Java 编译器根据参数列表决定调用哪个重载的方法。例如:

```
public void setRadius()
public void setRadius(double r)
```

为某类中声明的两个成员方法的首部。方法名相同,但参数列表不同,为合法的方法重载。
又如:

```
public void methodA()
public int methodA()
```

不是正确的方法重载。两个成员方法不仅方法名相同,参数列表也相同,只是方法的返回值类型不同,这在编译时会产生错误。

【例 4-12】 方法重载举例。在类中定义多个同名方法,分别计算各种图形的周长。程序代码如下:

```
1    public class ShapePerimeter4_12
2    {
3        ShapePerimeter4_12()
4        {
5            System.out.println("方法的重载: perimeter 方法");
6        }
7        //计算圆的周长
8        public double perimeter(double r)
9        {
10            return Math.PI * 2 * r;
11        }
12        //计算长方形的周长
13        public double perimeter(double w, double h)
14        {
15            return 2 * (w+h);
16        }
17        //计算三角形的周长
18        public double perimeter(double a, double b, double c)
19        {
20            return a+b+c;
21        }
22        public static void main(String[] args)
23        {
24            ShapePerimeter4_12 sp=new ShapePerimeter4_12();
25            System.out.println("圆形周长为: "+sp.perimeter(10));
26            System.out.println("长方形周长为: "+sp.perimeter(2, 5));
27            System.out.println("三角形周长为: "+sp.perimeter(3, 4, 5));
28        }
29    }
```

程序运行结果如下：

方法的重载：perimeter 方法
圆形周长为：62.83185307179586
长方形周长为：14.0
三角形周长为：12.0

程序分析如下：

程序中，第 27～29 行代码分别计算并输出了 3 种图形的周长值。系统根据参数的不同确定执行哪个重载的方法。

Java 中，方法重载可以是在类中直接定义的多个同名方法，也可以是在子类中声明与父类中同名但具有不同参数列表的成员方法。在编译阶段，编译器根据参数的不同静态确定调用哪个重载的方法。因此，方法重载实现的多态也称为静态多态。

4.6.3　方法覆盖

方法的覆盖是子类和父类有同名且参数相同的成员方法，表现为父类与子类之间方法的多态。此时，父类对象调用父类的成员方法，子类对象调用子类的成员方法。程序运行时，会根据对象所属类决定执行哪个方法，因此方法覆盖实现的多态也称为动态多态。

【例 4-13】　方法覆盖举例。子类中对继承来的父类方法重写定义。程序代码如下：

```
1    class student
2    {
3        protected String no;
4        public void print()
5        {
6            System.out.println("学号为：" + no);
7        }
8    }
9    class graduate extends student
10   {
11       String dept;
12       //方法覆盖
13       public void print()
14       {
15           //调用父类中因重写被覆盖的方法,输出学号
16           super.print();
17           System.out.println("专业为：" + dept);
18       }
19   }
20   public class OverrideDemo4_13
21   {
22       public static void main(String[] args)
23       {
```

```
24          student s=new student();
25          graduate g=new graduate();
26          s.no="11111111";
27          s.print();                    //父类对象,调用父类中的成员方法
28          System.out.println("--------");
29          g.no="22222222";
30          g.dept="Computer";
31          g.print();                    //子类对象,调用子类中的成员方法
32      }
33  }
```

程序运行结果如下:

学号为: 11111111

学号为: 22222222
专业为: Computer

程序分析如下:

程序中,student 为父类,graduate 为子类。第 27 和 31 行代码均调用了 print()方法,程序运行时,根据调用该方法的对象所属的类决定调用哪个方法。可以看到,第 27 行代码调用父类中第 4～7 行代码中定义的方法,第 31 行调用子类中第 13～18 行代码定义的方法。

4.6.4 绑定

对于方法重载,根据语句中给出的参数就可以确定程序执行时调用哪个方法,称为前期绑定(编译时绑定)。而对于方法覆盖,则要在程序执行时才能决定调用哪个同名方法,称为后期绑定(运行时绑定)。

由于子类继承了父类所有非私有属性,程序设计时,子类对象可以赋值给超类对象或作为方法参数传递给父类对象。

【例 4-14】 子类对象当父类对象使用举例。程序代码如下:

```
1   abstract class fruit
2   {
3       protected abstract void print();
4   }
5   class apple extends fruit
6   {
7       //实现超类中的抽象方法
8       public void print()
9       {
10          System.out.println("这是苹果!");
11      }
12  }
13  class banana extends fruit
```

```
14    {
15        //实现超类中的抽象方法
16        public void print()
17        {
18            System.out.println("这是香蕉!");
19        }
20    }
21    public class ObjectAssignment4_14
22    {
23        public static void main(String[] args)
24        {
25            //子类对象赋值给父类对象可行,反之则不行
26            fruit f1=new apple();
27            fruit f2=new banana();
28            //超类对象调用 print 方法,将执行子类中的同名方法
29            f1.print();
30            f2.print();
31        }
32    }
```

程序运行结果如下:

这是苹果!

这是香蕉!

程序分析如下:

程序中,第 26 行和 27 行代码分别创建了子类的对象并赋值给父类对象。由程序输出可知,此时父类对象调用子类中的同名方法。因此,父类对象调用的方法可能是自身的,也可能是子类中的同名方法,即方法覆盖时采用的是后期绑定。

习　题　4

一、选择题

1. 在方法内部使用,代表对当前对象自身引用的关键字是(　　　)。

    A. super   B. This   C. Super   D. this

2. 在 Java 中,若要使用一个包中的类时,首先要求对该包进行导入,其关键字是(　　　)。

    A. import   B. package   C. include   D. packet

3. String、StringBuffer 都是(　　　)类。

    A. static   B. abstract   C. final   D. private

4. Java 中所有类的父类是(　　　)。

    A. Father   B. Lang   C. Exception   D. Object

5. 下列选项中,与成员变量共同构成一个类的是(　　　)。

    A. 关键字   B. 成员方法   C. 运算符   D. 表达式

6. 用于在子类中调用被重写父类方法的关键字是（　　）。

    A. this   B. super   C. This   D. Super

7. 类变量必须带有的修饰符是（　　）。

    A. static   B. final   C. public   D. Volatile

8. Java 程序默认引用的包是（　　）。

    A. java.text 包   B. java.awt 包   C. java.lang 包   D. java.util 包

9. 下列关于 Java 源程序结构的论述中,正确是（　　）。

    A. 一个文件包含的 import 语句最多 1 个

    B. 一个文件包含的 public 类最多 1 个

    C. 一个文件包含的接口定义最多 1 个

    D. 一个文件包含的类定义最多 1 个

10. Object 类中的方法 public int hashCode(),在其子类覆盖该方法时,其方法修饰符可以是（　　）。

    A. protected   B. public   C. private   D. 省略

11. 下列关于继承的叙述正确的是（　　）。

    A. 在 Java 中允许多重继承

    B. 在 Java 中一个类只能实现一个接口

    C. 在 Java 中一个类不能同时继承一个类和实现一个接口

    D. Java 的单一继承使代码更可靠

12. 下列修饰符（　　）可以使在一个类中定义的成员变量只能被同一包中的类访问。

    A. private   B. 省略   C. public   D. protected

13. 已知有下列类的说明,则下列访问成员变量的写法当中正确的是（　　）。

```
public class Test
{
    private float f=1.0f;
    int m=12;
    static int n=1;
    public static void main(String[] args)
    {
        Test t=new Test ();
    }
}
```

    A. t.f   B. this.n   C. Test.m   D. Test.f

14. 下列程序片段中,能通过编译的是（　　）。

    A. public abstract class Animal{public void speak();}

    B. public abstract class Animal{ public void speak(){}}

    C. public class Animal{ public abstract void speak();}

    D. public abstract class Animal{ public abstract void speak(){}}

15. 下列（　　）选项的 java 源代码片段是不正确的。

A. package testpackage;
    public class Test{ }

B. import java.io. * ;
    package testpackage;
    public class Test{ }

C. import java.io. * ;
    class Person{ }
    public class Test{ }

D. import java.io. * ;
    import java.awt. * ;
    public class Test{ }

二、填空题

1. 面向对象编程中,对象是类的实例,使用_____运算符创建。

2. Java 语言的_____可以使用它所在类的静态成员变量和实例成员变量,也可以使用它所在方法中的局部变量。

3. 继承是面向对象编程的一个重要特征,它可降低程序的复杂性并使代码_____。

4. Java 语言中,关键字_____实现类的继承。

5. 在 Java 语言中,用_____修饰符定义的类为抽象类。

6. Java 中的返回语句是_____语句。

7. 抽象类中含有没有实现的方法,该类不能_____。

8. 若类声明时加上修饰符_____,则表示该类不能有子类。

9. 方法覆盖是_____绑定,方法重载是_____绑定。

10. 若类中只有一个 getXXX()的 public 方法与 private 成员变量 XXX 相对应,则称该成员变量为_____。

11. 阅读下列程序,写出运行结果_____。

```
class c1
{
    public c1()
    {
        System.out.println("This is in C1 class!");
    }
}
class c2 extends c1
{
    public c2()
    {
        System.out.println("This is in C2 class!");
    }
}
class c3 extends c2
{
    public c3()
    {
        System.out.println("This is in C3 class!");
    }
}
```

```java
public class ConstructorTest
{
    public static void main(String[] args)
    {
        c3 cObj=new c3();
    }
}
```

12. 指出下列程序代码中的错误_____。

```java
public class Test
{
    public int aMethod()
    {
        static int i=0;
        i++;
        System.out.println(i);
    }
    public static void main(String[] args)
    {
        Test test=new Test();
        test.aMethod();
    }
}
```

三、简答题

1. 什么是类？什么是对象？类和对象的关系是什么？

2. 什么是类的封装性？Java 中，类里可以封装哪些内容？

3. 什么是方法重载？多个重载方法之间的区别点在哪？

4. Java 中的访问限制符有哪些？简述类的成员因访问修饰符不同带来的访问限制。

5. 什么是类的继承性？Java 中如何实现类的继承？

6. 子类继承父类哪些成员？子类中如何访问从父类继承的成员？

7. 总结 this 关键字和 super 关键字的用法。

8. 什么是类的多态性？Java 中实现多态的途径有哪些？

9. 什么是抽象方法？什么是抽象类？简述抽象类的用途。

10. 简述包的概念，并通过查阅文献了解 Java 中常用的包及包中的各个类。

四、编程题

1. 定义一个表示二维空间中点的类 Point，其中包含点的坐标 x 和坐标 y，以及相应的输出点坐标(x,y)的方法 printInfo()。

2. 定义一个表示圆形的类 Circle，Circle 类继承自类 Point。Circle 类中增加表示圆半径的成员变量 r；包含一个构造方法，用来初始化圆点和半径值；同时定义输出圆形圆点和半径值的方法 printInfo()。

3. 定义类 PerfectNum，其中包含一个方法用于判读某个数是否为完全数。编写代码测试输出 1000 以内的所有完全数。

4. 定义一个完整的排序类,要求至少包含两种排序方法。

5. 仿照例 4-12 定义计算图形面积的类 ShapeArea。

6. 在下列 VariableScopeTest.java 源文件中空白处填上合适的代码,使其能够输出 Variables 类中的成员变量的值。

```
class Variables
{
    private int a;
    protected int b;
    public int c;
    int d;
    static int e=5;

    public Variables(){}
    public Variables(int a,int b,int c,int d)
    {
        this.a=a;
        this.b=b;
        this.c=c;
        this.d=d;
    }
}
public class VariableScopeTest
{
    public static void main(String[] args) {
        Variables v=new Variables(1,2,3,4);
        System.out.println("the value of the member is "+_____);
    }
}
```

7. VariableScopeTest.java 程序中包含了两个类,请尝试把这两个类放在不同的"包中",观察程序结果。

第5章 接口、内部类和 Java API 基础

Java 语言的单继承机制降低了程序的复杂性,增加了系统安全性。由于在现实中子类有时需要继承多个父类的特性,因此 Java 中引入接口来实现多继承的功能。本章首先介绍接口的概念、接口的声明以及接口的实现等内容,然后介绍 Java 中其他的面向对象编程机制,包括内部类、java.lang 包和 java.util 包中常用的 Java API 以及集合类。

5.1 接　　口

5.1.1 接口的概念

Java 语言中,接口在语法上与类相似,都是由一组常量和方法组成;形式上,接口提供了一种行为框架,所提供的所有方法都是抽象的。当某个类要"继承"该接口时,类中要给出所有抽象方法的实现。因此 Java 中把对接口的"继承"称为"实现",也就是说,接口是通过类来实现的。

一个类只能继承一个父类,同时可以实现多个接口。从这个意义上讲,借助接口机制,Java 语言实现了多继承功能。

5.1.2 接口的声明

和类一样,Java 语言中的接口也是以"包"的形式组织在一起的。接口可以是系统预定义的接口,例如 java.lang.Runnable 接口用于多线程处理,java.awt.event.ActionListener 接口用于处理命令按钮上的鼠标单击事件等。实际操作中,用户也可以自己定义接口。接口定义的语法格式如下:

```
[修饰符] interface 接口名 extends 父接口 1[,父接口 2…]
{
    常量声明
    抽象方法声明
}
```

说明:

(1) 关键字 interface 表示接口的定义。

(2) 关键字 extends 表示接口之间的继承关系,一个接口可以有多个父接口,子接口将继承父接口中的所有常量和抽象方法。

(3) 接口名为定义接口时指定的一个标识符,习惯上构成接口名的每个的单字首字母都大写,也要求尽可能"见名知义"。

(4) 接口的修饰符只有访问权限修饰符,即 public 和省略。

① public 表示该接口为公共接口,可以被所有的类和接口使用。

② 默认的访问权限表示该接口只能被同一个包中的类和接口使用。

（5）"{}"中的部分称为接口体，接口体由常量声明和抽象方法声明两部分构成。

① 接口体中的所有常量都必须是系统默认的 public static final 修饰的常量。

② 接口体中的所有方法都必须是系统默认的 public abstract 修饰的抽象方法。

③ 无论常量和抽象方法前是否有上述默认修饰符，效果是完全相同的。

（6）Java 8 允许在接口中定义默认方法和类方法，读者可查阅相关 API 了解学习。本书不再赘述。

例如，Java 系统类库中 java.lang.Runnable 接口的定义如下：

```
public abstract interface java.lang.Runnable
{
    public abstract void run();            //线程运行代码
}
```

又如自定义一个表示"水果"的接口，代码如下：

```
public interface Fruit {
        String printName();                //水果名称
    String printSeason();                  //成熟季节
}
```

从上面的语法可以看出，接口可理解为一种特殊的抽象类：接口和抽象类中都可以包含抽象方法且不能被实例化。但是，两者之间也存在以下几点不同。

① 接口为多个互不相关类之间的行为框架；抽象类则约定多个子类之间的共同行为。

② 一个类可以实现多个接口，为多继承机制；抽象类和子类之间只能是单继承。

③ 接口的访问权限为 public 或省略，其成员的访问权限均为 public；抽象类和其成员的访问权限与普通类一样。

④ 接口中的方法全部是抽象方法；抽象类中则可以不包含抽象方法。

⑤ 接口中不能声明构造方法；抽象类中则可以声明构造方法。

⑥ 接口只能声明常量；抽象类中则可以声明成员变量。

5.1.3　接口的实现

接口的声明仅仅给出行为框架，需要在某个类中为接口的抽象方法定义方法体，称为类实现该接口。类实现接口的语法格式如下：

```
[修饰符] class 类名 [extends 父类名] implements 接口名 1[, 接口名 2…]
{
    …                                      //类体
}
```

例如：

```
public class Orange implements Fruit
{
    public String printName() {
```

```
            return "orange";
        }
        public String printSeason() {
            return "fall";
        }
    }
```

一个类实现接口时,需要注意以下几个问题。

(1) 在用类实现接口时,类的声明部分用 implements 关键字声明该类实现哪些接口。

(2) 若实现接口的类不是 abstract 的抽象类,则在类的定义部分必须"实现"接口中的所有抽象方法,即为所有抽象方法定义方法体。

(3) 在用类实现接口中的方法时,必须使用完全相同的方法头,即有完全相同的返回值和参数列表。

(4) 因为接口中所有抽象方法的访问修饰符都默认为 public,因此在类的定义时必须显式地使用 public 修饰符,否则会出现"Cannot reduce the visibility of the inherited method"(不能降低方法的访问范围)错误。

(5) 若类要实现的接口有一个或多个父接口,则在类体中必须实现该接口及其所有父接口中的所有抽象方法。

【例 5-1】 接口的继承举例。程序代码如下:

```
1    interface InterA
2    {
3        void printA();
4    }
5    interface InterB
6    {
7        void printB();
8    }
9    //接口的继承
10   interface InterC extends InterA, InterB
11   {
12       void printC();
13   }
14   public class InterfaceInheritance5_1 implements InterC
15   {
16       //实现父接口中的抽象方法
17       public void printA()
18       {
19           System.out.println("实现父接口中的抽象方法,A------");
20       }
21       public void printB()
22       {
23           System.out.println("实现父接口中的抽象方法,B------");
24       }
```

```
25          //实现接口本身的抽象方法
26          public void printC()
27          {
28              System.out.println("实现子接口中的抽象方法,C------");
29          }
30          public static void main(String[] args)
31          {
32              InterfaceInheritance5_1 ii=new InterfaceInheritance5_1();
33              ii.printC();
34          }
35      }
```

程序运行结果如下:

实现子接口中的抽象方法,C------

程序分析如下:

由于接口 InterC 继承了接口 InterA、InterB,可以看到,第 16~24 行代码分别给出了父接口 InterA、InterB 中抽象方法 printA()、printB()的实现。类实现接口时,若接口中包含多个抽象方法,而且该类不是抽象类,则类体中必须给出所有抽象方法的实现。但是,这多个抽象方法可能不是所有方法都需要使用,如本例中仅在第 33 行代码中调用了 printC()方法。因此,对于必须给出实现又不会被调用的接口中的抽象方法,可以在实现类中给出一个空方法体的定义。例如第 16~24 行代码可以简化如下:

```
//实现父接口中的抽象方法
public void printA(){}
public void printB(){}
```

【例 5-2】 接口类型的动态绑定举例。程序代码如下:

```
1    interface Shape
2    {
3        public final static double PI=3.14159;
4        abstract double area();
5    }
6    class Circle implements Shape
7    {
8        double radius;
9        public Circle(double r)
10       {
11           radius=r;
12       }
13       public double area()                    //方法实现
14       {
15           return PI * radius * radius;
16       }
17   }
```

```
18    class Rectangle implements Shape
19    {
20        double width,height;
21        public Rectangle(double w,double h)
22        {
23            width=w;
24            height=h;
25        }
26        public double area()               //方法实现
27        {
28            return width * height;
29        }
30    }
31    public class InheritancePolyphormise5_2
32    {
33        public static void main(String[] args)
34        {
35            //接口的动态绑定
36            Shape s1=new Circle(10);
37            Shape s2=new Rectangle(5,5);
38            System.out.println("圆形的面积为："+s1.area());
39            System.out.println("长方形的面积为："+s2.area());
40        }
41    }
```

程序运行结果如下：

```
圆形的面积为：314.159
长方形的面积为：25.0
```

程序分析如下：

Java 语言中，接口也可以当作一种数据类型来使用，任何实现接口的类的实例均可作为该接口的变量，并通过该变量访问类中实现的接口中的方法。第 36、37 行代码中即把 Circle 类和 Rectangle 类的对象实例赋值给了接口 Shape 的变量。程序运行时，系统动态确定应该使用哪个类中的方法。

5.1.4 常用的系统接口

Java 类库中定义了不少接口，下面介绍几个常见的系统接口。

1. java.io.DataInput、java.io.DataOutput

DataInput 接口中定义了大量按照数据类型读取数据的方法。下面列举几个方法声明：

```
public abstract Boolean readBoolean();    //读入 boolean 类型数据
public abstract double readDouble();      //读入双精度类型数据
public abstract String readLine();        //读入一行数据
```

DataOutput 接口则提供大量按照数据类型写数据的方法。读者可以参阅相关文档了解这两个接口中的所有方法。

2. java.applet.AudioClip

此接口中封装有关声音播放的方法,包括如下 3 个:

```
public abstract void play();                                    //播放一遍
public abstract void loop();                                    //循环播放
public abstract void stop();                                    //停止播放
```

3. java.awt.event.ActionListener

Java 中,凡是要处理 ActionEvent 事件的监听者都必须实现 ActionListener 接口,如鼠标单击按钮的操作。该接口中声明的抽象方法为

```
public abstract void actionPerformed(java.awt.event.ActionEvent arg0);
```

4. java.sql.Connection 接口

该接口表示与一个特定数据库的会话。下面列举几个该接口中的方法:

```
//不带参数的 SQL 语句通常用 Statement 对象执行,该方法用于产生 Statement 对象
public abstract java.sql.Statement createStatement() throws java.sql.SQLException;
public abstract void commit() throws java.sql.SQLException;     //提交更改
public abstract void close() throws java.sql.SQLException;      //关闭数据库连接
```

5.2 内部类和内部接口

5.2.1 内部类和内部接口的概念

Java 中允许在类或接口的内部声明其他的类或接口,其中被包含的类或接口称为内部类、内部接口,包含内部类、内部接口的类或接口称为外部类、外部接口。内部类、内部接口既具有类的特性,同时也作为类的成员存在。

作为类,内部类和内部接口具有以下特性。

(1) 内部类、内部接口不能与所在的外部类、外部接口同名。

(2) 内部类中可以声明成员变量和成员方法。

(3) 内部类可以继承父类或实现接口。

(4) 内部类可以声明为抽象类。

作为类的成员,内部类和内部接口在使用时有以下特点。

(1) 内部类、内部接口的访问需使用成员运算符。

(2) 内部类、内部接口可以直接访问外部类、外部接口的所有成员。

(3) 内部类在定义时可以使用 4 种访问控制权限修饰符。

(4) 内部接口只能是静态的,内部类可以是静态的。

以内部类为例,根据内部类声明的位置和形式不同,可将内部类区分为以下几种形式。

(1) 非静态内部类:内部类声明时没有指定 static 关键字,作为类的成员定义。

(2) 局部方法内部类:在方法内部声明的内部类,不是类的成员。

（3）匿名内部类：内部类声明时可以不指定类名，不属于类成员。

（4）静态内部类：内部类声明时指定为 static 属性，是类的成员。

因为把内部类隐藏在外部类之内，所以内部类提供了更好的封装，不允许同一包中的其他类访问该类。大部分时候，内部类都被作为成员内部类定义，分为非静态内部类和静态内部类。下面将非静态内部类和静态内部类分别介绍内部类的定义和使用。

5.2.2　内部类的定义和使用

【例 5-3】　非静态内部类的定义和使用举例。程序代码如下：

```
1    class Line
2    {
3        Point p1,p2;
4        class Point
5        {
6            int x,y;
7            Point(int x,int y)
8            {
9                this.x=x;
10               this.y=y;
11           }
12           public void printXY()
13           {
14               System.out.print("("+x+","+y+")");
15           }
16       }
17   }
18   public class InnerClassDemo5_3
19   {
20       public static void main(String[] args)
21       {
22           Line line=new Line();
23           line.p1=line.new Point(2,10);
24           line.p2=line.new Point(3,20);
25           System.out.print("两点一线: ");
26           line.p1.printXY();
27           System.out.print("-----");
28           line.p2.printXY();
29       }
30   }
```

程序运行结果如下：

两点一线: (2,10)-----(3,20)

程序分析如下：

第 23、24 行代码分别使用内部类中的构造方法创建了对象并赋值给成员变量 p1、p2；

第 26、28 行代码调用内部类的方法输出点信息。

注意：内部类编译后会生成的字节码文件为 Line $ Point.class。

【例 5-4】 非静态内部类访问外部类的成员变量举例。程序代码如下：

```
1    class OutClass
2    {
3        private String str="str:外部类的私有成员变量";
4        private int x=20;
5        class InClass
6        {
7            private String str="str:内部类的私有成员变量";
8            private int y=30;
9            public void info()
10           {
11               String str="str:内部类成员方法的局部变量";
12               System.out.print(x+"\t");           //访问外部类中的私有成员变量
13               System.out.println(y);              //访问内部类中的成员变量
14               System.out.println(str);            //访问局部变量
15               System.out.println(this.str);       //访问内部类中同名的成员变量
16               System.out.println(OutClass.this.str);
                                                     //访问外部类中的同名的成员变量
17           }
18       }
19       public void info()
20       {
21           System.out.print(x+"\t");               //访问本类的成员变量
22           System.out.println(new InClass().y);    //访问内部类的成员变量
23           System.out.println("-------");
24           new InClass().info();                   //调用内部类的成员方法
25       }
26   }
27   public class InnerClassDemo5_4
28   {
29       public static void main(String[] args)
30       {
31           new OutClass().info();
32       }
33   }
```

程序运行结果如下：

```
20   30
-------
20   30
str:内部类成员方法的局部变量
str:内部类的私有成员变量
```

str：外部类的私有成员变量

程序分析如下：

非静态内部类的成员可以访问外部类的 private 成员，但反过来不可以。第 12～16 行代码在内部类的成员方法中显示输出了外部类成员变量 x、内部成员变量 y，以及同名的局部变量 str、内部成员变量 str、外部成员变量 str；第 21～22 行代码是在外部类的成员方法中访问 x、y；第 24 行代码是在外部类的成员方法中调用内部类的成员方法。

注意：外部类访问非静态内部类的成员时必须显示创建非静态内部类的对象。

思考：不允许在外部类的静态成员中创建和使用非静态内部类的对象。为什么？

【例 5-5】 静态内部类举例。程序代码如下：

```
1    class NonStaticOutClass
2    {
3        private String str="outer";
4        private static int x=20;
5        static class InClass
6        {
7            private static int y=30;
8            public void info()
9            {
10                System.out.println(x);        //访问外部类的静态成员变量
11                System.out.println(y);        //访问内部类中的静态成员变量
12                //System.out.println(str);    //不能访问外部类的实例成员变量
13            }
14        }
15        public void info()
16        {
17            System.out.println(x);
18            System.out.println(InClass.y);    //外部类中访问静态内部类的静态成员变量
19            System.out.println("-------");
20            new InClass().info();             //外部类中调用静态内部类的实例成员方法
21        }
22    }
23    public class StaticInnerClass5_5
24    {
25        public static void main(String[] args)
26        {
27            new NonStaticOutClass().info();
28        }
29    }
```

程序运行结果如下：

```
20
30
-------
```

```
20
30
```

程序分析如下：

由于静态成员不能访问非静态成员，静态内部类中不能访问外部类的实例成员。第 12 行代码如果执行则出现错误。另外，静态内部类可以包含非静态成员。第 18、20 行代码分别体现了如何在外部类中访问静态内部类的静态成员和非静态成员。

5.3 java.lang 包中的基础类

java.lang 包是 Java 中自动导入的包，该包为 Java 的核心包，包含利用 Java 语言编程的基础类。如 Object 类、System 类等。

5.3.1 Object 类

Object 类为 Java 中类树状结构中的根类，为所有类的直接或间接父类。因此，所有类的对象都拥有 Object 类的方法。Object 类中的常用方法如表 5-1 所示。

表 5-1 Object 类中的常用方法

方　　　法	说　　　明
protected Object clone()	生成当前对象的一个副本
public boolean equals(Object arg0)	比较对象是否相等
public String toString()	将对象转换成字符串
protected void finalize()	销毁对象，析构方法
public final Class getClass()	获取当前对象的所属类信息

【例 5-6】 Object 类中的方法举例。程序代码如下：

```
1    public class ObjectMethodDemo5_6
2    {
3        public static void main(String[] args)
4        {
5            Object ob1="Hello Java";          //子类对象赋值给父类变量
6            Object ob2=new Object();
7            ob2=ob1;                          //引用对象的赋值
8            System.out.println(ob2.equals(ob1));
9            System.out.println(ob2.toString());
10           System.out.println(ob2.getClass());
11       }
12   }
```

程序运行结果如下：

```
true
```

```
Hello Java
class java.lang.String
```

程序分析如下：

第 7 行代码中为引用对象间的赋值，结果是使 ob2 变量像指针一样指向 ob1。读者可以尝试把第 7 行代码替换为 ob1＝ob2，观察程序运行结果的变换。

5.3.2　System 类

System 类提供标准输入、输出和运行时的系统信息等。

1. 标准输入、输出属性

System 中用于实现标准输入、输出的包括以下 3 个静态常量：

```
public static final java.io.InputStream in;  //标准输入流
public static final java.io.PrintStream out; //标准输出流
public static final java.io.PrintStream err; //标准错误输出流
```

2. 常用方法

System 类中常用的方法介绍如表 5-2 所示。

表 5-2　System 类中的常用方法

方　　法	说　　明
public static long currentTimeMillis()	获取自 1970 年 1 月 1 日零时至当前系统时间的毫秒数
public static String getProperty(String key)	获取系统属性
public static void exit(int status)	主动使 JVM 退出运行状态
public static void gc()	垃圾回收方法

【例 5-7】　System 类中的方法举例。程序代码如下：

```
1    public class SystemMethodDemo5_7
2    {
3        public static void main(String[] args)
4        {
5            System.out.println(System.currentTimeMillis());
6            System.out.print("java 目录：");
7            System.out.println(System.getProperty("java.home"));
8            System.out.print("java 版本：");
9            System.out.println(System.getProperty("java.version"));
10           System.out.print("操作系统：");
11           System.out.println(System.getProperty("os.name"));
12           System.exit(0);                    //退出
13       }
14   }
```

程序运行结果如下：

```
1358911313960
java 目录: C:\Program Files\Java\jdk1.6.0_05\jre
java 版本: 1.6.0_05
操作系统: Windows XP
```

程序分析如下:

第 12 行代码中,给定参数 0 表示系统正常退出,该参数返回给操作系统。实际操作中,可以使用非零整型数据表示其他非正常退出情况。

5.3.3 Math 类

Math 类为数学类库,其中封装了所有用于数学计算的属性和方法。Math 类中的所有成员都是 public static 的,可以直接被使用类名引用。Math 类中的常用属性和方法如表 5-3 所示。

表 5-3 Math 类中的常用属性和方法

属性/方法	说 明
final double E＝2.718281828459045;	自然常数 e
final double PI＝3.141592653589793;	圆周率 π
long round(double a)	四舍五入为整数,有重载方法
double sqrt(double arg0)	开平方根
int abs(int arg0)	求绝对值,有重载方法
double random()	产生[0,1)间的随机数
double exp(double arg0)	求 e^{arg0},e 为自然常数
double pow(double a,double b)	求 a^b
double log(double arg0)	求以 e 为底的对数
double log10(double arg0)	求以 10 为底的对数
double sin(double arg0)	正弦函数
double cos(double arg0)	余弦函数
double toRadians(double arg0)	将角度换算成弧度
double toDegrees(double arg0)	将弧度换算成角度

5.3.4 数据类型类

Java 中任何一种基本数据类型都有与之相对应的数据类型类,如表 5-4 所示。使用基本数据类型可以方便地定义变量和属性等,但如果需要完成这些数据的变换和操作,就要使用数据类型类的相应方法。

1. Integer 类

下面以 Integer 类为例,介绍其中的常用方法和属性,如表 5-5 所示。其他数据类型类中的方法与此相似,读者可自行查阅相关文献学习。

表 5-4　基本数据类型与其所对应的数据类型类

基本数据类型	数据类型类	基本数据类型	数据类型类
boolean	Boolean	long	Long
char	Character	float	Float
int	Integer	double	Double

表 5-5　Integer 类中的常用属性和方法

属性/方法	说　　明
public static final int MIN_VALUE=−2 147 483 648；	int 类型量的最小值
public static final int MAX_VALUE=2 147 483 647；	int 类型量的最大值
public Integer(int arg0)	构造方法
public Integer(String arg0)	构造方法
public long longValue()	将当前对象的 int 类型值转换为 long 类型
public int intValue()	获取当前对象的 int 类型值
public double doubleValue()	将当前对象的 int 类型值转换为 double 类型
public static int parseInt(String arg0)	将一个字符串转换为一个 int 类型值
public static Integer valueOf(String arg0)	将一个字符串转换成一个 Integer 对象

【例 5-8】　Integer 类中的方法举例。程序代码如下：

```
1    public class IntegerMethodDemo5_8
2    {
3        public static void main(String[] args)
4        {
5            int a1,a2;
6            double a3;
7            a1=Integer.parseInt("123");
8            a2=Integer.valueOf("345").intValue();
9            a3=Double.valueOf("567.8").doubleValue();
10           System.out.print("a1="+a1+"\ta2="+a2+"\ta3="+a3);
11       }
12   }
```

程序运行结果如下：

```
a1=123  a2=345  a3=567.8
```

程序分析如下：

第 7、8 行代码为将字符串转换成 int 类型数据的两种不同实现。第 9 行代码为将字符串转换成 double 类型的数据。这些方法都很相似,读者要能"举一反三"。

思考：修改第 7、8 行代码中的字符串,给出各种形式的字符串,观察程序运行情况变化。

2. Character 类

Character 类封装一个 char 类型的基本数据,构造方法为 public Character(char arg0),其中一些常用方法如表 5-6 所示。

表 5-6　Character 类中的常用方法

方　　法	说　　明
public static boolean isLowerCase(char arg0) public static boolean isLowerCase(int arg0)	判断是否为小写字符
public static boolean isUpperCase(char arg0) public static boolean isUpperCase(int arg0)	判断是否为大写字符
public static boolean isDigit(char arg0) public static boolean isDigit(int arg0)	判断是否为数字
public static boolean isLetter(char arg0) public static boolean isLetter(int arg0)	判断是否为字母
public static char toLowerCase(char arg0)	将字符转换为小写格式
public static char toUpperCase(char arg0)	将字符转换为大写格式

注：int 类型的方法参数为字符的 Unicode 码值。

5.4　java.util 包中的工具类

java.util 为 Java 的实用工具包，其中包含编程中经常使用的各种工具类，如表示时间日期的类、各种集合类等。

5.4.1　日期类

Java 中表示日期的类有 Date 和 Calendar 两个。其中，Calendar 类是自 JDK 1.1 引入的日期处理类。这里仅介绍 Calendar 类，Date 类的相关内容读者可查阅文献了解学习。

Calendar 类为一个抽象类，不能直接实例化对象，可以通过类方法 getInstance() 获取 Calendar 类的实例对象。该方法的首部声明如下：

```
public static Calendar getInstance()
```

通过类的实例对象调用类中的各个成员方法，可以获取相应的值，例如 get() 方法。该方法的方法首部声明如下：

```
public int get(int arg0)
```

其中，参数 arg0 表示要获取的年、月、日等信息，该参数的取值为 Calendar 类中的静态常量，常用值如表 5-7 所示。

表 5-7　Calendar 类中 get 方法参数的可取值

静 态 常 量	说　　明
public static final int YEAR	年份
public static final int DATE	日期
public static final int DAY_OF_MONTH	日期，一个月中第几天
public static final int HOUR_OF_DAY	小时，24 小时制
public static final int HOUR	小时，12 小时制
public static final int DAY_OF_WEEK	一周中第几天，其中周日为第 1 天

例如：

```
Calendar c=Calendar.getInstance();
System.out.println(c.get(Calendar.YEAR));                    //输出年份
```

5.4.2 Random 类

Random 类的作用是产生随机数序列。使用 Random 类创建一个对象，即产生一个随机数生成器。生成器调用方法可以生成各种类型的随机数。Random 类中常用的方法如表 5-8 所示。

表 5-8 Random 类中的常用方法

方　　法	说　　明
public Random()	构造方法
public Random(long arg0)	构造方法，参数 arg0 称为种子
public int nextInt()	产生一个 int 型随机整数
public long nextLong()	产生一个 long 型随机整数
public int nextInt(int n)	产生一个[0,$n-1$]的 int 型随机整数
public float nextFloat()	产生一个 0.0～1.0 的随机单精度数
public double nextDouble()	产生一个 0.0～1.0 的随机双精度数

【例 5-9】 Random 类中的方法举例。程序代码如下：

```
1    import java.util.Random;
2    public class RandomMethodDemo5_9
3    {
4        public static void main(String[] args)
5        {
6            //Random rnd=new Random();
7            Random rnd=new Random(12);
8            for(int i=0;i<3;i++)
9            {
10               System.out.println(rnd.nextInt());
11           }
12       }
13   }
```

程序运行结果如下：

```
-1160101563
256957624
1181413113
```

程序分析如下：

上述结果为某次程序运行结果。指定种子的生成器总是生成同一组随机数。读者可尝试把第 6 行代码注释取消,然后注释第 7 行代码,多次运行程序,观察运行结果的变化。

5.4.3　Scanner 类

Scanner 类是一个简单文本扫描器,可以从字符串、标准输入设备、文件和字节输入流中读取数据。Scanner 类中常用的方法如表 5-9 所示。

表 5-9　Scanner 类中的常用方法

方　　法	说　　明
public Scanner(InputStream arg0)	构造方法,从标准输入设备、输入流中读取数据
public Scanner(File arg0)	构造方法,从文件中读取数据
public Scanner(String arg0)	构造方法,从字符串中读取数据
public String next()	获取一个字符串
public int nextInt()	获取一个 int 型整数
public long nextLong()	获取一个 long 型整数
public float nextFloat()	获取一个单精度数
public double nextDouble()	获取一个双精度数

5.4.4　集合类

Java 集合类是一种特别有用的工具类,用于存储不固定数量的对象,可用于实现常用的数据结构,例如栈、队列等,在数据库相关操作中也发挥着重要作用。另外,Java 集合还可用于存储具有映射关系的关联数组。

如图 5-1 所示,Java 集合主要由两个接口派生：Collection 和 Map。Collection 接口是List、Set 和 Queue 接口的父接口。其中,Set 表示无序、不可重复的集合;List 表示有序、可重复的集合;Queue 代表队列集合;Map 代表具有映射关系的集合。各个接口又有诸多实现类。图 5-1 中列出了比较常用的实现类,其他实现类读者可查阅 Java API 详细了解。

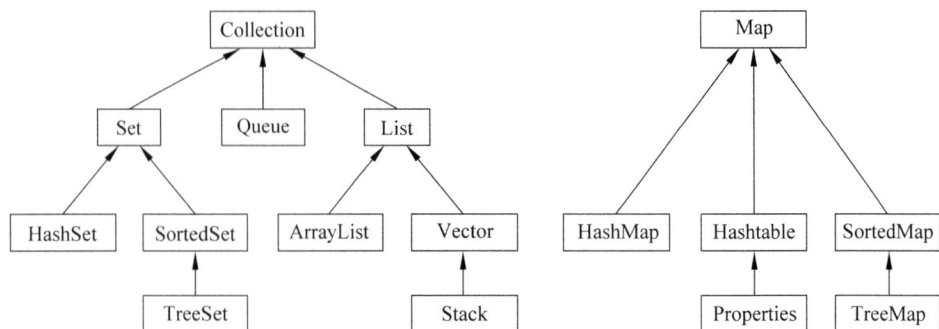

图 5-1　Java 集合体系图

1. Vector 类

Vector 类为一组对象的集合,适用于需要处理的对象数目不确定、需要频繁进行对象插入或删除操作的情况。通过调用类中的方法可以方便地追加对象元素的数量、修改和维护序列中的对象。Vector 类中常用的方法如表 5-10 所示。

表 5-10　Vector 类中的常用方法

方　　法	说　　明
public Vector()	构造方法
public Vector(int arg0)	构造方法，指定初始容量
public Vector(int arg0，int arg1)	构造方法，指定初始容量和增量
public void addElement(Object arg0)	在末尾处追加对象元素
public void insertElementAt(Object arg0，int arg1)	在指定位置处插入对象元素
public void setElementAt(Object arg0，int arg1)	修改指定位置处的对象元素
public void removeElementAt(int arg0)	删除指定位置处的对象元素
public boolean removeElement(Object arg0)	删除指定对象
public void removeAllElements()	删除所有对象元素
public int indexOf(Object arg0)	查找对象，返回查找到的位置
public int indexOf(Object arg0，int arg1)	从指定位置处开始查找对象，返回值同上
public Object elementAt(int arg0)	返回指定位置处的对象元素
public Object get(int arg0)	获取指定位置处的对象元素
public boolean contains(Object arg0)	测试是否包含指定的对象元素
public void clear()	清空
public boolean isEmpty()	测试向量是否为空
public int size()	获取当前向量中的对象元素数量
public int capacity()	获取当前向量的容量
public Object[] toArray()	返回一个包含向量中所有元素的对象数组

例如，假设已定义类 Cat、Dog，分别表示猫和狗，使用 Vector 类编写代码如下：

```
Vector animals =new Vector();
for(int i=0;i<10;i++)
{
    animals.addElement(new Cat(i));                          //追加"猫"实例
}
for(int i=0;i<10;i++)
{
    animals.addElement(new Dog(i));                          //追加"狗"实例
}
for(int i=0;i<animals.size();i++)
{
    if(animals.elementAt(i) instanceof Cat)
```

```
        {
            System.out.println("This is a cat!");
        }
    }
```

2. HashMap 类

HashMap 类是 Java 类库中为映射关系提供的一个通用实现,其中一些常用方法如表 5-11 所示。

表 5-11　HashMap 类中的常用方法

方　　法	说　　明
public HashMap()	构造方法
public HashMap(int arg0)	构造方法,指定初始容量
public HashMap(int arg0, float arg1)	构造方法,指定初始容量和填装因子
public HashMap(Map<? extends K, ? extends V> arg0)	构造方法,指定"键-值"对
public V get(Object arg0)	获取与"键"对应的"值"
public V put(K arg0, V arg1)	插入"键-值"对
public void putAll(Map<? extends K, ? extends V> arg0)	添加指定映射表中的所有"键-值"对
public boolean containsKey(Object arg0)	返回集合中是否包含"键"arg0
public boolean containsValue(Object arg0)	返回集合中是否包含"值"arg0
public void clear()	清空
public boolean isEmpty()	测试集合是否为空
public int size()	获取当前集合中的元素个数
public int capacity()	获取当前集合的容量
public Collection<V> values()	返回所有"值"的集合
public Set<K> keySet()	返回所有"键"的集合

注:表格中的 K、V 分别表示键、值,对应 Java 中所有可用的类型。

【例 5-10】 HashMap 类的使用举例。程序代码如下:

```
1    import java.util.HashMap;
2    import java.util.Map;
3    import java.util.Scanner;
4    class Student
5    {
6        String id;                                          //学号
7        String name;                                        //姓名
8        int age;                                            //年龄
9        String dept;                                        //系部
10       public Student(){}
11       public Student(String id,String name,int age,String dept)
```

```
12        {
13            this.id=id;
14            this.name=name;
15            this.age=age;
16            this.dept=dept;
17        }
18        public String toString()                     //用于在println()方法中直接输出对象信息
19        {
20            return id+","+name+","+age+","+dept;
21        }
22    }
23    public class HashMapTest5_10
24    {
25        public static void main(String[] args)
26        {
27            Student stu[]=new Student[5];                        //学生数组
28            Map<String,Student>students=new HashMap<>();      //泛型
29            students.put("001", new Student("001","Ada",20,"Art"));
30            for(int i=0;i<stu.length;i++)
31            {
32                Scanner scan=new Scanner(System.in);
33                stu[i]=new Student();
34                stu[i].id=scan.next();
35                stu[i].name=scan.next();
36                stu[i].age=scan.nextInt();
37                stu[i].dept=scan.next();
38                students.put(stu[i].id, stu[i]);
39            }
40            System.out.println(students.get("001"));
41            students.remove("001");
42            System.out.println(students);                        //显示所有的元素
43        }
44    }
```

思考：自己运行该程序，观察运行结果，理解程序功能。

注意：

（1）泛型是在创建集合时指定集合中包含的对象的类型，可参阅 Java API 相关教材。本书不再展开介绍。

（2）使用 Arrays 类中的静态成员方法 asList()，可以将数组转换为集合。读者可尝试使用该方法修改例 5-10 的代码，替换循环体中的第 38 行代码，并实现同样的程序功能。

习　题　5

一、选择题

1. 阅读下列代码片段：

```
class InterestTest _____ ActionListener
{
    public void actionPerformed (ActionEvent event)
    {
        ...
    }
}
```

在下画线处,应填的正确选项是(　　)。

　　A. Implementation　B. Inneritance　　　　C. implements　　　　D. extends

2. 语句"Hello".equals("hello");的正确执行结果是(　　)。

　　A. true　　　　　　　B. false　　　　　　　C. 0　　　　　　　　D. 1

3. 下列关于继承的哪项叙述是正确的(　　)。

　　A. 在 Java 中允许多重继承

　　B. 在 Java 中一个类只能实现一个接口

　　C. 在 Java 中一个类不能同时继承一个类和实现一个接口

　　D. Java 的单一继承使代码更可靠

4. 已有接口定义如下:

```
interface Inter
{
    int methodA(int x);
    int methodB(int x);
}
```

则下列选项中正确的是(　　)。

```
A. class A implements Inter          B. class B implements Inter
   {                                     {
       int methodA(){}                       public int methodA(){}
       int methodB(int x){}                  public int methodB(int x){}
   }                                     }

C. class C implements Inter          D. class D implements Inter
   {                                     {
       public int methodA(){}                public int methodA(int x){}
       int methodB(){}                       public int methodB(int x){}
   }                                     }
```

5. 下列关于内部类的说法,错误的是(　　)。

　　A. 内部类可以是匿名的

　　B. 内部类具有继承性

　　C. 内部类可以被直接访问

　　D. 内部类可以访问外部类的所有成员

二、填空题

1. Java 接口内的方法都是公共的、_____的,Java 接口内的属性修饰符都是_____。

2. Java 语言对简单数据类型进行了类包装,int 基本数据类型对应的封装类是_____。

3. 在一个类的内部嵌套定义的类称为_____。

4. Random 类中的方法_____可用于产生一个 int 类型的随机数。

5. Math 类中的所有方法都是_____的,可以直接通过类名访问。

三、简答题

1. 什么是接口?接口有何作用?接口和类有何异同?

2. 接口和抽象类在使用时有什么区别?

3. 什么是内部类?内部类存在的最大优势是什么?静态内部类和非静态内部类在使用时需要注意哪些问题?

4. 查阅相关文献学习数据类型类 Double、Float、Long 等,并了解 java.lang 包中的其他类。

5. 查阅相关文献学习 ArrayList 类、Stack 类和 Hashtable 类、TreeMap 类,并了解 java.util 包中的其他类。

四、编程题

1. 使用 Canlendar 类获取当前系统时间。

2. 创建一个包含 20 个元素的一维整型数组,并使用 Random 类为各个数组元素赋值,计算并输出所有下标为偶数的元素和。

3. 使用 Scanner 类读取从键盘输入的多个数据,并显示输出。

4. 定义一个接口 CircleArea,声明一个方法用于计算圆的面积,再定义类 Circle 表示圆、类 Cylinder 表示圆柱体,分别去实现这个接口。再编写测试类,创建 Circle 对象、Cylinder 对象,观察运行结果。

5. 编写 Java 应用程序,使用 Vector 向量来保存用户输入的若干字符串:循环读入用户输入的字符串,以"end"作为结束,并将所有字符串依次显示;然后,在所有相邻的两个字符串中间插入字符串"NICE",再次显示插入后集合中的所有字符串。

6. 仿照例 5-10,创建 Employee 类表示公司员工,使用员工编号(String 类型)、员工信息(Employee 对象)创建一个包含公司所有员工的 HashMap 集合,并定义相关成员方法,实现员工的入职、离职、员工工资变动等基本操作。

第6章 异常处理

异常就是在程序运行时由代码产生的不正常现象,也可以理解为运行错误。软件开发中所编写的源程序准确无误、毫厘不差是希望看到的结果,但是实际上很难做到。用户输入错误、除数为 0、数组下标越界、待读写的文件未能找到等情况时有发生,也在所难免。因此,开发应用系统时应该考虑各种意外状态,提高程序的容错能力和健壮性。Java 语言提供了一套行之有效的错误处理机制(即异常处理),用来防止由于代码出错造成不可预期的结果发生。这种机制的优点比较明显,它首先可让程序员把异常处理代码从常规代码中分离出来,增强其可读性;其次即使发生了运行错误,应用程序能够捕获异常并且及时处理,使程序从运行错误中恢复并继续运行,从而避免程序的中断;再次允许程序员按照异常类型进行分组,对无法预测的异常给出错误提示,或者做出相应处理。

6.1 异常的概念

在程序编译、运行时都可能出故障,发生不正常状态,关键是问题出现以后如何处理,由谁来处理,怎样处理。出现这种异常后,在不支持计算机异常处理的高级语言中,错误必须被人工检查和解决。此过程十分烦琐、低效,出错的提示信息远远不足,从而导致工作量会大为增加。为了能自行解决程序执行错误,Java 提供了捕获并且处理这些异常的处理机制,使得一个程序在运行中发生了非预期情况时,会产生相应的异常对象,随后,该对象被交给系统,再由系统负责找到处理异常的代码去运行。问题解决以后,根据流程的设计确定是否继续执行后续代码。

异常处理机制显著的优点是将程序的正常代码与错误代码分离开来,使得程序结构清晰,可读性良好。

例如,在求解数组元素之和的程序中,若设计不当则会发生越界错误。可以考虑在程序中增加 if 语句防止下标超出边界,增强程序的健壮性。程序代码如下:

```
1    public class ArraySum
2    {
3        public static void main (String[] args)
4        {
5            int arr[]={21,54,68,10,93,72,62,38,15,47};
6            int sum=0;
7            int len=0;
8            int flag=1;
9            String error1="产生了访问数组下标越界错误!";
10           len=arr.length;
11           for(int i=0;i<=10;i++)              //循环变量终值设定错误
12           {
```

```
13                 if(i==arr.length)
14                 {
15                     flag=0;
16                     break;
17                 }
18                 else
19                     sum+=arr[i];
20             }
21         if(flag==1)
22         {
23             System.out.println ("sum="+sum);
24         }
25         else
26             System.out.println (error1);
27     }
28 }
```

程序运行结果为:

产生了访问数组下标越界错误!

程序分析如下:

第 11 行代码对循环变量 i 设置了终值 10,于是出现了访问 arr[10]的下标越界错误。

第 13~17 行代码用于解决下标越界错误,即出错时将标识 flag 置 0,再由第 25~26 行代码处理。

如果应用 Java 的异常处理机制,则程序代码如下:

```
1    public class ArraySumException
2    {
3        public static void main (String[] args)
4        {
5            int arr[]={21,54,68,10,93,72,62,38,15,47};
6            int sum=0;
7            int len=0;
8            int flag=1;
9            String error1="产生了访问数组下标越界错误!";
10           len=arr.length;
11           try
12           {
13               for(int i=0;i<=10;i++)            //循环变量终值设定错误
14               {
15                   sum+=arr[i];
16               }
17               System.out.println ("sum="+sum);
18           }
19           catch(IndexOutOfBoundsException e)
```

```
20              {
21                  System.out.println (error1);
22              }
23          }
24      }
```

程序分析如下：

运行程序，将得到同样的结果："产生了访问数组下标越界错误!"不难看出，第19～22行代码用于处理程序中的异常，它需要第11～18行代码先捕获到异常作为前提。当可能出现多处异常现象时，可以在后面连续设计多个catch语句块做处理。这样一来，代码结构显得清晰，并且易于后期维护。

6.2　异　常　类

Java中的异常充分体现出继承性，它们皆对应于 Throwable 类或者其子类，而Throwable 类又继承于 Object 类，如图 6-1 所示。

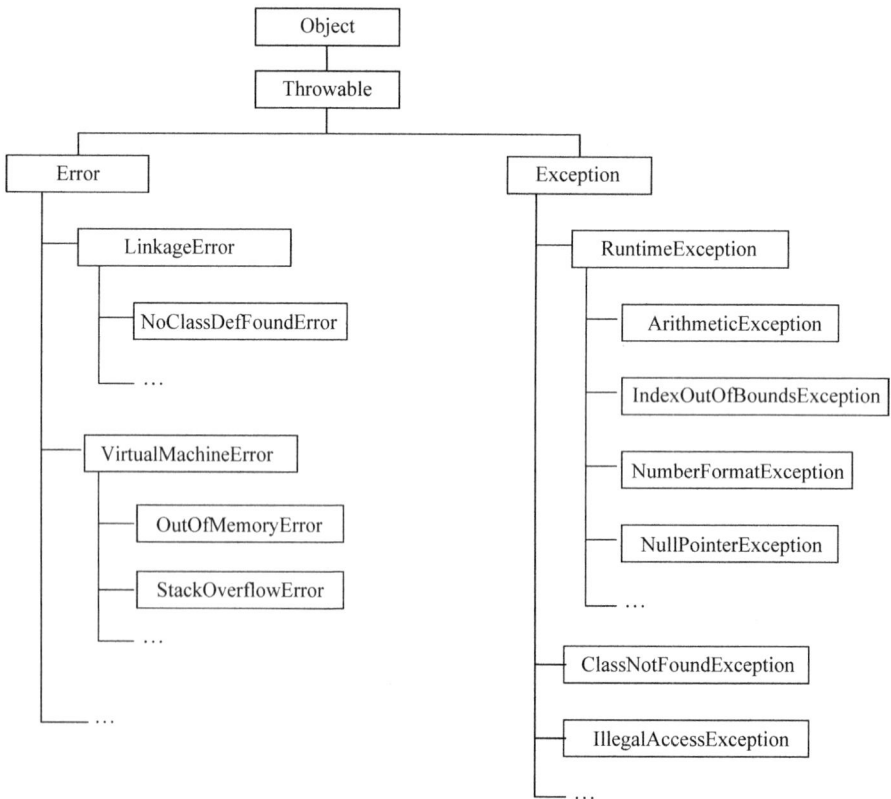

图 6-1　异常类的继承关系

总体上异常类分为 Error 类和 Exception 类。Error 类包括动态链接失败、虚拟机错误等，这种类型的异常对象一般不为 Java 程序捕获和抛出，用户程序也不需要处理这类异常。Exception 类是可以被捕获和抛出的异常类，又可以分为运行时异常类和非运行时异常类。

前者即为 RuntimeException 类及其子类,Java 编译器允许对这一类的异常对象不做处理,原因是这些工作能够由系统在程序运行时自动完成;作为非运行时异常类的对象,需要程序员明确加以捕获并作出处理,否则无法通过编译。

6.2.1　Error 类及其子类

在程序运行时,Java 虚拟机若抛出 Error 错误,则有可能是系统动态连接失败或出现 JVM 故障等原因造成的。用户程序不一定要捕获此类错误,这是因为系统可自动进行捕捉和处理。Error 类及其子类定义了系统中可能出现的大多数 Error 错误,因篇幅所限,此处仅介绍它的两个子类(LinkageError 和 VirtualMachineError)及其衍生子类。

1. LinkageError 类及其子类

LinkageError(结合错误)类及其子类定义的是一个类依存于另一个类,但在编译前者时后者出现了与前者不兼容情况的各种错误。LinkageError 类的子类如表 6-1 所示。

表 6-1　LinkageError 类的子类

LinkageError 类的子类	对应的错误	LinkageError 类的子类	对应的错误
ClassFormatError	类格式错误	AbstractMethodError	抽象方法错误
ClassCircularityError	类循环错误	NoSuchFieldError	没有成员变量错误
NoClassDefFoundError	类定义无法找到错误	InstantiationError	实例错误
VerifyError	校验错误		

2. VirtualMachineError 类及其子类

VirtualMachineError(虚拟机错误)类及其子类定义的是系统在 JVM 损坏或需要运行程序的资源耗尽时出现的各种错误。VirtualMachineError 类的子类如表 6-2 所示。

表 6-2　VirtualMachineError 类的子类

VirtualMachineError 类的子类	对应的错误	VirtualMachineError 类的子类	对应的错误
InternalError	内部错误	StackOverflowError	堆栈溢出错误
OutOfMemoryError	内存溢出错误	UnknownError	未知错误

6.2.2　Exception 类及其子类

Exception 类及其子类定义了程序中大多数可以处理的异常。此处介绍 Exception 类派生的两类异常:运行时异常类及其子类和非运行时异常类。

1. 运行时异常类及其子类

运行时异常类 RuntimeException 及其子类定义的是 Java 程序执行过程中可能出现的各种异常,它们和 Error 类及其子类相似,可以不在程序中被捕捉,而是交给系统去解决。这些子类如表 6-3 所示。

2. 非运行时异常类

非运行时异常类定义的是 Java 程序编译时编译器发现的各种异常。这类异常应明确加以捕捉并处理,否则无法通过编译检查。相应的异常类如表 6-4 所示。

表 6-3　RuntimeException 类的子类

RuntimeException 类的子类	对应的异常
ArithmeticException	算术运算异常
ArrayStoreException	数组存储异常
ArrayIndexOutOfBoundsException	数组下标越界异常
CaseCastException	类型转换异常
IllegalArgumentException	非法参数异常
IllegalThreadStateException	非法线程状态异常
NumberFormatException	数字格式异常
IllegalMonitorStateException	非法监视状态异常
IndexOutOfBoundsException	下标超出范围异常
NegativeArraySizeException	负数组个数异常
NullPointerException	空指针异常
SecurityException	安全异常
EmptyStackException	空栈异常
NoSuchElementException	没有元素异常

表 6-4　非运行时异常类

非运行时异常类	对应的异常	非运行时异常类	对应的异常
ClassNotFoundException	类找不到异常	InterruptedException	中断异常
CloneNotSupportedException	复制不支持异常	IOException	输入输出异常
IllegalAccessException	非法访问异常	FileNotFoundException	文件找不到异常
InstantiationException	实例异常	InterruptedIOException	中断输入输出异常

6.3　异　常　处　理

异常处理的方式有两种：用 try…catch…finally 语句来捕捉处理；或者通过 throw 或 throws 抛出异常。

6.3.1　try…catch…finally 语句

异常的发生通常对应某段程序，用 try…catch…finally 语句可以标记那些可能抛出异常的程序片段。其语法格式如下：

```
try
{
    可能抛出异常的代码段；
```

```
}
catch(异常类型 1   异常对象 1)
{
    处理异常类型 1 对应的代码；
}
catch(异常类型 2   异常对象 2)
{
    处理异常类型 2 对应的代码；
}
    catch(异常类型 n   异常对象 n)
{
    处理异常类型 n 对应的代码；
}
    ⋮
finally
{
    无论是否抛出异常都要执行的代码；
}
```

说明：

(1) try 语句块。可能抛出异常的代码都被放入 try 语句块中。运行程序时，若 try 块中的语句没有出现异常，则依次按控制流程执行，后面的所有 catch 语句都毫无意义，仿佛不存在这些 catch 块一样；但是一旦 try 块内的代码出现了异常，系统将立刻终止执行 try 块内其余代码，自动跳转到所发生的异常对应着的那个 catch 语句块。

(2) catch 语句块。每个 try 语句块可伴随一个或多个 catch 语句块，用于处理 try 块中捕获的异常。catch 语句只需一个形式参数，参数类型是它能够捕获的异常类型，而这个类必须是 Throwable 的子类。在运行中 try 块内出现异常时，程序自动按若干个 catch 块出现的顺序查找最接近的异常匹配：如果找到就认为异常已得到控制，不做进一步查找了，去执行相应的处理代码；如果逐个查找完毕，没有能够与任何一个 catch 块的异常类型相匹配，则该未被捕获的异常将由系统内置的默认程序处理（一般显示与该异常类相关的字符串、异常发生位置等信息），最后终止整个程序的执行并退出。要捕获的若干异常类之间如果有继承关系，则前面 catch 块中的异常类应该是后面 catch 块中异常类的子类，即前面 catch 块中的异常类对象一定比后面 catch 块中的异常类对象特殊。

(3) finally 语句块。finally 块是可选项。该块如果出现在程序中，则无论异常是否被抛出，块中的代码都要被执行。finally 块一般作为 try…catch…finally 结构的统一出口，完成一些诸如关闭文件、释放资源的工作。

【例 6-1】 有两个源程序，分别是 ArithmeticE6_1a.java 和 ArithmeticE6_1b.java，前者没有捕获除数为 0 的异常，所以程序在出错的地方自动终止，并由系统默认处理程序输出错误信息；后者用 try…catch…finally 结构来捕捉程序中的算术运算异常。通过比较思考，用户程序进行异常的捕获、处理与系统自行解决该运行时异常的主要区别在哪里。

程序 ArithmeticE6_1a 代码如下：

```
1    public class ArithmeticE6_1a
2    {
3        public static void main(String args[])
4        {
5            int x,y,z;
6            x=50;
7            y=Integer.parseInt(args[0]);
8            z=x/y;
9            System.out.println("z="+z);
10            System.out.println("No exception.");
11        }
12    }
```

由于使用了参数 args[0],程序编译好之后运行时,需要在 DOS 提示符后的运行命令中设定参数值(设置为 0),即

```
java   ArithmeticE6_1a   0
```

则运行结果显示如下:

```
Exception in thread "main" java.lang. ArithmeticException: / by zero
    at ArithmeticE6_1a.main(ArithmeticE6_1a.java:8)
```

程序 ArithmeticE6_1b 代码如下:

```
1    public class ArithmeticE6_1b
2    {
3        public static void main(String args[])
4        {
5            int x,y,z;
6            try
7            {
8                x=50;
9                y=Integer.parseInt(args[0]);
10                z=x/y;
11                System.out.println("z="+z);
12                System.out.println("No exception.");
13            }
14            catch(ArithmeticException e)
15            {
16                System.out.println("ArithmeticException was caught!");
17                e.printStackTrace();
18            }
19            finally
20            {
21                System.out.println("finally! Memory was released.");
22            }
23        }
```

```
24      }
```

程序编译好,在 DOS 提示符后的运行命令中设定参数值(设置为 0),即

```
java   ArithmeticE6_1b   0
```

则运行结果显示如下:

```
ArithmeticException was caught!
java.lang.ArithmeticException: / by zero
        at ArithmeticE6_1b.main(ArithmeticE6_1b.java:10)
finally! Memory was released.
```

例 6-1 的 ArithmeticE6_1b 在运行以后,结果中异常信息显得比较丰富,提示性强。这与程序代码的 try…catch…finally 结构设计与应用有关。

该程序中的语句 Integer.parseInt(args[0])也可能引发另外两类异常。一是 DOS 提示符后的运行命令中没有设定参数值(运行命令写成 java ArithmeticE6_1a 以及 java ArithmeticE6_1b),将引发 ArrayIndexOutOfBoundsException 类异常;二是 args[0]的值若不属于整数的形式,将引发 NumberFormatException 类异常。

ArithmeticE6_1b 中第 17 行代码中 printStackTrace()方法是 Throwable 类的常用方法之一,现将这些方法的说明列举如表 6-5 所示。

表 6-5　Throwable 类的常用方法

方　　　法	说　　　明
String getMessage()	返回对象的错误信息
String toString()	返回对象的简短描述信息
void printStackTrace()	输出对象的跟踪信息到标准输出流
void printStackTrace(PrintStream *s*)	输出对象的跟踪信息到输出流 *s*

【例 6-2】　try…catch…finally 结构举例,用以说明 finally 语句的作用。
程序代码如下:

```
1    class MP4
2    {
3       boolean action=false;
4       void  poweron(){action=true;}
5       void poweroff(){action=false;}
6    }
7    public class Exception6_2
8    {
9       static MP4 mp4=new MP4();
10      public static void main(String args[])
11      {
12          try
13          {
```

```
14              mp4.poweron();
15          }
16          catch(NullPointerException e)
17          {
18              System.out.println("NullPointerException");
19          }
20          catch(IllegalArgumentException e)
21          {
22              System.out.println("IllegalArgumentException");
23          }
24          finally
25          {
26              mp4.poweroff();
27              System.out.println("finally!无异常发生");
28          }
29      }
30  }
```

程序运行结果如下：

finally!无异常发生

程序分析如下：

第 26 行代码是利用 finally 块将 mp4.poweroff()置于程序后部，以避免每个 catch 块中都出现此方法。一般在捕获异常较多而使代码重复书写时应用这种处理方式，当然系统资源的释放也存在于 finally 语句块中。

需要指出的是，因 finally 语句块并非必不可少，try…catch 于是成为了经常出现、使用的语句结构。

6.3.2 抛出异常

1. 抛出异常语句

Java 程序中，创建一个异常对象并把它送到运行系统的过程就是抛出异常。一般地，Java 中的异常都是由系统抽取出来的，但是程序员也可以自己通过 throw 语句抛出异常对象。throw 语句的语法格式如下：

throw   new 异常类名(提示信息);

异常类名是指系统异常类名或者用户自定义的异常类名。提示信息可以用具有一定意义的字符串来表示，在 toString()方法的返回值中将看到这些给定信息，如例 6-3 所示；也可不加任何提示，只写"()"。

【例 6-3】 抛出异常的 throw 语句举例。

程序代码如下：

```
1    public class Exception6_3
2    {
```

```
3        public static void main(String args[])
4        {
5            try
6            {
7                throw new NumberFormatException("throw抛出了异常！");
8            }
9            catch(NumberFormatException e)
10           {
11               System.out.println("举例说明："+e.toString());
12           }
13       }
14   }
```

程序运行结果如下：

举例说明：java.lang.NumberFormatException: throw抛出了异常！

程序分析如下：

第 7 行代码通过 throw 语句抛出异常对象，并给出提示信息，由第 9～12 行代码完成异常处理。

2. 声明抛出异常语句

抛出异常操作有时考虑使用关键字 throws，其语法格式如下：

［修饰符］返回类型 方法名（参数表）throws 异常类型表

例如，public void design() throws NullPointerException 就是通过 throws 语句抛出异常的例子。方法 design() 有可能抛出一个 NullPointerException 类型的异常，一旦抛出后，异常处理的工作就交给 design() 的调用者去完成。

【例 6-4】 throws 语句的使用举例。

程序代码如下：

```
1    public class Exception6_4
2    {
3        static void makeDecision() throws IllegalArgumentException
4        {
5            System.out.println("throws抛出异常");
6            throw new IllegalArgumentException();
7        }
8        public static void main(String args[])
9        {
10           try
11           {
12               makeDecision();
13           }
14           catch(IllegalArgumentException e)
15           {
16               System.out.println("举例说明："+e.toString());
```

```
17          }
18        }
19      }
```

程序运行结果如下：

```
throws 抛出异常
举例说明：java.lang.IllegalArgumentException
```

程序分析如下：

第 3 行代码声明抛出异常，第 12 行代码进行方法调用时抛出了异常，最终由第 14~17 行代码完成异常处理。

6.4　创建自己的异常类

Java 的内部异常可以处理大多数的一般错误，但是它们不一定能满足实际要求。编写程序时，往往还要创建用户自己的异常类。定义异常类，需要从已有的异常类继承，即所有自定义的异常都必须间接或直接地继承 Exception 类，其语法格式如下：

```
class 自定义异常类名 extends  Exception
{
    异常类体
}
```

【例 6-5】　Exception6_5.java 创建了自己的异常类。

程序代码如下：

```
1    class MyselfException extends Exception
2    {
3        private String name;
4        MyselfException(String me)
5        {
6            name=me;
7        }
8        public String toString()
9        {
10            return "This time Myself is:"+name;
11        }
12    }
13   public class Exception6_5
14   {
15       static void jump(String me) throws MyselfException
16       {
17           throw new MyselfException(me);
18       }
19       public static void main(String args[])
```

```
20        {
21            try
22            {
23                jump("小明");
24            }
25            catch(MyselfException e)
26            {
27                System.out.println("举例说明: "+e.toString());
28            }
29        }
30    }
```

程序运行结果如下:

举例说明: This time Myself is:小明

程序分析如下:

第 1～12 行代码创建了自己的异常类;第 23 行代码调用 jump 方法,导致抛出了异常,类型为 MyselfException;第 25～28 行代码进行异常处理,e.toString()的返回值由自定义异常类中第 10 行代码确定。

习 题 6

一、选择题

1.(   )对象一般是 Java 中的严重问题。

    A. Throwable   B. Exception   C. Error   D. 任何

2.(   )的异常处理不是 Java 中预定好的。

    A. ArithmeticException   B. NullPointerException

    C. SecurityException   D. ArrayOutOfLengthException

3.(   )块可以用于释放系统资源。

    A. finally   B. catch

    C. finally 或 catch   D. 任意

二、简答题

1. 应用 Java 异常处理机制的程序有什么优点?

2. catch 模块的排列顺序对异常处理有什么影响?

3. throw 和 throws 有何不同?它们各自用在什么地方?

4. 在什么情况下需要自定义异常类?

5. 阅读以下 4 段程序,分别写出其运行结果。

(1) DemoException.java 源代码:

```
public class DemoException
{
    public static void main(String args[])
```

```
        {
            String day="123.78";
            cInt(day);
        }
        static void cInt(String dd)
        {
            int i=Integer.parseInt(dd);
            System.out.println(i);
        }
    }
```

（2）DemoArithmException.java 源代码：

```
public class DemoArithmException
{
    public static void main(String args[])
    {
        try
        {
            int z=0;
            int y=10;
            int x=y/z;
        }
        catch(NumberFormatException e)
        {
            System.out.println("Exception01");
        }
        catch(Exception e)
        {
            System.out.println("Exception02");
        }
        finally
        {
            System.out.println("finally!");
        }
    }
}
```

（3）DemothrowException.java 源代码：

```
public class DemothrowException
{
    static void MySelf()
    {
        throw new IndexOutOfBoundsException();
    }
    public static void main(String args[])
    {
```

```
        try
        {
            MySelf();
        }
        catch(IndexOutOfBoundsException e)
        {
            System.out.println("下标越界!");
            System.out.println(e.toString());
        }
    }
}
```

(4) DemoMyException.java 源代码：

```
class MyException extends Exception
{
    private int detail;
    MyException(int a)
    {
        detail=a;
    }
    public String toString()
    {
        return "This time MyException is:"+detail;
    }
}
public class DemoMyException
{
    static void compute(int a) throws MyException
    {
        System.out.println("Called compute ("+a+")");
        if(a>5) throw new MyException(a);
        System.out.println("Normal exit");
    }
    public static void main(String args[])
    {
        try
        {
            compute(5);
            compute(100);
        }
        catch(MyException e)
        {
            System.out.println(e.toString());
        }
    }
}
```

三、编程题

1. 编写一个 Java 程序,测试一个对象在创建之前被使用而引发的异常。

2. 编写程序,输入一个学生的某门课程成绩。自定义异常类,当输入的成绩小于 0 或大于 100 时抛出异常,程序将捕获这个异常,并做出相应的处理。

3. 改写以下方法。要求方法自身不处理而仅仅抛出异常,由调用方法去处理异常。

```
int aMethod(int c)
{
    try
    {
        int d=5/c;
        System.out.println(d);
    }
    catch(ArithmeticException e)
    {
        System.out.println(e.toString());
    }
}
```

第 7 章　Applet 程序

Java Applet(小程序)与前几章介绍的 Java Application(应用程序)有所不同,这主要在于 Applet 要嵌入网页文件中,运行时离不了小程序查看器或者浏览器的支持。围绕 Applet 的自身特点,本章将介绍 Applet 生命周期、HTML 中的 Applet 标记和应用示例等内容。

7.1　Applet 简 介

7.1.1　Java Applet 说明

运行 Java Application 是通过 Java 解释器实施的。在输入命令

java 字节码文件名

之后,以 main()方法为入口开始执行。Java Applet 是在网络上被传输和装载的程序,通常嵌入到 HTML 文档,置于服务器端。当它被下载到本地机后,在用户端的浏览器或者小程序查看器(appletviewer)中运行。多数主流的浏览器如 Microsoft Internet Explorer(简称 IE)和 Netscape 都支持 Java Applet,它们本身包含了 Java 解释器。因此,当浏览器执行 HTML 时,就对嵌入其中的 Applet 解释执行。换句话说,计算机即使没有安装 JDK,也能在浏览器中运行嵌入了 Applet 的 HTML 文档。

在限定系统安全性时,可在浏览器中做出设定。浏览器通常禁止 Applet 程序的如下行为。

(1) 本机文件系统的读写操作。

(2) 调用本机的方法。

(3) 在运行过程中调用执行另一个程序。

(4) 与除服务器外的任何一台主机通信。

7.1.2　Applet 的形式及其类的层次

Java Applet 要继承于一个名为 Applet 的类,其语法格式如下:

```
import java.applet.Applet;
public class Example7_1 extends Applet
{
    ⋮
}
```

自定义的类 Example7_1 一定是 public 类型的,并且是 Applet 类的子类,故需要导入相应的包。Applet 类位于 java.applet 包,它继承于 java.awt.Panel 类,继承关系的层次如图 7-1 所示。Panel 类用于图形用户界面设计,作为子类的 Applet 类也可以看作是一种容器,

可以在 Applet 上添加组件,方便用户在 Web 页面中实施信息交互。另一方面,Applet 类是个可以运行的类,只要编写一个符合上述格式的 Applet 子类,编译成为字节码文件后嵌入到 HTML 文件中,就可以在浏览器中执行了。

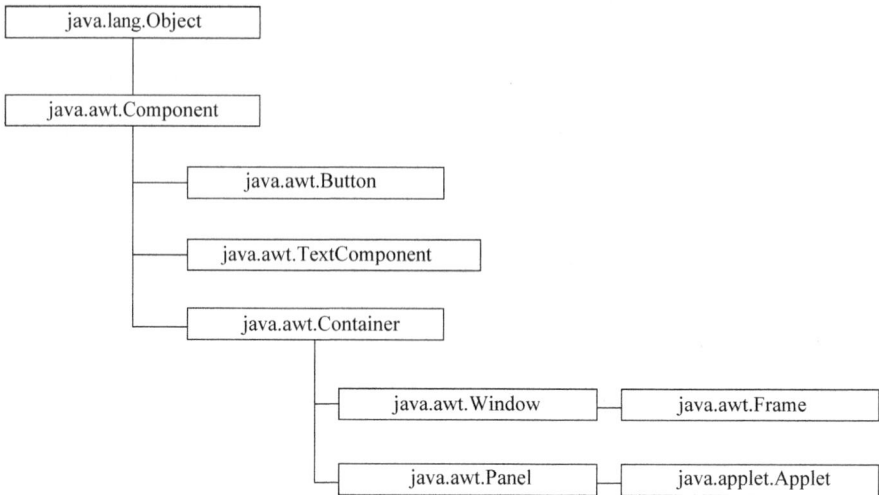

图 7-1　Applet 类的层次关系

7.2　Applet 的生命周期和显示方法

7.2.1　Applet 的生命周期

与 Java Application 从 main()入口执行不同的是,Java Applet 的执行从构造方法开始,接着调用 Applet 的 init()方法和 start()方法,离开 Applet 所在页面时将调用 stop()方法,浏览器终止 Applet 时还要调用 destroy()方法。上述 4 个方法对应了 Applet 的生命周期 4 个状态:初始态、运行态、停止态和消亡态,如图 7-2 所示。以下对这些方法给出详细说明。

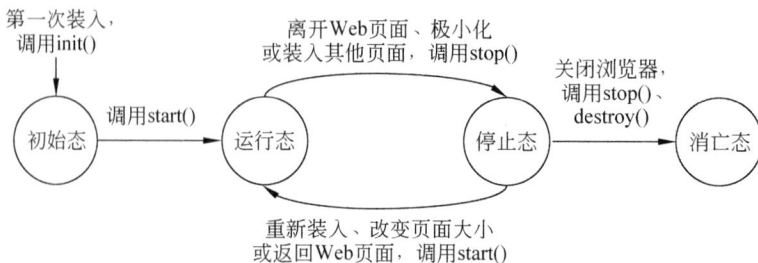

图 7-2　Applet 的生命周期

1. init()方法

当打开或刷新浏览器窗口时,Applet 对象被创建,便执行 init()方法,以实现 Applet 对象的初始化任务。它仅执行一次,用来获取 Applet 的运行参数、加载图像或图片等。

2. start()方法

init()方法执行完毕,就会调用 start()方法。start()方法作为 Applet 的主体,常用于启动动画或播放音乐一类的操作。调用 start()方法还存在其他情况,例如包含 Applet 的浏览器窗口最小化之后又恢复显示,或者从浏览器的另一个窗口切换回包含 Applet 的窗口。

3. stop()方法

浏览器暂停 Applet 运行时,就调用 stop()方法。例如,因切换 Web 页面从而隐藏起一个 Applet。当 Applet 中包含有线程或者具备播放音频、动画功能时,需要覆盖 start()方法和 stop()方法,进行启动和停止的控制。调用 start()方法执行启动线程、播放音频或动画的操作;调用 stop()方法则执行停止线程、停止播放的操作。

4. destroy()方法

当浏览器终止 Applet 时,调用 destroy()方法,以清除 Applet 占用的资源。在实际应用中,该方法很少被重载,因为一旦 Applet 运行结束,Java 系统会自动清除它所占用的变量空间等资源。

7.2.2 Applet 的显示方法

Applet 中有 3 个专门用于显示及刷新的方法,它们是 paint()、update()和 repaint()。使用浏览器刷新 Applet 中要被显示的内容时,通常要调用 paint()方法。该方法需要一个 java.awt.Graphics 类的实例作为它的参数,用以在 Applet 的相应区域绘图和显示文本。表 7-1 给出了 paint()等方法的调用及其说明。Applet 的显示及刷新由一个专门的 AWT 线程控制。在出现以下两种情况时,AWT 线程将会做出处理。

(1) 在初次显示 Applet,或者调整显示区域大小(最大化、最小化等)时,AWT 线程会自动调用 paint()方法或者 Applet 显示内容被其他窗口覆盖;当其他窗口移开或者关闭时,曾经覆盖的部分必须重画。这会致使 AWT 线程做同样的处理。

(2) Applet 的设计中要求重画显示区域,就要使用 repaint()方法通知系统改变显示内容。AWT 线程会自动调用 Applet 的 update()方法,update()方法再调用 paint()方法实现显示的更新。

表 7-1 Applet 类的显示方法

方法的调用格式	方法的使用说明
public void paint(Graphics g)	paint()方法是 Applet 容器中任何输出都必须使用的。它是由 AWT 线程自动调用而并非由程序完成的;paint()方法必须被重写以绘制指定内容。Graphics 类的对象 g 不是由 new 产生而是由系统生成
public void repaint()	repaint()方法用于重绘图形,它通过调用 update()方法来实现。使用该方法时,程序首先清除 paint()方法以前所画的内容,然后再调用 repaint()
public void update(Graphics g)	update()方法用于更新 Applet 容器,刷新图形。通常先清除背景,再设置前景,接着调用 paint()方法绘制图形

AWT 线程自动处理中的 paint()、update()和 repaint()方法间的关系如图 7-3 所示。

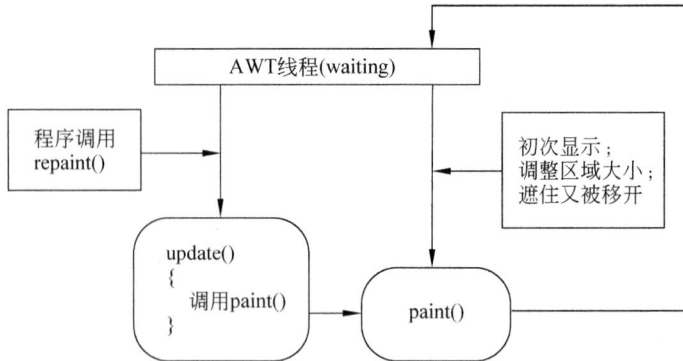

图 7-3 paint()、update()和 repaint()方法间的关系

7.2.3 Applet 的编写与执行

【例 7-1】 设计一个简单的 Java Applet。

程序代码如下:

```
1       import java.applet.Applet;
2       import java.awt.Graphics;
3       public class HelloWorldApplet7_1 extends Applet
4       {
5               public String s;
6               public void init()
7               {
8                       s=new String("Hello World");
9               }
10              public void paint(Graphics g)
11              {
12                      g.drawString(s,25,30);
13              }
14      }
```

经过编译,由该源程序产生出字节码文件 HelloWorldApplet7_1.class,再用记事本编辑如下的 HTML 文件 Hello7_1.html:

```
<HTML>
<APPLET   CODE="HelloWorldApplet7_1.class"
WIDTH=280 HEIGHT=110>
</APPLET>
</HTML>
```

在 DOS 环境下,进入到保存上述文件的工作目录后,输入命令:

```
appletviewer Hello7_1.html
```

程序运行结果如图 7-4 所示。

图 7-4 Hello7_1.html 运行结果
(使用工具 appletviewer)

在 Windows 环境下,打开文件夹找到 Hello7_1.html 后,双击文件名也能执行出该结果,但两种方法的显示界面略有不同。这种使用 IE 浏览器运行小程序的方式被普遍采用。

程序分析如下:

第 2 行代码使用 import 语句导入类 Graphics,以便 paint(Graphics g)方法引用;第 3 行代码中类 HelloWorldApplet7_1 继承 Applet,也就继承了该类的属性和方法,包括 paint()。第 6~9 行代码的功能是在小程序加载时完成初始化,并对变量赋初值。第 12 行代码的功能是在窗口中显示字符串"Hello World",其位置是距离窗口左上角水平向右 25 像素,垂直向下 30 像素。

在网页文件 Hello7_1.html 中

```
CODE="HelloWorldApplet7_1.class"
```

语句是告诉浏览器,需要运行的 Java 小程序的字节码文件是 HelloWorldApplet7_1.class 文件。代码 WIDTH=280 和 HEIGHT=110 定制了窗口显示区域的宽度和高度。

如果用 Eclipse 环境,则能够直接进行程序代码的编辑和运行(即不用编辑 HTML 文件),操作方法如图 7-5 所示,程序运行结果与图 7-4 相似,区别只在于窗口尺寸不同。

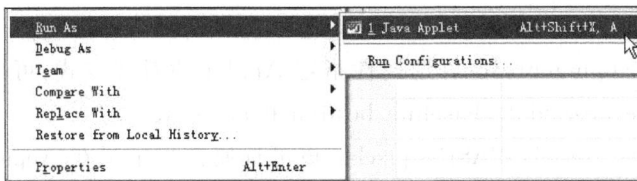

图 7-5　Eclipse 环境下运行 Applet 的操作示意图

7.3　HTML 中的 Applet 标记

Java Applet 要想执行必须将其字节码嵌入 HTML 文件,因此一般在 HTML 中定义如何调用 Applet,全部使用信息都定义在 HTML 文件中的一组特殊标记＜APPLET＞与＜/APPLET＞之间。以下是 HTML 文件中嵌入 Java Applet 的语法格式及其说明:

```
<HTML>
<APPLET
CODE=appletFile.class
WIDTH=pixels  HEIGHT=pixels
[CODEBASE=codebaseURL]
[ALT=alternateText]
[NAME=appletInstanceName]
[ALIGN=alignment]
[VSPASE=pixels][HSPASE=pixels]
>
[<PARAM NAME=appletAttribute1 VALUE=value1>]
[<PARAM NAME=appletAttribute2 VALUE=value2>]
```

```
        ⋮
</APPLET>
</HTML>
```

（1）CODE＝appletFile.class：该属性是必选属性，提供了 HTML 文件中待嵌入的 Applet 字节码文件名。文件名也可以指定包名，但不能有路径名，即采用 package .appletFile.class 的格式。默认情况下，浏览器到 HTML 文件所在的服务器目录中查找该 Applet 文件，如要改变 Applet 文件默认的 URL，则要用到下面将提到的 CODEBASE 参数。

（2）WIDTH＝pixels HEIGHT＝pixels：这也是必选属性，它们提供了 Applet 显示区域的初始宽度和高度（用像素表示）。

（3）CODEBASE＝codebaseURL：该属性是可选项。如果 Applet 文件与 HTML 文件不在同一个目录下，用此参数指定 Applet 文件的 URL。

（4）ALT＝alternateText：该可选属性指定了当浏览器能读取 Applet 标记但不能执行 Java Applet 时要显示的文本，即如果一个浏览器不支持 Applet，当运行嵌入了 Applet 的页面文件时，alternateText 部分予以显示。

（5）NAME＝appletInstanceName：该可选属性用来为 Applet 指定一个符号名称，这个名称可以在相同网页的不同 Applet 之间传递参数。

（6）ALIGN＝alignment：该可选属性指定 Applet 的对齐方式，可取值为 left、right、top、texttop、middle、absmiddle、baseline、bottom 和 absbottom。

（7）VSPASE＝pixels HSPASE＝pixels：该可选属性指定了在 Applet 上下（VSPASE）及左右（HSPASE）的像素值。

（8）PARAM NAME＝appletAttribute1 VALUE＝value1：该可选属性为 Applet 指定参数，在 Applet 中可通过 getParameter()方法得到相应参数。这一系列属性（appletAttribute2）的使用方法都相同。

注意：＜APPLET＞标记中的 CODE＝appletFile.class、WIDTH＝pixels 和 HEIGHT＝pixels 这 3 项必须要有。如下的标记为最基本的形式：

```
<APPLET  CODE="Example.class"  WIDTH=100 HEIGHT=100>
</APPLET>
```

7.4 Applet 应用举例

【例 7-2】 设计一个 Java Applet 显示当前时间。
程序代码如下：

```
1    import java.applet.Applet;
2    import java.awt.Graphics;
3    import java.util.Date;
4    public class ShowtimeApplet7_2 extends Applet
5    {
6        public void paint(Graphics g)
```

```
7        {
8            g.drawString(new Date().toString(),35,35);
9        }
10   }
```

经过编译,由该源程序产生字节码文件 ShowtimeApplet7_2.class,再建立如下的 HTML 文件 Showtime7_2.html:

```
<HTML>
<APPLET  CODE=" ShowtimeApplet7_2.class"  WIDTH=300 HEIGHT=100>
</APPLET>
</HTML>
```

在 DOS 环境下,进入保存上述文件的工作目录后,输入命令:

```
appletviewer Showtime7_2.html
```

程序运行结果如图 7-6 所示。

程序分析如下:

第 3 行代码加载了 Date 类,第 8 行代码在 drawString()方法中创建了该类的对象,通过方法 toString()的调用,将当前时间信息显示出来。

【例 7-3】 设计一个 Java Applet,画出一些基本图形。程序代码如下:

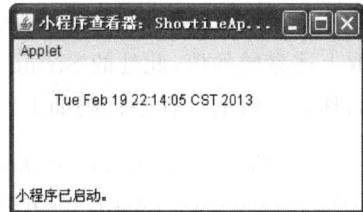

图 7-6 Showtime7_2.html 运行结果

```
1    import java.applet.Applet;
2    import java.awt.Graphics;
3    public class PaintingApplet7_3 extends Applet
4    {
5        public void paint(Graphics g)
6        {
7            g.drawRect(50,60,170,160);
8            g.drawOval(55,65,160,150);
9            g.drawLine(50,60,220,220);
10       }
11   }
```

经过编译,由该源程序产生出字节码文件 PaintingApplet7_3.class,再编写 HTML 文件 Painting7_3.html:

```
<HTML>
<APPLET  CODE="PaintingApplet7_3.class"  WIDTH=300 HEIGHT=300>
</APPLET>
</HTML>
```

在 DOS 命令行输入命令:

appletviewer Painting7_3.html

程序运行结果如图 7-7 所示。

程序分析如下：

第 7 行代码 g.drawRect(50,60,170,160)的功能是
绘制矩形。矩形左上角坐标为(50,60)，宽度为 170 像
素，高度为 160 像素。第 8 行代码 g.drawOval(55,65,
160,150)的功能是绘制椭圆，所绘椭圆是指定矩形的内
切椭圆，即在左上角坐标为（55，65）以及宽度为
160 像素、高度为 150 像素的矩形内绘制内切椭圆。第
9 行代码 g.drawLine(50,60,220,220)的功能是绘制一
条点(50,60)到点(220,220)的直线。

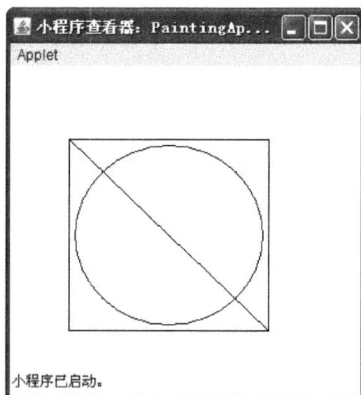

图 7-7　Painting7_3.html 运行结果

【例 7-4】　读取 Java Applet 参数举例。

在 HTML 文件中，由 PARAM NAME＝appletAttribute1 VALUE＝value1 系列标记为
Applet 指定参数。在 Java Applet 程序文件中使用 getParameter(String appletAttribute1)方法
读取上述参数的值，此处的 String 类型参数 appletAttribute1 与 HTML 中待读取的那个参
数名称是一致的。程序代码如下：

```
1      import java.applet.Applet;
2      import java.awt.Graphics;
3      public class MyAppletPara7_4 extends Applet
4      {
5          String str1,str2;
6          public void init()
7          {
8              str1=getParameter("Attrib1");
9              str2=getParameter("Attrib2");
10         }
11         public void paint(Graphics g)
12         {
13             g.drawString(str1,20,50);
14             g.drawString(str2,20,100);
15         }
16     }
```

经过编译，由该源程序产生出字节码文件 MyAppletPara7_4.class，再建立如下的
HTML 文件 MyApplet7_4.html：

```
<HTML>
<APPLET CODE="MyAppletPara7_4.class" WIDTH=200 HEIGHT=200>
<PARAM NAME=Attrib1  VALUE="Hello World">
<PARAM NAME=Attrib2  VALUE="Hello People">
</APPLET>
</HTML>
```

在 DOS 环境下,进入到保存上述文件的工作目录后,输入命令:

```
appletviewer Hello7_1.html
```

程序运行结果如图 7-8 所示。

程序分析如下:

在 HTML 文件中,<APPLET>和</APPLET>标记之间指定的参数名称为 Attrib1 和 Attrib2,它们的值分别为 "Hello World"和"Hello People"。在 Java Applet 程序文件中,第 8、9 行代码将这两个值传送到字符串变量 str1 和 str2,第 13、14 行代码通过 drawString()方法将参数值予以显示。

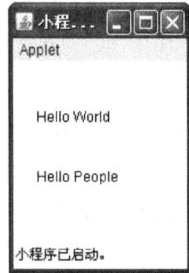

图 7-8 MyApplet7_4.html
运行结果

习 题 7

一、选择题

1. 下列方法在浏览器返回包含 Java Applet 的页面时被自动调用的是(　　)。
　　A. start()　　　　　　B. destroy()　　　　　　C. stop()　　　　　　D. init()
2. Java Applet 使用 repaint()方法时,awt 包首先自动调用(　　)。
　　A. repaint()　　　　　B. update()　　　　　　C. draw()　　　　　　D. paint()
3. 以下可以绘制直线的方法为(　　)。
　　A. drawOval()　　　　B. drawRect()　　　　　C. drawLine()　　　　D. 以上均不对

二、填空题

1. java.applet.Applet 类的父类是_____。
2. Java Applet 周期中的_____方法只执行一次,_____方法可被多次执行。
3. 用于显示信息和绘制图形(如直线、矩形等)的方法位于_____包中。

三、简答题

1. Java Applet 和 Java Application 存在哪些不同之处?
2. Java Applet 的生命周期有哪些状态组成? 这些状态之间的关系如何? 状态改变时将执行哪些方法? 方法由谁调用?
3. Java Applet 如何获得 HTML 中设置的参数?
4. 阅读以下 Java Applet,写出它在 Eclipse 环境运行时小程序查看器中的显示结果。

```
import java.applet.Applet;
import java.awt.Graphics;
public class DemoPictApplet extends Applet
{
    public void paint(Graphics g)
    {
        g.drawRect(40,50,160,150);
        g.drawLine(40,220,200,220);
```

```
        g.drawString("Picture",100,130);
    }
}
```

5. 阅读以下 Java Applet,首先写出它在 Eclipse 环境运行时小程序查看器中的显示结果。接下来最小化窗口,使它还原,然后窗口最大化。再写出经历这 3 个操作以后小程序查看器中的显示结果。

```
import java.applet.Applet;
import java.awt.Graphics;
public class DemoLifeApplet extends Applet
{
    String initnum="";
    String startnum="";
    String paintnum="";
    String stopnum="";
    String destorynum="";
    public void init()
    {
        initnum=initnum+"init"+" ";
    }
    public void start()
    {
        startnum=startnum+"start"+" ";
    }
    public void stop()
    {
        stopnum=stopnum+"stop"+" ";
    }
    public void paint(Graphics g)
    {
        paintnum=paintnum+"paint"+" ";
        String printstring=initnum+startnum+paintnum+stopnum+destorynum;
        g.drawString(printstring,50,50);
    }
    public void destory()
    {
        destorynum=destorynum+"destory"+" ";
    }
}
```

6. 阅读以下 Java Applet 源程序 DemoParaApplet.java,如果将它编译后产生字节码 DemoParaApplet.class,另行建立一个 DemoPara.HTML 文件,写出用 appletviewer.exe 执行此 HTML 文件的运行结果。

```
import java.applet.Applet;
```

```
import java.awt.Graphics;
public class DemoParaApplet extends Applet
{
    String str1,str2;
    String h1,h2;
    public void init()
    {
        h1=getParameter("Attrib1");
        h2=getParameter("Attrib2");
        str1="Zhang's height is: "+h1;
        str2="Liang's height is: "+h2;
    }
        public void paint(Graphics g)
    {
        g.drawString(str1,25,50);
        g.drawString(str2,25,100);
    }
}
```

HTML 文件如下：

```
<HTML>
<APPLET CODE="DemoParaApplet.class" WIDTH=250 HEIGHT=150>
<PARAM NAME=Attrib1   VALUE="1.75 ">
<PARAM NAME=Attrib2   VALUE="1.80">
</APPLET>
</HTML>
```

四、编程题

1. 编写 Java Applet 显示字符串，字符串及其显示位置通过 HTML 文件中的 PARAM 参数来传达。

2. 通过 Java Applet 在屏幕上绘制 30 条竖直方向的平行线，整条线段都在可视范围内。

第8章 图形用户界面

图形用户界面(Graphics User Interface,GUI)即人机界面,是用户和程序之间的接口,它可以向使用人员展示一个能够与程序交流的可视化平台。通过该界面,人既可以查看程序运行的结果,又可以给程序发出指令。同其他语言一样,Java 具有一套功能强大并且完整的图形用户界面。本章主要介绍 Java 语言中用于 GUI 设计的标签、按钮、文本框、列表框、菜单、面板、框架等组件,以及事件处理机制。另外,对 Java 独特的布局管理器和组件外观设计也会加以详细说明。Java 组件分成若干类,其中包含在 java.awt 包中的是 AWT 组件,包含在 javax.swing 包中的是 Swing 组件。

8.1 AWT

8.1.1 AWT 简介

友好的图形用户界面可以清晰地表现程序功能,也能带来操作上的简便。Java 在 JDK 中包含着丰富的工具,为开发人员设计界面提供了方便。从 JDK 1.0 开始,提供了抽象窗口工具集(Abstract Window Toolkit,AWT),定义在 java.awt 包中,主要包括组件、事件处理模型、图形和图像工具、布局管理器等。JDK 1.2 的 Swing 组件扩展了 AWT 组件的功能。

java.awt 包中的类及其继承关系如图 8-1 所示,这些类支持图形用户界面各项设计。

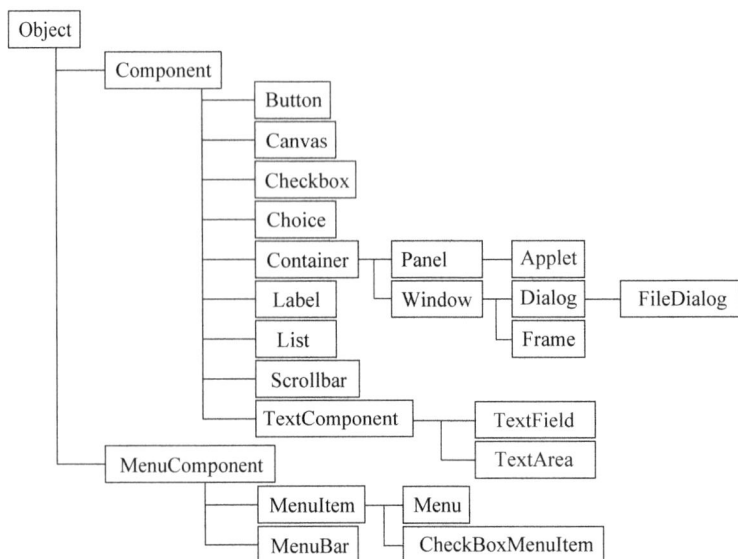

图 8-1 java.awt 包中主要类的继承关系

8.1.2 AWT 组件

AWT 组件中的 Component 类及其子类非常重要。Component 类是一个抽象类,它封装了组件通用的属性和方法,图形组件大多是该类的子类。下面介绍几个常用子类。

1. Button(按钮)类

按钮是开发中使用最频繁的组件之一,用于单击后触发相应事件。Button 类的构造方法为 Button()和 Button(String name),后者用于构建带有标记的按钮。该类常用方法见表 8-1。

表 8-1 Button 类常用方法

方　　法	说　　明
String getLabel()	返回按钮上的标记
void setLabel(String name)	在按钮上设置标记

2. Label(标签)类

标签用于显示提示性文本信息,常用来做标题、区域标识,比如"账号""密码"等。Label 类的构造方法有 Label()和 Label(String text),后者用于构建带有字符串的标签。还有一种构造方法 Label(String text,int alignment),能够指定标签的对齐方式。该类常用方法见表 8-2。

表 8-2 Label 类常用方法

方　　法	说　　明
int getAlignment()	返回标签的对齐方式
String getText()	返回标签的内容
void setAlignment(int alignment)	设置标签的对齐方式: 0 表示左对齐,即 Label.LEFT; 1 表示居中,即 Label.CENTER; 2 表示右对齐,即 Label.RIGHT
void setText(String text)	设置标签的显示内容为 text 的值

3. TextField(文本框)类

文本框是人机交互的常用组件,用户可以在其中输入、编辑数据或文本信息。TextField 类的构造方法除了 TextField()以外,还有 TextField(String text)和 TextField(int columns),前者用于构建带有字符串 text 的单行文本框,后者用于构建列数为 columns 的单行文本框。该类常用方法见表 8-3。

表 8-3 TextField 类常用方法

方　　法	说　　明
char getEchoChar()	获得文本框的掩码
int getColumns()	获得文本框的列宽

方　　法	说　　明
String getText()	获得文本框的显示内容
void setColumns(int columns)	设置文本框的列宽
void setEchoChar(char c)	设置文本框的掩码。例如设置为"＊"，则显示与用户输入等长的"＊"的字符串
void setText(String t)	设置文本框的显示内容

4. TextArea(多行文本框)类

多行文本框的特点是能够用于输入多行数据或文本信息。其构造方法中，TextArea(int rows,int columns)可用于设定行数 rows 和列数 columns，TextArea(String text,int rows,int columns)除了用于设定行数、列数以外，还带有字符串 text。该类常用方法见表 8-4。

表 8-4　TextArea 类常用方法

方　　法	说　　明
void append(String text)	将字符串 text 加入到多行文本框
int getColumns()	获得多行文本框的列宽
void setColumns(int columns)	设置文本框的列宽
void setRows(int rows)	设置多行文本框的行数
void insert (String text,int position)	在多行文本框指定位置插入文本

【例 8-1】　编写程序，显示用户登录的界面。

程序代码如下：

```
1   import java.awt.*;
2   import java.applet.*;
3   public class Login8_1 extends Applet
4   {
5       Label lb1=new Label("用户名");
6       Label lb2=new Label("密    码");
7       TextField td1=new TextField(10);
8       TextField td2=new TextField(10);
9       Button bt1=new Button("提交");
10      Button bt2=new Button("重置");
11      public void init ()
12      {
13          this.setLayout(new FlowLayout());
14          this.add(lb1);
15          this.add(td1);
16          this.add(lb2);
17          this.add(td2);
18          this.add(bt1);
```

```
19          this.add(bt2);
20      }
21      public void paint(Graphics g) {   }
22  }
```

图 8-2　用户登录界面

程序运行后,调整小程序窗口的大小,可以看到如图 8-2 所示界面。

程序分析如下:

例 8-1 创建了一个小程序的显示界面。第 1 行代码引入了 java.awt 包。第 5～10 行代码连续创建了 2 个标签对象 lb1 和 lb2、2 个文本框对象 td1 和 td2、2 个按钮对象 bt1 和 bt2。第 13 行代码设置了当前界面布局为 FlowLayout 类型,这部分内容将在 8.4 中详细介绍。第 14～19 行代码将上述 6 个组件添加到小程序显示的界面上。

从例 8-1 可以看到,使用 AWT 创建小程序来显示图形用户界面,应当包含 3 个环节。

(1) 创建 Applet 小程序窗口。

(2) 创建组件对象,如标签、文本框、按钮等。

(3) 在 init()方法中设置布局类型,并使用 this.add(组件对象),在小程序窗口添加组件。

【例 8-2】　编写程序,显示输入简历信息的界面。

程序代码如下:

```
1   import java.awt.*;
2   import java.applet.*;
3   public class Resume8_2 extends Applet
4   {
5       Label lbl=new Label();
6       TextArea ta=new TextArea();
7       public void init ()
8       {
9           lbl.setText("简历");
10          lbl.setAlignment(Label.CENTER);
11          ta.setRows(5);
12          ta.setColumns(20);
13          ta.append("请输入简历: ");
14          this.add(lbl);
15          this.add(ta);
16      }
17      public void paint(Graphics g) {   }
18  }
```

程序运行结果如图 8-3 所示。

程序分析如下:

第 5、6 行代码连续创建了标签对象 lbl 和多行文本框对象 ta。

图 8-3　输入简历的界面

与例 8-1 不同,本例中构造方法均未给定参数。不过,第 9、10 行代码设置了标签的显示内容以及对齐方式;第 11～13 行代码设置了多行文本框有 5 行、20 列,以及其中需要显示的字符串信息。

5. Container(容器)类及其子类

容器本身是一个组件,该类是 Component 类的一个子类。只是容器用于容纳其他组件,如标签、按钮、文本框等,也可以容纳其他容器。每个容器都有一个布局管理器,后者用于确定标签、按钮、文本框等组件在容器中的布局。Panel 类和 Window 类为 Container 类的子类,下面作简要介绍。

(1) Panel(面板)类。面板是一个不包含标题栏、边框和菜单栏的窗口,是 Applet 类的父类。在浏览器中运行 Java 小程序时,看不到标题栏、边框和菜单栏,就是这个原因。但是使用小程序查看器来运行却能够看到标题栏和边框,这是因为小程序查看器提供了标题栏和边框,如图 8-3 所示。该类的构造方法和其他常用方法见表 8-5 所示。

表 8-5　Panel 类常用方法

方　　法	说　　明
Panel()	默认 FlowLayout 布局
Panel(LayoutManager layout)	Layout 指定布局管理器
void setLayout(LayoutManager layout)	设置布局管理器
void add(Component comp)	在容器中添加组件
void remove(Component comp)	在容器中移除指定组件
void removeAll()	在容器中移除所有组件

(2) Window(窗口)类。窗口不能包含在其他容器中,需要直接出现在桌面上,因为它是顶层容器。窗口有标题栏、边框和菜单栏,有关闭控制按钮。窗口运行时可以移动、改变尺寸大小。程序开发中,一般不是直接产生 Window 类对象,而是产生该类的子类对象,即 Frame(框架)类对象。框架通常作为 Java 应用程序的主窗口,带有最大化和最小化控制按钮。然而,这些控制按钮在 Window 类的另一子类 Dialog(对话框)类中并不存在。对话框比较简单,它往往要依附于一个框架,当框架被关闭时,对话框也被关闭。Frame 类的构造方法和其他常用方法见表 8-6。

表 8-6　Frame 类常用方法

方　　法	说　　明
Frame()	默认 BorderLayout 布局
Frame (String title)	title 指定框架标题
String getTitle()	获取框架标题
void setTitle(String title)	设置或修改框架标题
void setResizable(boolean b)	设置框架是否可改变大小

另外,Component 类见表 8-7,所有 Component 类的子类将继承这些方法。

表 8-7　Component 类成员方法

成 员 方 法	说　　明
void setBackground(Color color)	设置背景颜色
void setBounds(int x,int y,int w,int h)	设置所占矩形的位置和尺寸
void setFont(Font)	设置字体
void setForeground(Color color)	设置前景颜色
void setVisible(boolean b)	设置组件是否可见
void setLocation(int x,int y)	移动组件到指定位置(x,y)
void setSize(int w,int h)	设置组件的大小,w 为宽,h 为高

【例 8-3】　一个简单 Frame(框架)类对象的创建。

程序代码如下:

```
1    import java.awt.*;
2    public class Frame8_3
3    {
4        public static void main(String args[])
5        {
6            Frame frame=new Frame("Frame");
7            Label lb=new Label("密    码");
8            TextField td=new TextField(10);
9            td.setEchoChar('*');
10           Button bt=new Button("提交");
11           frame.setLayout(new FlowLayout());
12           frame.add(lb);
13           frame.add(td);
14           frame.add(bt);
15           frame.pack();
16           frame.setVisible(true);
17       }
18   }
```

程序运行结果如图 8-4 所示。

程序分析如下:

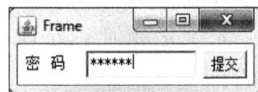

图 8-4　框架的创建

第 6 行代码创建了框架对象 frame。第 9 行代码使得文本框对象 td 的掩码为"*"。第 11 行代码设置了框架 frame 的布局为 FlowLayout 布局;第 12~14 行代码使得框架 frame 容纳了另外 3 个组件:标签 lb、文本框 td 和按钮 bt。第 15 行代码将 frame 设置到适当的大小,第 16 行代码显示框架 frame。

8.2　事　件　处　理

设计图形用户界面的目的是为了进行人机交互。例如,在 Word 编辑窗口录入文字信息时,不小心单击了右上角的"×"按钮,随即弹窗出现,并提问:是否将更改保存到文件中?

再如,用户运行某信息系统时,在如图 8-2 的登录界面填入用户名、密码后,单击"提交"按钮,如果输入正确则会跳转到信息系统的主页面。计算机程序可以做出这些响应,是由于 Java 的图形用户界面中提供了事件处理机制,能够用于完成人机交互、对用户操作进行反馈。

8.2.1 事件处理机制

本小节先介绍 2 个基本概念,再介绍事件处理机制的原理。

1. 基本概念

(1) **事件源**:触发事件的图形组件,如标签、按钮、文本框等。另外,容器也可以作为事件源。

(2) **事件**:用户对事件源进行的操作称为事件。例如,单击按钮、文本框中按回车键、双击列表框、选中选项等。每次产生的事件都对应一个事件类的实例,例如单击按钮,将产生一个 ActionEvent 事件类的对象。

AWT 中的事件类放在 java.awt.event 包里,事件类的层次关系如图 8-5 所示。

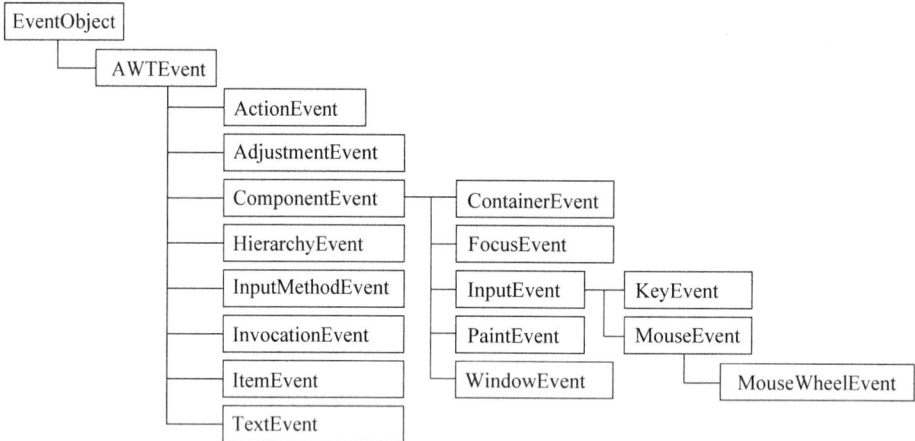

图 8-5　AWTEvent 类的层次关系图

2. 事件处理机制

系统是如何来处理每一个事件的? 例如,当用户单击了按钮,系统的响应过程是怎样的?

Java 的事件处理包括事件接收和事件处理两个环节。Java 为每个事件类定义一个事件监听器接口(Listener Interface),并约定了事件处理方法。在接收-处理环节,系统一旦监听到事件发生,就把该事件交给对应的事件处理方法,进而完成用户的操作目标。

事件处理的基本过程如图 8-6 所示。

图 8-6　事件处理基本过程

由于 Java 中监听器接口所约定的事件处理方法均为抽象方法,故在图形用户界面设计时,需要具体实现上述抽象方法。如前所述,对单击按钮的操作进行代码设计,其对应的监听器接口为 ActionListener,接口中的方法为 actionPerformed()。于是,GUI 开发中要实现 actionPerformed()方法。

例如,在某信息系统的登录界面,用户单击了 button 按钮,那么事件源就是 button 按钮。单击 button 会产生 ActionEvent 事件类的对象,其中包含有该事件的名称、来源等信息。系统把这个事件对象交给对应的方法去处理,该方法就是 actionPerformed(),ActionEvent 事件类的对象 e 作为该方法的参数。

结合代码设计,图形用户界面开发中的事件处理如图 8-7 所示。

图 8-7　事件处理对应的代码设计

不同的组件能够响应不同的事件,那么如何来表达哪一个组件要响应哪一个事件呢?

Java 在各组件类中声明了组件注册事件监听器方法,表示组件要响应指定事件。例如,让 button 按钮注册了事件监听器,代码为:

```
button.addActionListener(this);
```

当用户单击该按钮时,就可以执行 this 对象实现的 actionPerformed()方法了。于是,在事件源触发了事件后,事件只能被传递给已注册的组件,不会被传递到其他组件或容器。

图形用户界面开发中,事件处理的设计包含以下 4 步:

(1) 导入 java.awt.event 包。

(2) 实现监听器接口。

(3) 将事件源注册给事件的监听者。

(4) 具体实现监听器接口所约定的事件处理方法。

8.2.2　事件处理举例

【例 8-4】　事件源为文本框的事件处理举例。用户在文本框中输入自己的姓名,按回车键后显示欢迎信息。

程序代码如下:

```
1   import java.awt.*;
2   import java.awt.event.ActionEvent;
3   import java.awt.event.ActionListener;
4   public class Action8_4 extends Frame implements ActionListener
5   {
6       Label label;
7       TextField td1,td2;
8       public Action8_4()
9       {
10          label=new Label("注册用户姓名：");
```

```
11          td1=new TextField(8);
12          td2=new TextField(24);
13          this.setLayout(new FlowLayout());
14          this.add(label);
15          this.add(td1);
16          this.add(td2);
17          td1.addActionListener(this);
18       }
19    public void actionPerformed(ActionEvent e)
20    {
21          td2.setText("欢迎您,已经注册的用户: "+td1.getText());
22    }
23    public static void main(String[] args)
24    {
25          Action8_4 frame=new Action8_4();
26          frame.pack();
27          frame.setVisible(true);
28    }
29 }
```

程序运行后,调整显示界面的大小。在第一个文本框中输入"王平"后按回车键,可以看到如图 8-8 所示的界面。

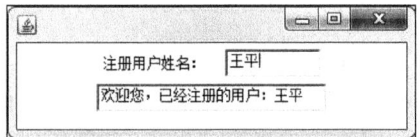

程序分析如下:

第 2、3 行代码为导入事件处理所需的类。第 10～12 行代码的作用为实例化 3 个组件对象:标签 label、文本框 td1、文本框 td2。第 14～16 行代码使得当前的框架对象容纳了上述 3 个对象。第 17 行代码将文本框 td1 注册给事件监听器,文本框 td1 作为事件源,当其中输入信息后再按回车键,便产生了 ActionEvent 类的事件对象,并传递给监听器约定的事件处理方法 actionPerformed(),进而执行该方法。

图 8-8　文本框事件处理界面

【例 8-5】　事件源为按钮的事件处理举例。用户在多行文本框中输入信息,单击 copy 按钮后,在另外的文本框中显示已被选中的那部分信息。

程序代码如下:

```
1  import java.awt.*;
2  import java.awt.event.ActionEvent;
3  import java.awt.event.ActionListener;
4  public class Action8_5 extends Frame implements ActionListener
5  {
6     Button button;
7     TextField td;
8     TextArea ta;
9     public Action8_5()
10    {
```

```
11          button=new Button("copy");
12          td=new TextField(28);
13          ta=new TextArea(9,20);
14          this.setLayout(new FlowLayout());
15          this.add(ta);
16          this.add(button);
17          this.add(td);
18          button.addActionListener(this);
10      }
20      public void actionPerformed(ActionEvent e)
21      {
22          String str=ta.getSelectedText();
23          td.setText(str);
24      }
25      public static void main(String[] args)
26      {
27          Action8_5 frame=new Action8_5();
28          frame.pack();
29          frame.setVisible(true);
30      }
31  }
```

程序运行,在多行文本框中输入大量文字信息后,选取一部分。单击 copy 按钮,将会在另外的文本框中显示选中部分,如图 8-9 所示。

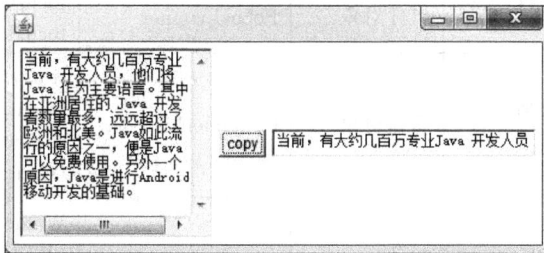

图 8-9　按钮事件处理界面

程序分析如下:

第 19 行代码将按钮 button 注册给事件监听器。按钮 button 作为事件源,当被单击时,便产生了 ActionEvent 类的事件,并传递给监听器约定的事件处理方法 actionPerformed(),进而执行该方法。

从上面的两个例子不难想到,导入的包 java.awt.event 中每个事件类都有一个对应的事件监听器接口,接口中声明了一个或几个抽象的事件处理方法。实际上的确如此,在进行 GUI 事件处理设计时,凡是需要接收并且处理事件类实例的类,都要实现相应的接口,以及具体实现所有抽象的事件处理方法。见表 8-8 给出了事件源及对应操作下,产生的事件类型、事件监听器接口、接口中所声明的方法。

表 8-8 事件类型、事件监听器接口及其对应方法

事件类型	事 件	事件源	事件监听器接口	接口的抽象方法
ActionEvent	单击按钮、文本框中按回车键、单击单选按钮、选中复选框、选中菜单项等	组件对象,如Button、TextField、ComboBox	ActionListener	actionPerformed(ActionEvent e)
AdjustmentEvent	移动滚动条等	ScrollBar	AdjustmentListener	adjustmentValueChanged(AdjustmentEvent e)
ItemEvent	选择了待选项	组件对象,如CheckBox、RadioButton、Choice、List	ItemListener	itemStateChanged(ItemEvent e)
TextEvent	文本信息改变	TextField、TextArea	TextListener	textValueChanged(TextEvent e)
ComponentEvent	组件的移动、隐藏、显示、缩放	组件对象	ComponentListener	componentMoved(ComponentEvent e) componentHidden(ComponentEvent e) componentShown(ComponentEvent e) componentResized(ComponentEvent e)
FocusEvent	组件获得、失去焦点	组件对象	FocusListener	focusGained(FocusEvent e) focusLost(FocusEvent e)
ContainerEvent	容器增加、删除组件	容器对象	ContainerListener	componentAdded(ContainerEvent e) componentRemoved(ContainerEvent e)
WindowEvent	窗口事件,如打开、激活、关闭、最小化、恢复、变为不活动窗口	窗口对象	WindowListener	WindowOpened(WindowEvent e) WindowActivated(WindowEvent e) WindowClosed(WindowEvent e) WindowClosing(WindowEvent e) WindowIconified(WindowEvent e) WindowDeiconified(WindowEvent e) WindowDeactivated(WindowEvent e)

事件类型	事 件	事件源	事件监听器接口	接口的抽象方法
KeyEvent	键盘事件,如按下该键、释放键、输入一个字符	键盘	KeyListener	KeyPressed(KeyEvent *e*) KeyReleased(KeyEvent *e*) KeyTyped(KeyEvent *e*)
MouseEvent	鼠标拖曳、移动	鼠标	MouseMotion Listener	mouseDragged(MouseEvent *e*) mouseMoved(MouseEvent *e*)
	鼠标单击、进入、离开、按下、放开	鼠标	MouseListener	mouseClicked(MouseEvent *e*) mouseEntered(MouseEvent *e*) mouseExited(MouseEvent *e*) mousePressed(MouseEvent *e*) mouseReleased(MouseEvent *e*)

例 8-4 和例 8-5 中,使用的事件监听器接口为 ActionListener。按照要求,需实现其所有抽象事件的处理方法。该接口只有一个抽象方法,故具体实现起来并不费事。表 8-8 所示的多数监听器接口,其中的抽象方法都不止一个,如 WindowListener、KeyListener 和 MouseMotionListener、MouseListener。设计与之相关的事件处理过程时,每个抽象方法都要具体实现岂不是很麻烦?

显然,逐一实现全部的抽象方法较为烦琐。如果事件监听器接口中有多个方法,可以使用适配器来简化编程。适配器是一个类,它为与之相应的监听器接口的每个方法提供一个默认方法(一般是不做任何处理的空方法)。这样在事件处理过程,用户可以简单地继承适配器,并只对需要覆盖的方法进行代码重写,而不必对该接口中的每个抽象方法都用代码具体实现。

Java 为声明多个抽象方法的××Listener 接口所提供的相应适配器××Adapter 见表 8-9。

表 8-9 监听器接口相应的适配器

监听器接口	适配器名称
ComponentListener	ComponentAdapter
FocusListener	FocusAdapter
ContainerListener	ContainerAdapter
WindowListener	WindowAdapter
KeyListener	KeyAdapter
MouseMotionListener	MouseMotionAdapter
MouseListener	MouseAdapter

以键盘事件为例。键盘事件 KeyEvent 涉及的监听器接口是 KeyListener,该接口相应的适配器是 KeyAdapter。该事件监听器接口有 3 个抽象方法:keyPressed()、keyReleased()、keyTyped(),如表 8-8 所示。下面的例子中,仅仅具体实现 keyTyped()方法。

【例 8-6】 键盘事件举例,使用 KeyAdapter 实现。

程序代码如下：

```
1    import java.awt.*;
2    import java.awt.event.KeyEvent;
3    import java.awt.event.KeyAdapter;
4    public class Key8_6 extends Frame
5    {
6        TextField td1;
7        TextField td2;
8        Label lb1;
9        Label lb2;
10       public Key8_6()
11       {
12           lb1=new Label("输入框");
13           td1=new TextField(26);
14           lb2=new Label("同步框");
15           td2=new TextField(26);
16           this.setLayout(new FlowLayout());
17           this.add(lb1);
18           this.add(td1);
19           this.add(lb2);
20           this.add(td2);
21           td1.addKeyListener(new TextFieldKeyListener());
22       }
23       class TextFieldKeyListener extends KeyAdapter
24       {
25           public void keyTyped(KeyEvent e)
26           {
27               td2.setText(td1.getText());
28           }
29       }
30       public static void main(String[] args)
31       {
32           Key8_6 frame=new Key8_6();
33           frame.pack();
34           frame.setVisible(true);
35       }
36   }
```

程序运行后，调整显示界面的大小。在输入框中输入字符串，同步框中可以再现出来。界面如图 8-10 所示。

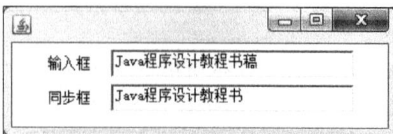

图 8-10　键盘事件界面

程序分析如下：

第 3 行代码导入 KeyAdapter 类，在第 23 行代码中该类被继承。第 21 行代码调用文本框对象 td1 的 addKeyListener()方法，设置键盘事件的监听器，是一个新创建的 TextFieldKeyListener 类的对象。第 23～29 行代码定义了 TextFieldKeyListener 类，实现了 keyTyped()方法。

可以看到,键盘事件处理中,使用监听器接口相应的适配器 KeyAdapter,尽管接口有
keyPressed()、keyReleased()和 keyTyped()共 3 个抽象方法,也仅对需要覆盖的 keyTyped()方
法进行代码重写,其他两个抽象方法并没有具体实现。

【例 8-7】 鼠标事件举例,使用 MouseAdapter 实现。

程序代码如下:

```
1    import java.awt.*;
2    import java.awt.event.MouseEvent;
3    import java.awt.event.MouseAdapter;
4    public class Mouse8_7 extends Frame
5    {
6        TextField td;
7        public Mouse8_7()
8        {
9            td=new TextField(26);
10           this.setLayout(new FlowLayout());
11           this.add(td);
12           this.addMouseListener(new MouseDo());
13       }
14       class MouseDo extends MouseAdapter
15       {
16           public void mouseEntered(MouseEvent e)
17           {
18               td.setText("鼠标位置是"+"("+e.getX()+", "+e.getY()+")");
19           }
20           public void mouseExited(MouseEvent e)
21           {
22               td.setText("鼠标未在区域内");
23           }
24           public void mouseClicked(MouseEvent e)
25           {
26               td.setText("鼠标在: "+"("+e.getX()+", "+e.getY()+")"+"处单击");
27           }
28       }
29       public static void main(String[] args)
30       {
31           Mouse8_7 frame=new Mouse8_7();
32           frame.pack();
33           frame.setVisible(true);
34       }
35   }
```

程序运行后,若用户控制光标在界面区域外,则显示结果如图 8-11(a)所示;若用户控制
光标在界面区域内,则显示结果如图 8-11(b)所示;若用户控制光标在界面区域内单击,则

会在文本框中显示刚才单击处的位置信息,如图 8-11(c)所示。

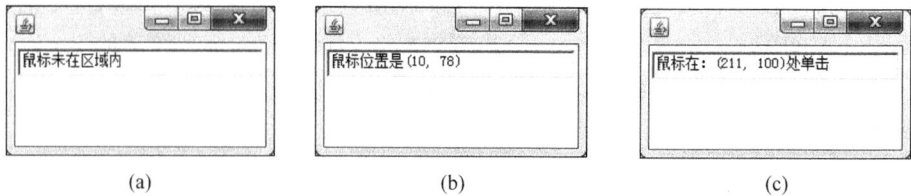

图 8-11　鼠标事件界面

程序分析如下：第 3 行代码导入 MouseAdapter 类,在第 14 行代码中该类被继承。第 12 行代码调用框架对象的 addMouseListener() 方法,设置鼠标事件的监听器,是一个新创建的 MouseDo 类的对象。第 14~28 行代码定义了 MouseDo 类,实现了 mouseEntered()、mouseExited() 和 mouseClicked() 方法。

本例的鼠标事件处理中,使用监听器接口相应的适配器 MouseAdapter,也仅对需要覆盖的 3 个方法进行代码重写,其他 2 个抽象方法并没有具体实现。

8.3　Swing

8.3.1　Swing 简介

Swing 库扩展了 AWT 库,能够用来设计更加丰富的 GUI。

Swing 中很多组件与 AWT 中的类似。它们的名称相近,显示效果近似,调用方式相同。例如,Swing 中的按钮、标签组件类分别为 JButton、JLable。一般地,在 AWT 组件名称前面加字母 J 即表示 Swing 组件。Swing 中的按钮、标签组件除了能显示文本标题外,还能显示图标。

Swing 组件与 AWT 组件的一个不同之处,在于平台无关性。AWT 组件包含了过多的本地代码,被称为"重量级"组件。Swing 组件不包含任何本地代码,被称为"轻量级"组件,它们在实现时不依赖本地环境,移植性也更好。

在 Swing 中也有特殊组件,如 JTree 等。设计 Swing 组件时,要导入 javax.swing 包中的相应类。

Swing 使用与 AWT 相同的事件模型。处理 Swing 中的事件时,不仅要导入 java.awt. event 包,还要导入 javax.swing.event 包。

混合使用 Swing 组件和 AWT 组件时,如果组件区域有重叠,则"重量级"组件总会遮挡住"轻量级"组件,故建议两种组件不要混用。通常优先考虑选用 Swing 组件。

8.3.2　Swing 组件

Swing 中主要类的继承关系如图 8-12 所示。8.1.2 节中已经详细介绍了 AWT 的按钮类、标签类、文本框类和多行文本框类,故此处仅给出一个例题,说明同类型 Swing 组件的用法。这里将重点介绍复选框、单选钮、列表框、组合框和菜单等组件的用法。

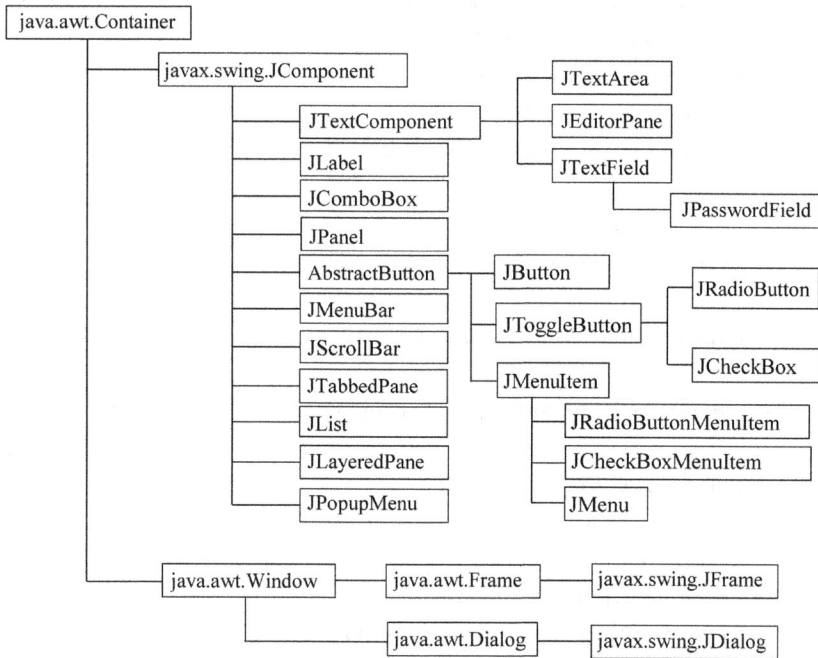

图 8-12 Swing 中主要类的继承关系

1. 几种 Swing 组件类

Swing 中的按钮、标签、文本框、多行文本框与前面所讲的 AWT 同类型组件使用起来大体相同,组件名称前要加上字母 J 进行区分,即 JButton、JLabel、JTextField 和 JTextArea。

【例 8-8】 Swing 组件中的按钮、标签、文本框举例。对用户输入的年份进行判定,输出结果为"闰年"或者"平年"。

程序代码如下:

```
1    import javax.swing.JFrame;
2    import javax.swing.JButton;
3    import javax.swing.JLabel;
4    import javax.swing.JTextField;
5    import java.awt.FlowLayout;
6    import java.awt.event.ActionEvent;
7    import java.awt.event.ActionListener;
8    public class Component8_8 extends JFrame implements ActionListener
9    {
10       JButton button;
11       JLabel label;
12       JTextField t1;
13       JTextField t2;
14       public Component8_8()
15       {
```

```
16          button=new JButton("输出");
17          label=new JLabel("年份: ");
18          t1=new JTextField(4);
19          t2=new JTextField(4);
20          this.setLayout(new FlowLayout());
21          this.add(label);
22          this.add(t1);
23          this.add(button);
24          this.add(t2);
25          button.addActionListener(this);
26      }
27      public void actionPerformed(ActionEvent e)
28      {
29          String str=t1.getText();
30          Boolean flag=false;
31          int a;
32          a=Integer.parseInt(str);
33          if(a%4==0&&a%100!=0||a%400==0)
34          {
35              flag=true;
36          }
37          if(flag)
38          {
39              t2.setText("闰年");
40          }else
41          {
42              t2.setText("平年");
43          }
44      }
45      public static void main(String[] args)
46      {
47          Component8_8 frame=new Component8_8();
48          frame.pack();
49          frame.setVisible(true);
50      }
51  }
```

程序运行后,在第一个文本框中输入年份,单击"输出"按钮,就会在第二个文本框显示判断结果,即"闰年"或者"平年"。如图 8-13 所示。

图 8-13 Swing 组件举例

程序分析如下:

第 1～4 行代码引入 Swing 中的 4 个类。第 10～13 行代码和第 16～19 行代码定义了 Swing 组件中的按钮、标签和文本框。第 27～44 行代码为事件处理,用于判定用户输入的年份是闰年还是平年,其中第 33 行代码给出了判定表达式。可以看出,Swing 组件与 AWT 组件在外观上有所不同。

2. JCheckBox(复选框)类和 JRadioButton(单选钮)类

复选框允许同时选择多个选项,单选钮只允许选择多个选项中的一个。它们的构造方法见表 8-10。

表 8-10 **JCheckBox 类和 JRadioButton 类构造方法**

方　　法	说　　明
JCheckBox()	默认构造方法
JCheckBox(String text)	带标题 text 的构造方法
JCheckBox(String text, boolean state)	带标题 text,状态 state 的构造方法
JRadioButton()	默认构造方法
JRadioButton(String text)	带标题 text 的构造方法
JRadioButton(String text, boolean state)	带标题 text,状态 state 的构造方法

上述构造方法的参数中,状态 state 取值为 true 则说明被选中,取值为 false 则未选中。

一个容器组件可以添加多个复选框。在进行多项选择时,一组数据项中的各项之间没有联系,一个数据项选中与否的状态不会影响其他数据项。

在进行单项选择时,一组数据项中的各项之间相互关联,属于互斥关系。如果重新选择了一个数据项,则之前被选中的数据项立即自行变更为"未选中"状态。那么问题来了,如何知道多个单选钮是一组的? 在设计 GUI 的实践中,只有在同一个按钮组中的多个单选钮的选中状态才是互斥的。也就是说,要保证多个单选钮处在同一个逻辑意义上的按钮组。这样一来,单选操作既需要 JRadioButton 类,又需要按钮组 ButtonGroup 类。ButtonGroup 类的构造方法和其他常用方法见表 8-11。

表 8-11 **ButtonGroup 类常用方法**

方　　法	说　　明
ButtonGroup()	构造方法
void add(AbstractButton *b*)	添加按钮的方法
void remove(AbstractButton *b*)	删除按钮的方法

【**例 8-9**】 复选框和单选钮举例。

程序代码如下:

```
1   import javax.swing.JCheckBox;
2   import javax.swing.JRadioButton;
3   import javax.swing.ButtonGroup;
4   import javax.swing.JLabel;
5   import java.awt.Frame;
6   public class JCheckBoxDemo8_9 extends Frame
7   {
8       public static void main(String[] args)
9       {
```

```
10          JCheckBoxDemo8_9 frame=new JCheckBoxDemo8_9();
11          frame.setTitle("复选框和单选钮");
12          frame.setSize(200,160);
13          frame.setLayout(null);
14          JLabel lb1=new JLabel("个人爱好: ");
15          JCheckBox cb1=new JCheckBox("书法",true);
16          JCheckBox cb2=new JCheckBox("绘画",true);
17          JCheckBox cb3=new JCheckBox("篮球",false);
18          JCheckBox cb4=new JCheckBox("旅游",false);
19          lb1.setBounds(10,40,70,20);
20          cb1.setBounds(10,60,70,20);
21          cb2.setBounds(10,80,70,20);
22          cb3.setBounds(10,100,70,20);
23          cb4.setBounds(10,120,70,20);
24          frame.add(lb1);
25          frame.add(cb1);
26          frame.add(cb2);
27          frame.add(cb3);
28          frame.add(cb4);
29          JLabel lb2=new JLabel("个人学历: ");
30          ButtonGroup group=new ButtonGroup();
31          JRadioButton rb1=new JRadioButton("博士",false);
32          JRadioButton rb2=new JRadioButton("硕士",false);
33          JRadioButton rb3=new JRadioButton("本科",true);
34          JRadioButton rb4=new JRadioButton("专科",false);
35          group.add(rb1);
36          group.add(rb2);
37          group.add(rb3);
38          group.add(rb4);
39          lb2.setBounds(100,40,70,20);
40          rb1.setBounds(100,60,70,20);
41          rb2.setBounds(100,80,70,20);
42          rb3.setBounds(100,100,70,20);
43          rb4.setBounds(100,120,70,20);
44          frame.add(lb2);
45          frame.add(rb1);
46          frame.add(rb2);
47          frame.add(rb3);
48          frame.add(rb4);
49          frame.setVisible(true);
50      }
51  }
```

程序运行结果如图 8-14 所示。

程序分析如下:

第 1~4 行代码引入 Swing 中的 4 个类。第 11 行代码
为框架对象 frame 添加标题,第 12 行代码定制框架对象

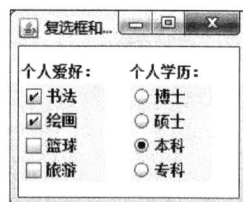

图 8-14 复选框和单选钮举例

frame 的尺寸大小,按照指定的宽度(200)和高度(160)来设置。第 15～18 行代码创建 4 个复选框,第 25～28 行代码将它们逐一添加到当前的框架容器上。第 31～34 行代码创建 4 个单选钮,第 35～38 行代码把它们放置于同一个按钮组 group 中,确保它们的选中状态为互斥关系。

本例中未使用任何布局管理器(即采用空布局方式),见第 13 行代码。在这种情况下,所有组件均由 setBounds()方法确定其在容器对象中的位置和大小。setBounds(x,y, width,height)的 4 个参数含义如下:x、y 指的是组件的横坐标、纵坐标,width 和 height 指的是组件的宽和高。

3. JList(列表框)类

列表框容纳了一系列数据选项,可供用户进行选择。其构造方法和其他常用方法见表 8-12。

表 8-12 JList 类常用方法

方　　法	说　　明
JList()	构造方法
JList(final Object[] listData)	列表框的数据项由对象数组提供
int getSelectedIndex()	返回选中项序号,从 0 开始
Object getSelectedValue()	返回第 1 个选中项对象,没有选中时返回 null
void setListData(final Object[] listData)	重新设置列表框中的数据项
void addListSelectionListener (ListSelectionListener listener)	注册选择事件监听器
void removeListSelectionListener (ListSelectionListener listener)	取消选择事件监听器

【例 8-10】 列表框举例。在列表框中进行选择,被选中的数据项将会在相邻文本框中显示出来。

程序代码如下:

```
1    import java.awt.GridLayout;
2    import javax.swing.JFrame;
3    import javax.swing.JList;
4    import javax.swing.JLabel;
5    import javax.swing.JTextField;
6    import javax.swing.JPanel;
7    import javax.swing.event.ListSelectionEvent;
8    import javax.swing.event.ListSelectionListener;
9    public class JListDemo8_10 extends JFrame implements ListSelectionListener
10   {
11       String[] Arr ={"北京市","河北省","河南省","山东省","陕西省"};
12       JList list=new JList(Arr);
13       JLabel lb1=new JLabel("个人籍贯");
14       JLabel lb2=new JLabel("个人信息");
```

```
15        JTextField td=new JTextField(20);
16        JPanel p1=new JPanel();
17        JPanel p2=new JPanel();
18        public JListDemo8_10()
19        {
20            super("列表框举例");
21            this.setSize(300,280);
22            this.setDefaultCloseOperation(EXIT_ON_CLOSE);
23            this.getContentPane().setLayout(new GridLayout(1,2));
24            this.getContentPane().add(p1);
25            p1.setLayout(new GridLayout(2,1));
26            p1.add(lb1);
27            p1.add(list);
28            this.getContentPane().add(p2);
29            p2.setLayout(new GridLayout(2,1));
30            p2.add(lb2);
31            p2.add(td);
32            td.setEditable(true);
33            list.addListSelectionListener(this);
34        }
35        public void valueChanged(ListSelectionEvent e)
36        {
37            String str=td.getText();
38            int i =list.getSelectedIndex();
39            if(i==0)
40                td.setText("北京市");
41            else if(i==1)
42                td.setText("河北省");
43            else if(i==2)
44                td.setText("河南省");
45            else if(i==3)
46                td.setText("山东省");
47            else if(i==4)
48                td.setText("陕西省");
49        }
50        public static void main(String[] args)
51        {
52            JListDemo8_10 frame=new JListDemo8_10();
53            frame.setVisible(true);
54        }
55  }
```

图 8-15　列表框举例

程序运行后,调整显示界面的大小。在列表框中进行选择,将会在右侧的文本框中显示。运行结果如图 8-15 所示。

程序分析如下:

第 1～8 行代码引入本例需要的类,需要注意其中第 3 行引入的 JList 类。第 12～17 行代码构建了 6 个对象:列表框 list、标签 lb1 和 lb2、文本框 td、面板 p1 和 p2。第 52 行代码定义了容器(框架 frame),用于容纳上述对象,第 18 行设定该容器的构造方法。第 20 行代码为框架 frame 加上标题,第 22 行代码表示点击右上角的"×",就可退出程序的执行过程。

第 23 行代码的作用为获取框架 frame 的内容窗格,然后设置其布局为 GridLayout(网格布局,详见 8.4)。其中有 2 个参数,前者表示网格包含 1 行,后者表示包含 2 列。第 24 行代码定义了左边一列添加面板 p1,第 28 行代码定义了右边一列添加面板 p2。

第 25～27 行代码、第 29～31 行代码分别设计了面板 p1、p2。它们均为 2 行 1 列,也均容纳 2 个组件对象。p1 中有标签 lb1 和列表框 list,p2 中有标签 lb2 和文本框 td。第 32 行代码说明文本框 td 是可编辑的。

第 33 行代码将列表框 list 注册给事件监听器,列表框 list 作为事件源。当用户重新选择了数据项,便产生 ListSelectionEvent 类的事件,并传递给监听器约定的事件处理方法 valueChanged(),进而执行该方法。

下面就第 23 行代码中,获取内容窗格的方法 getContentPane()进行说明。

Swing 的容器中可以嵌套其他组件,如本例的框架 frame 中嵌套了面板 p1 和 p2,而面板 p1 中嵌套了标签 lb1 和列表框 list,面板 p2 中嵌套了标签 lb2 和文本框 td。GUI 的所有组件都要嵌套在某个容器中,最外层的容器称为顶层容器,如本例的框架 frame。Swing 提供了 4 种顶层容器:JFrame、JDialog、JApplet 和 JWindow。在这 4 种顶层容器上添加组件时,可借助内容窗格来实现。每个顶层容器都有内容窗格,用户可以把组件添加到这个内容窗格上。因此,首先用 getContentPane()获取顶层容器的内容窗格,然后完成组件的添加。本例中第 24 行和第 28 行代码便是这种操作的具体实现。

4. JComboBox(组合框)类

组合框由一个文本框和一个列表框组成。列表框一般情况下处于隐藏状态,当用户点击右侧的三角符号时才会显示。在组合框的列表框中选择数据项,将会触发事件。该类的构造方法和其他常用方法见表 8-13。

表 8-13　JComboBox 类常用方法

方　　法	说　　明
JComboBox()	构造方法
JComboBox(final Object items[])	组合框的数据项由对象数组提供
void addItem(Object obj)	添加数据项
void removeItem(Object obj)	删除数据项
void removeAllItems()	删除所有数据项
void setEnabled(boolean g)	设置是否有效
void setEditable(boolean g)	设置是否可编辑
boolean isEditable()	判断是否可编辑
Object getSelectedItem()	返回选中数据项对象

方　　法	说　　明
void setSelectedItem(Object obj)	设置指定对象为选中数据项
int getSelectedIndex()	返回选中数据项索引
void setSelectedIndex(int *i*)	设置指定索引项为选中数据项
void addActionListener (ActionListener listener)	注册单击事件监听器
void removeActionListener (ActionListener listener)	取消单击事件监听器

【**例 8-11**】　组合框举例。用户在文本框、单选钮和组合框中录入信息,单击按钮后将在多行文本框中显示汇总信息。

程序代码如下:

```
1    import java.awt.event.ActionListener;
2    import java.awt.event.ActionEvent;
3    import java.awt.GridLayout;
4    import javax.swing.JFrame;
5    import javax.swing.JLabel;
6    import javax.swing.JTextField;
7    import javax.swing.JTextArea;
8    import javax.swing.JRadioButton;
9    import javax.swing.ButtonGroup;
10   import javax.swing.JButton;
11   import javax.swing.JComboBox;
12   import javax.swing.JPanel;
13   public class JComboBox8_11 extends JFrame implements ActionListener
14   {
15       int number=1;
16       JLabel lb=new JLabel("会员编号");
17       JTextField td=new JTextField(10);
18       JTextArea ta=new JTextArea();
19       ButtonGroup group=new ButtonGroup();
20       JRadioButton radio1=new JRadioButton("已付款",true);
21       JRadioButton radio2=new JRadioButton("未付款");
22       Object subject[]={"汉族","回族","满族","壮族","苗族"};
23       JComboBox combox=new JComboBox(subject);
24       JButton button=new JButton("信息汇总");
25       JPanel panel=new JPanel();
26       public JComboBox8_11()
27       {
28           super("组合框举例");
29           this.setSize(280,220);
30           this.setVisible(true);
31           this.setDefaultCloseOperation(EXIT_ON_CLOSE);
```

```
32          this.getContentPane().setLayout(new GridLayout(1,2));
33          this.getContentPane().add(panel);
34          this.getContentPane().add(ta);
35          panel.setLayout(new GridLayout(6,1));
36          panel.add(lb);
37          panel.add(td);
38          group.add(radio1);
39          group.add(radio2);
40          panel.add(radio1);
41          panel.add(radio2);
42          panel.add(combox);
43          panel.add(button);
44          button.addActionListener(this);
45      }
46      public void actionPerformed(ActionEvent e)
47      {
48          String str;
49          str="编号: "+"\n";
50          str=str+td.getText()+"\n";
51          if(e.getSource()==button)
52          {
53              if(radio1.isSelected())
54                  str=str+radio1.getText()+"\n";
55              if(radio2.isSelected())
56                  str=str+radio2.getText()+"\n";
57              str=str+combox.getSelectedItem();
58              ta.setText(str);
59          }
60      }
61      public static void main(String[] args)
62      {
63          JComboBox8_11 frame=new JComboBox8_11();
64      }
65  }
```

程序运行结果如图 8-16 所示。

程序说明如下:

第 11 行代码引入 JComboBox 类。第 22、23 行代码为组合框对象 combox 的实例化,
由第 42 行代码将它添加到面板 panel。第 44 行代码将按钮
button 注册给事件监听器,当单击 button 按钮时,产生
ActionEvent 类的事件,并传递给监听器约定的事件处理方法
actionPerformed()。在该方法的执行过程中,要把文本框 td
中的信息、单选钮被选中时对应的字符串、组合框中被选中的
数据项放在一起,赋值给变量 str,最后在多行文本框 ta 中显
示出来。

图 8-16　组合框举例

5. 菜单组件类

菜单在图形用户界面的设计中使用相当频繁,相应于 Swing 的常用组件为 JMenuBar、JMenu、JMenuItem、JCheckBoxMenuItem、JRadioButtonMenuItem 和 JPopupMenu 等,可参见图 8-12。开发实践中以下拉式菜单和弹出式菜单最为常见。

为了便于理解上述类在菜单系统的关系,不妨把整个菜单系统看成一棵树,树的根结点是 JMenuBar(菜单栏),子结点是 JMenu(菜单),叶子是 JMenuItem(菜单项)。

JMenuBar 类常用方法如表 8-14 所示。

表 8-14　JMenuBar 类常用方法

方　　法	说　　明
JMenuBar()	创建空的菜单栏
JMenu add(JMenu q)	在菜单栏中添加菜单 q

JMenu 类常用方法如表 8-15 所示。

表 8-15　JMenu 类常用方法

方　　法	说　　明
JMenu()	创建空标题菜单
JMenu(String str)	创建标题由参数 str 确定的菜单
void add(JMenuItem item)	向菜单添加由参数 item 指定的菜单项
JMenuItem getItem(int n)	获得指定索引的菜单项
int getItemCount()	获得菜单项的个数

JMenuItem 类常用方法如表 8-16 所示。

表 8-16　JMenuItem 类常用方法

方　　法	说　　明
JMenuItem(String str)	创建包含标题的菜单项
JMenuItem(String text, Icon icon)	创建包含标题和图标的菜单项
void setEnabled(boolean a)	设置当前菜单项是否可被选择
String getText()	获得菜单项的名字
void setText(String str)	设置菜单项的名字,由参数 str 指定
void setAccelerator(KeyStroke keyStroke)	为菜单项设置快捷键

JPopupMenu 类常用方法如表 8-17 所示。

表 8-17　JPopupMenu 类常用方法

方　　法	说　　明
JPopupMenu()	创建空的弹出式菜单
JPopupMenu(String str)	创建包含标题 str 的弹出式菜单
JMenuItem add(JMenuItem item)	为弹出式菜单添加菜单项 item
void show(Component c, int x, int y)	在(x,y)处显示弹出式菜单,参数 c 指定菜单依附的组件

1) 下拉式菜单

设计下拉式菜单,要定义菜单栏 JMenuBar、菜单 JMenu 和菜单项 JMenuItem。作为主菜单的菜单栏,用于容纳一系列菜单。图 8-17 中菜单栏包含"文件""格式""编辑"和"帮助"共计 4 个菜单。每一个菜单又含有一组菜单项,仍以图 8-17 作说明,第一个菜单所含的一组菜单项有 5 个:"新建""打开""保存""打印"和"退出",其中添加了菜单分隔线,用于菜单项的区分。

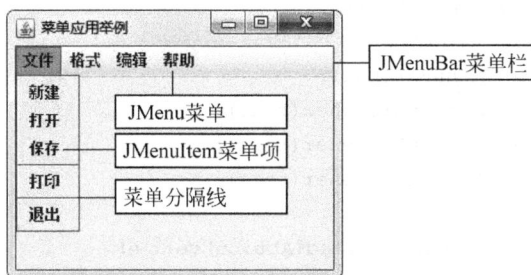

图 8-17　菜单的组成

按照菜单栏、菜单、菜单项的定义顺序,就可以实现下拉式菜单的设计。

【例 8-12】　下拉式菜单举例。设计程序实现上图中的 GUI,并能在单击菜单项后,触发相应的事件。

```
1    import java.awt.event.ActionEvent;
2    import java.awt.event.ActionListener;
3    import javax.swing.JFrame;
4    import javax.swing.JMenuBar;
5    import javax.swing.JMenu;
6    import javax.swing.JMenuItem;
7    import javax.swing.JFileChooser;
8    public class JMenuDemo8_12 extends JFrame implements ActionListener
9    {
10       JMenuBar bar=new JMenuBar();
11       JMenu menu1=new JMenu("文件");
12       JMenu menu2=new JMenu("格式");
13       JMenu menu3=new JMenu("编辑");
14       JMenu menu4=new JMenu("帮助");
15       JMenuItem item1=new JMenuItem("新建");
16       JMenuItem item2=new JMenuItem("打开");
```

```
17      JMenuItem item3=new JMenuItem("保存");
18      JMenuItem item4=new JMenuItem("打印");
19      JMenuItem item5=new JMenuItem("退出");
20      public JMenuDemo8_12()
21      {
22          super("菜单应用举例");
23          this.add(bar);
24          bar.add(menu1);
25          bar.add(menu2);
26          bar.add(menu3);
27          bar.add(menu4);
28          menu1.add(item1);
29          menu1.add(item2);
30          menu1.add(item3);
31          menu1.addSeparator();
32          menu1.add(item4);
33          menu1.addSeparator();
34          menu1.add(item5);
35          this.setJMenuBar(bar);
36          item2.addActionListener(this);
37          item3.addActionListener(this);
38          item5.addActionListener(this);
39      }
40      public void actionPerformed(ActionEvent e)
41      {
42          if(e.getSource()==item2)
43          {
44              JFileChooser chooser1=new JFileChooser();
45              int i =chooser1.showOpenDialog(null);
46              if(i ==chooser1.APPROVE_OPTION)
47              {
48                  String path =chooser1.getSelectedFile().getAbsolutePath();
49                  String name =chooser1.getSelectedFile().getName();
50                  System.out.println("当前文件路径："
                                        +path+";\n当前文件名："+name);
51              }else
52                  System.out.println("没有选中文件");
53          }
54          else if(e.getSource()==item3)
55          {
56              JFileChooser chooser2=new JFileChooser();
57              chooser2.showSaveDialog(null);
58          }
59          else if(e.getSource()==item5)
60              System.exit(0);
61      }
62      public static void main(String[] args)
```

```
63      {
64          JMenuDemo8_12 frame=new JMenuDemo8_12();
65          frame.setSize(280,220);
66          frame.setVisible(true);
67      }
68  }
```

程序运行后,显示结果如图 8-17 所示(不包含说明部分矩形框)。

程序说明如下:第 4～6 行代码引入涉及菜单应用的几个类。第 10 行代码创建了菜单栏对象 bar,第 11～14 行代码创建了菜单对象 menu1,menu2,menu3 和 menu4,第 15～19 行代码创建了菜单项对象 item1、item2、item3、item4 和 item5。第 23、34 行代码的作用为,在实例化框架对象 frame 后添加菜单栏 bar,bar 上面添加 4 个菜单:menu1,menu2,menu3 和 menu4;对于菜单 menu1,还要添加 5 个菜单项:item1,item2,item3 item4 和 item5,后面的 item4 和 item5 要用分隔线与其他菜单项隔开。第 35 行代码将此菜单栏设置为指定的菜单栏。第 36～38 行代码把 item2、item3、item5 注册给事件监听器,它们就成为了事件源。当用户单击这 3 项中的任意一项,便产生 ActionEvent 类的事件,并传递给监听器约定的事件处理方法 actionPerformed(),进而执行该方法。

若用户单击菜单项 item2,根据第 42～53 行代码,将显示一个打开文件对话框,如图 8-18 所示。按照用户指定的文件,在控制台显示用户所选文件的路径和文件名。例如,如果用户选中 JDK 安装后目录中的 appletviewer.exe 文件,则会显示:

图 8-18 打开文件对话框示意图

```
当前文件路径: D:\Java\jdk\bin\appletviewer.exe
当前文件名: appletviewer.exe
```

若用户单击菜单项 item3,根据第 54～58 行代码,将显示一个保存文件对话框,如图 8-19 所示。

用户单击菜单项 item5,根据第 60 行代码,将退出程序的运行过程。

为简单起见,本程序仅对第一个菜单"文件"设计了一组菜单项,其他 3 个菜单("格式""编辑""帮助")以此类推,可以完成全部菜单项的代码设计工作。

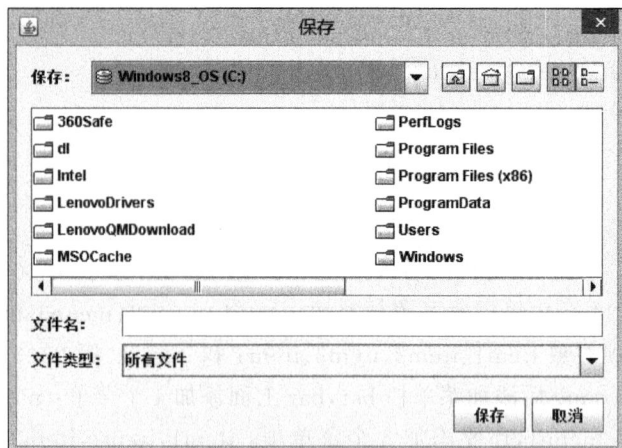

图 8-19 保存文件对话框示意图

【例 8-13】 下拉式菜单的简单应用。设计某会员管理系统的菜单 GUI,当用户单击菜单项时,能够显示例 8-11 的运行界面。

程序代码如下:

```
1    import java.awt.event.ActionEvent;
2    import java.awt.event.ActionListener;
3    import javax.swing.JFrame;
4    import javax.swing.JMenuBar;
5    import javax.swing.JMenu;
6    import javax.swing.JMenuItem;
7    public class JMenuDemo8_13 extends JFrame implements ActionListener
8    {
9        JMenuBar bar=new JMenuBar();
10       JMenu menu1=new JMenu("会员信息");
11       JMenu menu2=new JMenu("会员服务");
12       JMenu menu3=new JMenu("会员缴费");
13       JMenu menu4=new JMenu("帮助");
14       JMenuItem item1=new JMenuItem("信息录入");
15       JMenuItem item2=new JMenuItem("信息修改");
16       JMenuItem item3=new JMenuItem("信息删除");
17       JMenuItem item4=new JMenuItem("信息查询");
18       JMenuItem item5=new JMenuItem("退出");
19       public JMenuDemo8_13()
20       {
21           super("菜单设计");
22           this.setSize(280,220);
23           this.setVisible(true);
24           this.add(bar);
25           bar.add(menu1);
26           bar.add(menu2);
```

```
27          bar.add(menu3);
28          bar.add(menu4);
29          menu1.add(item1);
30          menu1.add(item2);
31          menu1.add(item3);
32          menu1.add(item4);
33          menu1.addSeparator();
34          menu1.add(item5);
35          this.setJMenuBar(bar);
36          item1.addActionListener(this);
37          item5.addActionListener(this);
38      }
39      public void actionPerformed(ActionEvent e)
40      {
41          if(e.getSource()==item1)
42          {
43              JComboBox8_11 f=new JComboBox8_11();
44          }
45          if(e.getSource()==item5)
46              System.exit(0);
47      }
48      public static void main(String[] args)
49      {
50          JMenuDemo8_13 frame=new JMenuDemo8_13();
51      }
52  }
```

程序运行后,用户单击菜单"会员信息",将出现图 8-20 所示界面。用户再单击第一个菜单项"信息录入",会出现图 8-16 所示界面。用户单击最后一个菜单项"退出",将退出程序运行状态。

程序说明如下:

与上一个程序相似,定义了菜单 GUI,方便操作人员与系统进行交互。

由于程序中将 item1、item5 注册给事件监听器,故第一个和最后一个菜单项就成为了事件源。用户单击二者

图 8-20　下拉式菜单应用举例

中的任意一项,便产生 ActionEvent 类的事件,并传递给监听器约定的事件处理方法 actionPerformed(),进而执行该方法。

若用户单击第一个菜单项("信息录入")时,将执行第 43 行代码去实例化框架对象 f,控制转移到例 8-11 中的程序代码,出现如图 8-16 所示界面。

若用户点击最后一个菜单项("退出")时,将终止程序的执行过程。

在运行此程序时,请读者将例 8-11 中程序的 main()方法删去(即删去第 61～64 行代码)。

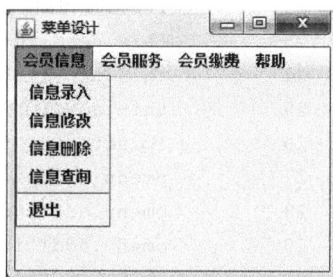

2）弹出式菜单

JPopupMenu 类对应于弹出式菜单，这种菜单由用户点击鼠标右键时弹出，可以根据需要显示在指定位置。该菜单在显示时，需要使用表 8-17 中的 show()方法。

【例 8-14】 弹出式菜单举例。

程序代码如下：

```
1    import java.awt.event.MouseEvent;
2    import java.awt.event.MouseAdapter;
3    import javax.swing.JFrame;
4    import javax.swing.JLabel;
5    import javax.swing.JPopupMenu;
6    import javax.swing.JCheckBoxMenuItem;
7    import javax.swing.ButtonGroup;
8    import javax.swing.JRadioButtonMenuItem;
9    import javax.swing.SwingUtilities;
10   public class JMenuDemo8_14 extends JFrame
11   {
12       JLabel lb=new JLabel();
13       JPopupMenu pmenu=new JPopupMenu();
14       JCheckBoxMenuItem citem1=new JCheckBoxMenuItem("加粗");
15       JCheckBoxMenuItem citem2=new JCheckBoxMenuItem("倾斜");
16       JCheckBoxMenuItem citem3=new JCheckBoxMenuItem("下画线");
17       ButtonGroup group=new ButtonGroup();
18       JRadioButtonMenuItem ritem1=new JRadioButtonMenuItem("宋体");
19       JRadioButtonMenuItem ritem2=new JRadioButtonMenuItem("楷体");
20       public JMenuDemo8_14()
21       {
22           super("弹出式菜单举例");
23           this.setSize(280,260);
24           this.setVisible(true);
25           this.add(lb);
26           lb.setText("点击鼠标右键显示：");
27           pmenu.add(citem1);
28           pmenu.add(citem2);
29           pmenu.add(citem3);
30           pmenu.addSeparator();
31           group.add(ritem1);
32           group.add(ritem2);
33           pmenu.add(ritem1);
34           pmenu.add(ritem2);
35           this.addMouseListener(new MouseDo());
36       }
37       class MouseDo extends MouseAdapter
38       {
39           public void mouseClicked(MouseEvent e)
40           {
41               if(SwingUtilities.isRightMouseButton(e))
```

```
42                pmenu.show(e.getComponent(),e.getX(),e.getY());
43            }
44        }
45        public static void main(String[] args)
46        {
47            JMenuDemo8_14 frame=new JMenuDemo8_14();
48        }
49    }
```

程序运行后，在框架 frame 区域内右击，将会显示弹
出式菜单，如图 8-21 所示。

程序说明如下：

第 5 行代码引入 JPopupMenu 类，用于弹出式菜单设计。
第 13 行代码创建了弹出式菜单对象 pmenu。第 14～16
行代码创建了复选菜单项 citem1、citem2、citem3，第 17～19
行代码创建了单选菜单项 ritem1、ritem2。

第 35 行代码调用框架对象的 addMouseListener()方
法，设置鼠标事件的监听器，是一个新创建的 MouseDo 类
的对象。第 37～44 行代码定义了 MouseDo 类，实现 mouseClicked()方法。该方法被调用
后，将会在鼠标点击的位置显示弹出式菜单。

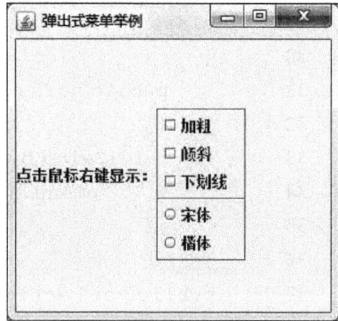
图 8-21　弹出式菜单界面

本例的鼠标事件处理中，使用监听器接口相应的适配器 MouseAdapter，在第 2 行代码
引入相应的类。

【例 8-15】　弹出式菜单应用。

程序代码如下：

```
1    import java.awt.event.ActionEvent;
2    import java.awt.event.ActionListener;
3    import java.awt.event.MouseEvent;
4    import java.awt.event.MouseAdapter;
5    import javax.swing.JFrame;
6    import javax.swing.JPopupMenu;
7    import javax.swing.JMenuItem;
8    import javax.swing.SwingUtilities;
9    import javax.swing.JOptionPane;
10   public class JMenuDemo8_15 extends JFrame implements ActionListener
11   {
12       JPopupMenu pmenu=new JPopupMenu();
13       JMenuItem item1=new JMenuItem("消息框");
14       JMenuItem item2=new JMenuItem("确认框");
15       JMenuItem item3=new JMenuItem("输入框");
16       public JMenuDemo8_15()
17       {
18           super("弹出式菜单应用");
19           this.setSize(230,200);
20           this.setVisible(true);
21           pmenu.add(item1);
```

```
22          pmenu.add(item2);
23          pmenu.add(item3);
24          this.addMouseListener(new MouseDo());
25          item1.addActionListener(this);
26          item2.addActionListener(this);
27          item3.addActionListener(this);
28      }
29      class MouseDo extends MouseAdapter
30      {
31          public void mouseClicked(MouseEvent e)
32          {
33            if(SwingUtilities.isRightMouseButton(e))
34                pmenu.show(e.getComponent(),e.getX(),e.getY());
35          }
36      }
37      public void actionPerformed(ActionEvent e)
38      {
39          if(e.getSource()==item1)
40              JOptionPane.showMessageDialog(pmenu,"出现下标越界错误!");
41          if(e.getSource()==item2)
42              JOptionPane.showConfirmDialog(pmenu,"放弃保存数据文件?");
43          if(e.getSource()==item3)
44              JOptionPane.showInputDialog(pmenu,"请输入账号: ");
45      }
46      public static void main(String[] args)
47      {
48          JMenuDemo8_15 frame=new JMenuDemo8_15();
49      }
50  }
```

图 8-22　弹出式菜单应用

程序运行后,在框架 frame 区域内右击,将会显示弹出式菜单,如图 8-22 所示。

该弹出式菜单中包含 3 个菜单项:"消息框""确认框"和"输入框"。若用户分别单击,则对应显示如图 8-23(a)、图 8-23(b)、图 8-23(c)所示的消息对话框、确认对话框、输入对话框。

程序说明如下:

本例与上例在弹出式菜单设计方面类似。不同之处在于将菜单项 item1、item2、item3 注册给事件监听器,这三者均为

(a)消息对话框

(b)确认对话框

(c)输入对话框

图 8-23　三种对话框

事件源。当用户选择 3 项中任意一项,便产生 ActionEvent 类的事件,并传递给监听器约定的事件处理方法 actionPerformed(),进而执行该方法。

JOptionPane 是 Swing 提供的用于显示标准对话框的类。该类中定义了几个静态方法,如表 8-18 所示。

表 8-18　JOptionPane 类的几个方法

方　　法	说　　明
static void showMessageDialog(Component c, Object m)	显示消息对话框,参数 c 指定该框所依附的组件对象,m 指定该框所显示消息
static int showConfirmDialog(Component c, Object m)	显示确认对话框,该框含有"是""否"和"取消"按钮,单击后的返回值分别为 0、1 和 2
static String showInputDialog(Component c, Object m)	显示输入对话框,该框含有"确定""取消"按钮,单击前者返回用户输入的字符串,单击后者返回 null

8.4　布局管理器

在 GUI 设计中,布局管理器的作用不可替代,它用于设置容器中各个组件的位置、大小、排列顺序以及组件间隔等。另外,当包含组件的容器发生了位移或改变了大小时,那些组件该如何相应变化? 这个问题也是由布局管理器来解决的。通过合理应用布局管理器,可使得人机界面显得友好、便捷。

java.awt 包中有多种布局管理器,如 FlowLayout、BorderLayout、GridLayout、CardLayout 等,在程序开发时需要引入相应的类。

8.4.1　FlowLayout 布局管理器

FlowLayout 布局也称作流式布局,它把组件从左到右,一行一行地排列,一行放满后另起一行。若某行组件未放满,则把组件居中放置在该行中间。

容纳组件的容器大小发生改变时,FlowLayout 布局管理器可以调整组件的相对位置,使得组件排列在一行或多行。例 8-1、例 8-4 和例 8-6 中,界面均采用 FlowLayout 布局。程序运行后,操作者调整容器的大小尺寸,才能看到如图 8-2、图 8-8 和图 8-10 所示界面。

JPanel 容器默认的是 FlowLayout 布局管理器。FlowLayout 类的构造方法如表 8-19所示。

表 8-19　FlowLayout 类的构造方法

方　　法	说　　明
FlowLayout()	默认居中显示
FlowLayout(int align)	按照参数 align 指定的对齐方式显示
FlowLayout(int align, int h, int v)	参数 h 和 v 分别指定组件的水平、垂直间隔

Java 程序中,可以使用该类的构造方法创建一个布局管理器。程序代码如下:

```
FlowLayout flow=new FlowLayout();
```

Java 中提供了 setLayout()方法,用于设置某个容器所采用的布局。例如,设置框架对象 frame 的布局为流式布局,程序代码如下:

```
frame.setLayout(new FlowLayout());
```

其中,括号内参数也可以直接写为前面创建的 flow 对象。

【例 8-16】 使用 FlowLayout 布局管理器设计一个注册界面。

程序代码如下:

```
1   import java.awt.FlowLayout;
2   import javax.swing.JFrame;
3   import javax.swing.JLabel;
4   import javax.swing.JTextField;
5   import javax.swing.JRadioButton;
6   import javax.swing.ButtonGroup;
7   import javax.swing.JButton;
8   public class FlowLayout8_16
9   {
10      public static void main(String[] args)
11      {
12          JFrame frame=new JFrame();
13          JLabel lb1=new JLabel("账    号");
14          JLabel lb2=new JLabel("密    码");
15          JLabel lb3=new JLabel("邮    箱");
16          JTextField td1=new JTextField(8);
17          JTextField td2=new JTextField(8);
18          JTextField td3=new JTextField(16);
19          JRadioButton radio1=new JRadioButton("男");
20          JRadioButton radio2=new JRadioButton("女");
21          ButtonGroup group=new ButtonGroup();
22          JButton bt1=new JButton("确定");
23          JButton bt2=new JButton("修改");
24          frame.setLayout(new FlowLayout());
25          frame.setSize(160,220);
26          frame.setVisible(true);
27          frame.add(lb1);
28          frame.add(td1);
29          frame.add(lb2);
30          frame.add(td2);
31          frame.add(lb3);
32          frame.add(td3);
33          group.add(radio1);
34          group.add(radio2);
35          frame.add(radio1);
```

```
36          frame.add(radio2);
37          frame.add(bt1);
38          frame.add(bt2);
39      }
40  }
```

程序运行结果如图 8-24 所示。

程序说明如下：

第 1 行代码引入本例需要的 FlowLayout 类,第 24 行
代码设置了当前框架对象采用流式布局。从图中可以看
出流式布局的特点,即组件从左到右依次显示;一行显示
不完,换到下一行继续显示。

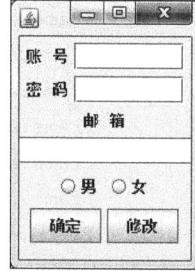

图 8-24　FlowLayout 布局举例

8.4.2　BorderLayout 布局管理器

Window 型容器默认的是 BorderLayout 布局管理器,其子类 JFrame 和 JDialog 亦是如此。
受 BorderLayout 管理的容器被划分成东、西、南、北和中部 5 个区域,由常量 BorderLayout
.EAST、BorderLayout. WEST、BorderLayout. SOUTH、BorderLayout. NORTH 和 BorderLayout
.CENTER 表示。东、西、南和北 4 个区域中若出现哪一个未使用,则该区域归零,并且被中部
区域所吞并;若 4 个区域均未使用,则全被中部区域所填充。

容器的每个区域只能添加一个组件。添加后,该组件将占满这个区域。若向某个区域
添加多个组件,则前面添加的若干组件都将被最后一个组件覆盖。想要在某个区域把添加
的若干组件全部显示出来,只能采用容器的嵌套来解决,即容器中再添加容器。具体的步骤
是,先把待添加的组件放到一个容器中(如 JPanel),再把此容器添加到某个区域。

BorderLayout 类的构造方法见表 8-20。

表 8-20　BorderLayout 类的构造方法

方　　法	说　　明
BorderLayout()	各部分之间没有间隔
BorderLayout(int h , int v)	各部分之间水平、垂直间隔由参数 h 和 v 决定

【例 8-17】　BorderLayout 布局管理器举例。

程序代码如下：

```
1   import java.awt.*;
2   import javax.swing.JButton;
3   import javax.swing.JFrame;
4   public class BorderLayout8_17
5   {
6       public static void main(String args[])
7       {
8           JFrame frame=new JFrame("BorderLayout");
9           JButton b1=new JButton("East");
```

```
10          JButton b2=new JButton("West");
11          JButton b3=new JButton("South");
12          JButton b4=new JButton("North");
13          JButton b5=new JButton("Center");
14          frame.add(b1,BorderLayout.EAST);
15          frame.add(b2,BorderLayout.WEST);
16          frame.add(b3,BorderLayout.SOUTH);
17          frame.add(b4,BorderLayout.NORTH);
18          frame.add(b5,BorderLayout.CENTER);
19          frame.setSize(260,240);
20          frame.setVisible(true);
21      }
22   }
```

程序运行结果如图 8-25 所示。

程序说明如下：

第 1 行代码引入本例需要的类（BorderLayout）。
JFrame 类的对象 frame 默认了 BorderLayout 布局管理
器。第 9～13 行代码创建了 5 个按钮对象 b1、b2、b3、b4
和 b5，第 14～18 行代码把它们分别添加到东、西、南、北
和中部区域。

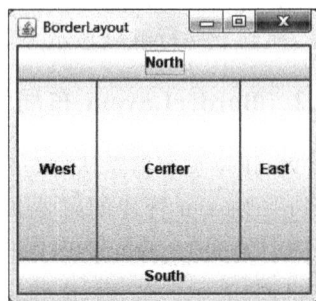

图 8-25　BorderLayout 布局举例

【例 8-18】　容器的嵌套举例。

程序代码如下：

```
1    import java.awt.*;
2    import javax.swing.JLabel;
3    import javax.swing.JTextField;
4    import javax.swing.JList;
5    import javax.swing.JPanel;
6    import javax.swing.JFrame;
7    public class BorderLayout8_18
8    {
9        public static void main(String[] args)
10       {
11           JLabel lb1=new JLabel("姓名：");
12           JTextField td1=new JTextField(8);
13           JLabel lb2=new JLabel("专业类别：");
14           String[] Arr ={"文史类","经济类","管理类","工程类","医学类"};
15           JList list=new JList(Arr);
16           JPanel p1=new JPanel();
17           JPanel p2=new JPanel();
18           JFrame frame=new JFrame();
19           p1.add(lb1);
20           p1.add(td1);
21           frame.add(p1,BorderLayout.NORTH);
```

```
22          p2.add(lb2);
23          p2.add(list);
24          frame.add(p2,BorderLayout.CENTER);
25          frame.setSize(200,200);
26          frame.setVisible(true);
27      }
28  }
```

程序运行结果如图 8-26 所示。

程序说明如下：

第 1 行代码引入本例需要的类。JPanel 类的对象 p1、p2 默认
FlowLayout 布局管理器，JFrame 类的对象 frame 默认 BorderLayout 布
局管理器。按照容器 frame 的布局，第 21 行、第 24 行代码分别在北和
中部 2 个区域添加了容器 p1 和 p2，从而形成了容器的嵌套。

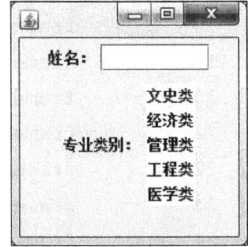

图 8-26　容器的嵌套举例

8.4.3　GridLayout 布局管理器

GridLayout 布局也称作网格布局，它展现为几行几列的网格区域。组件需要被依次放
入其中，一个组件要占 1 格。

GridLayout 布局管理器的网格大小完全相同，并且要求组件大小与网格一致。

GridLayout 类的构造方法见表 8-21。

表 8-21　GridLayout 类的构造方法

方　　法	说　　明
GridLayout()	创建一个只有一行的网格布局
GridLayout(int rows,int cols)	创建网格布局，行数、列数由 rows 和 cols 决定
GridLayout(int rows,int cols,int h ,int v)	创建网格布局，行数、列数由 rows、cols 决定；网格的水平、垂直间隔由 h 和 v 决定

【例 8-19】 GridLayout 布局管理器举例。

程序代码如下：

```
1   import java.awt.GridLayout;
2   import javax.swing.JFrame;
3   import javax.swing.JLabel;
4   import javax.swing.JTextField;
5   public class GridLayout8_19
6   {
7       public static void main(String[] args)
8       {
9           JFrame frame=new JFrame("GridLayout 举例");
10          JLabel lb1=new JLabel("一季度: ");
11          JLabel lb2=new JLabel("二季度: ");
12          JTextField td1=new JTextField("1 月产值");
```

```
13          JTextField td2=new JTextField("2月产值");
14          JTextField td3=new JTextField("3月产值");
15          JTextField td4=new JTextField("4月产值");
16          JTextField td5=new JTextField("5月产值");
17          JTextField td6=new JTextField("6月产值");
18          frame.setLayout(new GridLayout(2,4));
19          frame.add(lb1);
20          frame.add(td1);
21          frame.add(td2);
22          frame.add(td3);
23          frame.add(lb2);
24          frame.add(td4);
25          frame.add(td5);
26          frame.add(td6);
27          frame.setSize(500,150);
28          frame.setVisible(true);
29      }
30  }
```

程序运行结果如图 8-27 所示。

程序说明如下:

第 1 行代码引入本例需要的类 GridLayout。
第 9 行代码创建容器 frame,第 18 行代码设置该
容器为 GridLayout 布局,网格为 2 行 4 列。第
19~26 行代码将 8 个组件依次放入网格中。

图 8-27　GridLayout 布局举例

8.4.4　CardLayout 布局管理器

CardLayout 布局为选项卡风格。按此布局的容器里可以添加多个组件,但是在某一时刻只能显示其中之一。CardLayout 布局管理器将组件处理为若干选项卡。程序一运行,将显示首个选项卡。其余选项卡既可以按照顺序逐一显示,也可以由操作人员指定显示。每个选项卡都有一个标记,点击此标记则显示相应选项卡下的组件。

Swing 包中定义了 JTabbedPane 类,实例化的容器对象默认布局就是 CardLayout 布局。以下是其应用举例。

【例 8-20】　CardLayout 布局管理器举例。

程序代码如下:

```
1   import javax.swing.JFrame;
2   import javax.swing.JTabbedPane;
3   import javax.swing.JButton;
4   public class CardLayout8_20
5   {
6       public static void main(String[] args)
7       {
8           JFrame frame=new JFrame("CardLayout 举例");
```

```
9          frame.setBounds(160,160,300,150);
10         frame.setDefaultCloseOperation(JFrame.EXIT_ON_CLOSE);
11         JTabbedPane t=new JTabbedPane();
12         t.setTabPlacement(JTabbedPane.TOP);
13         JButton bt1=new JButton("销售业务办理");
14         JButton bt2=new JButton("库存业务办理");
15         JButton bt3=new JButton("进货业务办理");
16         frame.add(t);
17         t.addTab("销售管理", bt1);
18         t.addTab("库存管理", bt2);
19         t.addTab("进货管理", bt3);
20         t.setSelectedIndex(0);
21         frame.setVisible(true);
22     }
23 }
```

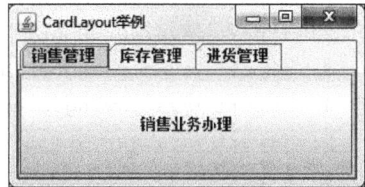

程序运行结果如图 8-28 所示。

图 8-28　CardLayout 布局举例

8.5　外观设计和图形绘制

在图形用户界面的开发实践中,除了上述组件、容器、布局管理器等方面的设计以外,还包含组件外观(颜色、字体)的设计和图形绘制等工作。

8.5.1　外观设计

1. 颜色设计

组件的颜色分为前景色和背景色,要进行设计可使用 JComponent 类提供的两个方法,如表 8-22 所示。

表 8-22　设置组件颜色的方法

方　　法	说　　明
void setForeground(Color c)	设置前景色
void setBackground(Color c)	设置背景色

这两个方法的参数既可以使用 java.awt.Color 类中预定义的常量(如 Color.green,Color.yellow 和 Color.pink 等)也可以使用自定义的新颜色,例如

```
Color color=new Color(255,0,255);
```

代码按照红、绿、蓝的浓度创建了新颜色 color 对象。

2. 字体设计

为了使界面更加友好,可以对 Java 组件中的文本进行字体设计。方法 setFont(Font font)用于此项设置,"()"中的参数为 java.awt.Font 类的对象,其创建的语句如下:

```
Font 字体对象名=new Font(String 字体名称, int 字体风格, int 字体大小);
```

字体名称需要指定 Java 所支持的字体,比如宋体。字体大小用数字表示。字体风格如下:

Font.BOLD(粗体、常数值为 1、可与其他字体混用);

Font.ITALIC(斜体,常数值为 2,可与其他字体混用);

Font.PLAIN(普通,常数值为 3)。

【例 8-21】 颜色和字体设计举例。

程序代码如下:

```
1   import java.awt.Color;
2   import java.awt.Font;
3   import javax.swing.JFrame;
4   import javax.swing.JTextField;
5   import java.awt.GridLayout;
6   public class FontDemo8_21
7   {
8       public static void main(String[] args)
9       {
10          JFrame frame=new JFrame("颜色字体");
11          JTextField td1=new JTextField("前景色红,背景色绿");
12          JTextField td2=new JTextField("宋体,粗体,18 号");
13          td1.setForeground(Color.red);
14          td1.setBackground(Color.green);
15          Font font=new Font("宋体",Font.BOLD,18);
16          td2.setFont(font);
17          frame.setLayout(new GridLayout(2,1));
18          frame.add(td1);
19          frame.add(td2);
20          frame.setSize(180,160);
21          frame.setVisible(true);
22      }
23  }
```

程序运行结果如图 8-29 所示。

程序说明如下:

第 1 行代码引入 Color 类,第 2 行代码引入 Font 类,分别用于设置颜色和字体。第 13、14 行代码设置了文本框 td1 中字符串前景色为红色、背景色为绿色。第 15、16 行代码设置了文本框 td2 中字符串为宋体、粗体、18 号大小。

图 8-29　颜色、字体设计

8.5.2　图形绘制

组件的颜色、字体设置在 GUI 设计中经常用到,图形绘制在此类设计中也是十分重要的。在 java.awt.Component 类中提供了 paint()方法和 repaint()方法用于显示和刷新图形,前者需要 java.awt.Graphics 类的对象 g 作为参数,后者不需要参数。

在 7.2.2 节中已经详细介绍了 paint()、repaint() 的机制和相互关系,此处不再赘述。需要强调的是,如果组件中定义了 paint() 方法,则组件显示时 AWT 线程自动调用 paint(),而并非由程序去调用。

Swing 中的 JComponent 类继承了 AWT 中的 Component 类并且重新定义了 paint() 方法,此 paint() 将会调用方法 paintComponent()、paintBorder()、paintChildren(),用于绘制组件、绘制组件边框、绘制组件中的子组件。这 3 个方法的参数同样是 Graphics 类的对象 g。如果要在组件上绘图,就要重写 paintComponent()。

java.awt.Graphics 类的绘图方法见表 8-23。

表 8-23 java.awt.Graphics 类绘图方法

方　　法	说　　明
drawLine(int x_1, int y_1, int x_2, int y_2)	绘制直线,起点和终点分别为(x_1,y_1)和(x_2,y_2)
drawOval(int x, int y, int width, int height)	绘制左上角(x,y)为顶点,宽和高分别为 width 和 height 的矩形内接(椭)圆
drawRect(int x, int y, int width, int height)	绘制左上角(x,y)为顶点,宽和高分别为 width 和 height 的矩形
drawRoundRect(int x, int y, int width, int height, int arcwidth, int archeight)	绘制圆角矩形,arcwidth 为圆角弧的横向直径,archeight 为圆角弧的纵向直径,其余参数同上
draw3DRect(int x, int y, int width, int height, boolean raised)	绘制三维矩形,raised 值: true 上凸,false 下凹
drawArc(int x, int y, int width, int height, int startAngle, int arcAngle)	绘制左上角(x,y)为顶点,宽和高分别为 width 和 height 的矩形内接圆的起始角度为 startAngle,终止角度为 arcAngle 的弧
drawPolyline(int [] xPoints, int [] yPoints, int nPoints)	绘制折线,xPoints 为 x 坐标数组,yPoints 为 y 坐标数组,nPoints 为点的数目
drawPolygon(int [] xPoints, int [] yPoints, int nPoints)	绘制多边形,将起点和终点连接,参数同上
drawString(String s, int x, int y)	显示字符串 s 在(x,y)处
fillOval(int x, int y, int width, int height)	绘制左上角(x,y)为顶点,宽和高分别为 width 和 height 的矩形内接(椭)圆,将内部填充以 setColor() 方法设置的颜色
fillRect(int x, int y, int width, int height)	绘制矩形,将内部填充颜色
fillRoundRect(int x, int y, int width, int height, int arcwidth, int archeight)	绘制圆角矩形,将内部填充颜色
fill3DRect(int x, int y, int width, int height, boolean raised)	绘制三维矩形,将内部填充颜色
fillArc(int x, int y, int width, int height, int startAngle, int arcAngle)	绘制圆弧,将内部填充颜色
fillPolygon(int[] xPoints, int[] yPoints, int nPoints)	绘制多边形,将内部填充颜色

【例 8-22】 图形设计举例。

程序代码如下:

```
1   import java.awt.Frame;
```

```
2    import java.awt.Graphics;
3    class Example1 extends Frame
4    {
5        public void paint(Graphics g)
6        {
7            g.drawRect(60,50,40,40);
8            g.drawRoundRect(40,90,120,50,20,20);
9            g.drawLine(135,110,160,110);
10           g.drawLine(135,120,160,120);
11           g.drawLine(135,130,160,130);
12           g.drawOval(50,141,30,30);
13           g.drawOval(120,141,30,30);
14       }
15   }
16   public class PaintDemo8_22
17   {
18       public static void main(String[] args)
19       {
20           Example1 frame=new Example1();
21           frame.setTitle("图形绘制");
22           frame.setSize(220,200);
23           frame.setVisible(true);
24       }
25   }
```

程序运行结果如图 8-30 所示。

程序说明如下：

第 20～23 行代码创建并显示框架（frame），将自动调用第 5～14 行代码，即 paint(Graphics g)方法，绘制相应的图形。

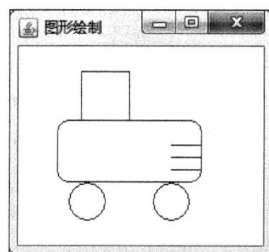

图 8-30　图形设计举例

【例 8-23】　图形设计再举一例。

程序代码如下：

```
1    import javax.swing.JFrame;
2    import javax.swing.JPanel;
3    import java.awt.Graphics;
4    import java.awt.Color;
5    class Example2 extends JPanel
6    {
7        protected void paintComponent(Graphics g)
8        {
9            super.paintComponent(g);
10           g.setColor(Color.BLACK);
11           g.drawString("HelloWorld",55,25);
12           g.setColor(Color.PINK);
13           g.drawLine(55,27,115,27);
```

```
14              g.setColor(Color.RED);
15              g.drawRect(55,55,70,70);
16              g.setColor(Color.BLUE);
17              g.drawOval(41,41,99,99);
18          }
19  }
20  public class PaintDemo8_23 extends JFrame
21  {
22      Example2 panel=new Example2();
23      public PaintDemo8_23()
24      {
25          this.setTitle("图形绘制");
26          this.setSize(200,200);
27          this.setVisible(true);
28          this.add(panel);
29      }
30      public static void main(String[] args)
31      {
32          PaintDemo8_23 frame=new PaintDemo8_23();
33      }
34  }
```

程序运行结果如图 8-31 所示。

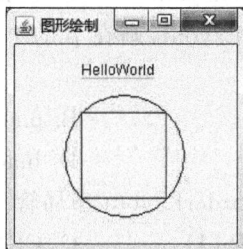

图 8-31　图形设计应用举例

程序说明如下：

第 32 行代码实例化框架对象 frame,同时将面板对象 panel 添加到框架 frame 中。panel 对象的 paintComponent()方法被重新定义,设计了字符串、圆和内接正方形。该方法将自动调用,显示相应图形。

习　题　8

一、选择题

1. 抽象窗口工具集(　　)是 Java 提供的设计图形用户界面的开发包。

  A. java.lang   B. java.io   C. Swing   D. AWT

2. 下列属于容器的组件有(　　)。

A. JButton   B. JPanel   C. Canvas   D. JTextArea

3. 下列方法中,能够获得文本框对象 td 内容的是(　　)。

     A. td.getText()   B. tf.getString()   C. td.getText(s)   D. td.findString()

4. 下列容器中,(　　)在使用时需要添加到另一个容器上。

     A. Dialog   B. Window   C. Frame   D. Panel

5. 在类中若要处理 ActionEvent 事件,则该类需要实现的接口是(　　)。

     A. ComponentListener   B. ActionListener

     C. WindowListener   D. ItemListener

6. 按下 A 键,可以触发(　　)事件。

     A. WindowEvent   B. ActionEvent   C. MouseEvent   D. KeyEvent

7. 进行 GUI 设计,当单击鼠标左键时触发事件,对应的监听器接口为(　　)。

     A. ActionListener   B. KeyListener

     C. MouseMotionListener   D. MouseListener

8. 下列方法中,能够为组合框对象 box 添加一个数据项的是(　　)。

     A. box.addChoice(s)   B. box.add(s)

     C. box.addItem(s)   D. box.addObject(s)

9. 下列选项中,(　　)适合用于在 GUI 显示一大段文本信息。

     A. JCheckBox   B. JRadioButton   C. JTextArea   D. JButton

10. JPanel 的默认布局管理器是(　　)。

     A. GridLayout   B. FlowLayout   C. CardLayout   D. BorderLayout

11. 若容器 p 的布局是 BorderLayout,则在 p 的上部添加一个按钮 b,正确的语句是
(　　)。

     A. p.add(b)   B. p.add(b,"North");

     C. p.add(b,"South");   D. b.add(p,"North");

12. 以下选项中,(　　)不是 BorderLayout 布局管理器所划分的区域。

     A. EAST   B. NORTH   C. CENTER   D. MIDDLE

13. 下列选项中,(　　)可以为菜单 menu_1 添加菜单分隔线。

     A. menu_1.add(MenuItem.SEPARATOR);

     B. menu_1.add(new MenuItem("－"));

     C. menu_1.add("－");

     D. menu_1.addSeparator();

14. paint( )方法使用的参数类型为(　　)。

     A. String   B. Graphics   C. Color   D. Font

15. 下列方法中,(　　)可用于绘制多边形。

     A. drawPolygon   B. drawRect   C. drawOval   D. drawArc

二、填空题

1. 在容器 p 中添加组件对象 button,语句为_____。

2. 要修改框架对象 frame 的标题,应使用的语句为_____。

3. 两种文本框组件 TextField 和 TextArea 的区别是_____。

4. 监听器接口 WindowListener、KeyListener 和 MouseListener 相应的适配器分别为_____、_____和_____。

5. 对按钮单击事件进行处理时,要实现_____方法。

6. JList 类返回选中项序号的方法为_____。

7. JComboBox 类添加数据项的方法为_____。

8. JFrame 对象的默认布局管理器是_____。

9. 创建一个菜单栏 mybar 的语句为_____。

10. 创建一个弹出式菜单 pmenu 的语句为_____。

11. 将框架对象 f 的显示区域划分为 3 行、2 列,使用的语句为_____。

12. 显示输入对话框的语句为_____。

13. 设计一种字体:宋体、斜体、16 号大小,使用的语句为_____。

14. 绘制一条起点、终点分别为(20,30)、(50,80)的直线,使用的语句为_____。

15. 绘制左上角顶点为(60,70),宽、高分别为 50、10 的矩形,矩形边框为绿色,使用的语句为_____。

三、简答题

1. Java 对于图形用户界面设计提供了哪些常用组件?

2. Swing 和 AWT 有什么主要区别?

3. 什么是事件源? 什么是事件? 触发了事件后,事件处理的代码放在哪里?

4. 复选框和单选钮有什么不同? 在事件处理中,如何知道哪个复选框或单选钮被选中?

5. 下拉式菜单和弹出式菜单有什么区别?

四、编程题

1. 创建一个面板 panel,用 BorderLayout 布局在其四周每处添加一个标签,中部添加一个义本框。

2. 创建一个框架 frame,标题为"注册页面"。该框架包含用户名、密码、确认密码 3 个文本框。有性别单选钮,可选项为男、女(二选一)。另有提交、重置两个按钮。单击提交按钮需判断两次输入的密码是否一致,若不一致则清空两个密码框的内容,并弹出消息对话框,提示"两次密码不一致,请重新输入!"。单击"重置"按钮后,清空各项内容。

第9章 I/O 流

开发应用中,常会遇到读写磁盘数据文件、同网络服务器交互信息等需求,Java 语言的 I/O 流提供了用于完成上述操作的一系列方法。I/O 流(输入输出流),本章介绍两类输入输出流:字节流和字符流。最后,介绍文件的操作。

9.1 I/O 流概述

在计算机系统中,数据从外部设备流向内存称为输入,反之从内存流向外部设备称为输出。Java 语言中输入输出操作是以流的形式完成的。流是按照一定顺序排列的、有起点和终点的数据集合。根据方向的不同,流分为输入流和输出流。

具体来说,数据从键盘或磁盘文件流向内存的就是输入流;数据从内存流向显示器、打印机或磁盘文件的就是输出流。另外,数据还可以通过网络,从一台计算机流向另一台计算机。外部设备、程序和流的示意图如图 9-1 所示。

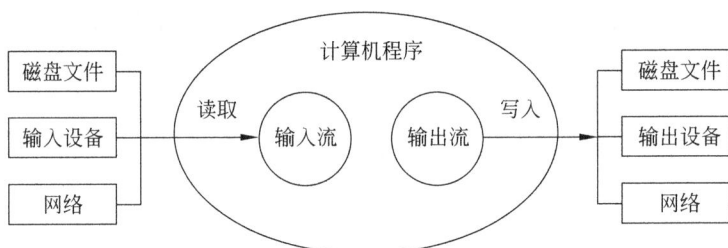

图 9-1 外部设备、Java 程序和输入输出流的示意图

设计流能为编程带来便利,这体现在流的使用可以将文件读写、网络读写、设备读写等操作整体统一起来,在流的层次上达到操作的一致性,从而避免了对于每一种情形都使用一类专用输入输出方法的烦琐处理过程。

流的基本操作包括读操作和写操作。从流中获取数据的操作称为读操作,向流中增加数据的操作称为写操作。输入流只能读而不能写,输出流只能写而不能读。

Java 的输入输出流中的数据可以是未加工的原始二进制数据,也可以是按一定编码处理后符合某种格式的数据。因而,Java 中有字节流和字符流的区分。字节流可用于读写图像文件、音频文件类型的二进制数据文件,每次读写的最小单位是 1B;字符流可用于读写由字符构成的数据文件,每次读写的最小单位是一个字符,即 2B 的 Unicode 码。

9.2 字 节 流

字节流分为字节输入流和字节输出流。

在 java.io 包中的字节输入流有多种,它们分别实现一种特定的字节流输入操作,并且它们都是抽象类 InputStream 的子类。

在 java.io 包中的字节输出流也有多种,它们也分别实现一种特定的字节流输出操作,同样地,它们都是抽象类 OutputStream 的子类。

9.2.1 InputStream 类和 OutputStream 类的子类

1. InputStream 类的子类

作为字节输入流的抽象类,InputStream 类不能直接用来创建对象,其子类一般都重写了它定义的方法,并且能够具体对应下面几种情形之一来进行读取操作: 网络、管道、内存、磁盘文件等。InputStream 类及其子类层次结构如图 9-2 所示。

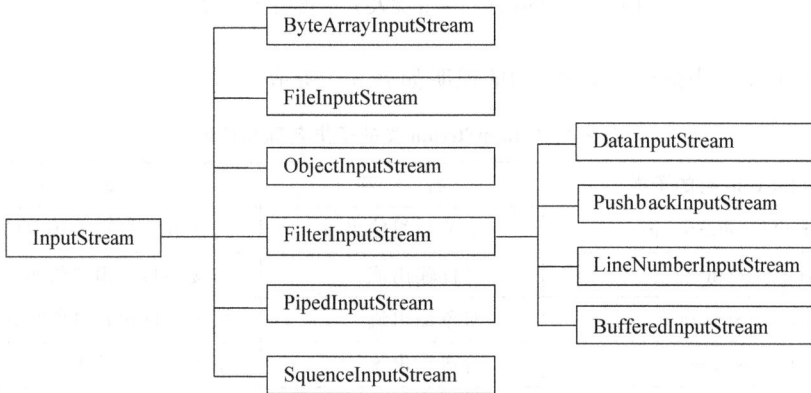

图 9-2　InputStream 类及其子类层次结构图

InputStream 类的子类名称、功能说明如表 9-1 所示。

表 9-1　InputStream 类的子类名称和说明

InputStream 类的子类	名　称	说　明
ByteArrayInputStream	字节数组输入流	与字节数组读取相关的输入流
FileInputStream	文件输入流	与文件读取相关的输入流
ObjectInputStream	对象输入流	用于串行化时对象的读取
PipedInputStream	管道输入流	用于管道流操作
SquenceInputStream	顺序输入流	可汇聚多个输入流至一个输入流
FilterInputStream	过滤器输入流	过滤器输入流有多个子类
BufferedInputStream	缓冲输入流	带内部缓冲的过滤输入流
DataInputStream	数据输入流	按基本数据类型读取数据的输入流
LineNumberInputStream	行号输入流	能按行读取数据的过滤输入流
PushbackInputStream	回压输入流	可将 1B 的数据回送给数据源

2. OutputStream 类的子类

作为字节输出流的抽象类,OutputStream 类也不能直接用来创建对象,其子类一般也都重写了它定义的方法,并且能够具体对应下面几种情形之一来进行写入操作:网络、管道、内存、磁盘文件等。OutputStream 类及其子类层次结构如图 9-3 所示。

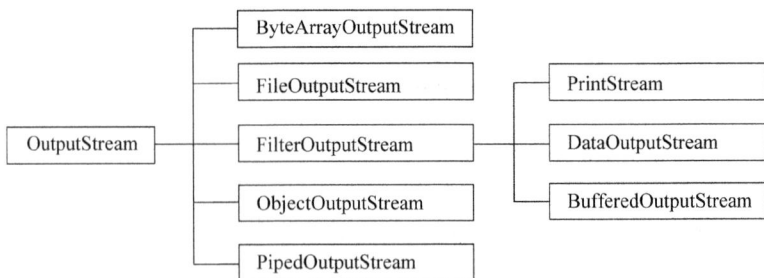

图 9-3　OutputStream 类及其子类层次结构图

OutputStream 类的子类名称、功能说明如表 9-2 所示。

表 9-2　OutputStream 类的子类名称和说明

OutputStream 类的子类	名　　　称	说　　　明
ByteArrayOutputStream	字节数组输出流	与字节数组写入相关的输出流
FileOutputStream	文件输出流	与文件写入相关的输出流
ObjectOutputStream	对象输出流	用于串行化时对象写处理
PipedOutputStream	管道输出流	用于管道流操作
FilterOutputStream	过滤器输出流	过滤器输出流有多个子类
BufferedOutputStream	缓冲输出流	带内部缓冲的过滤输出流
DataOutputStream	数据输出流	按基本数据类型写数据的输出流
PrintStream	格式化输出流	用于数据显示的格式化输出

9.2.2　InputStream 类和 OutputStream 类的方法

1. InputStream 类的方法

作为其他字节输入流类的超类,InputStream 类提供了一些基本方法和标准接口。这些方法运行出错时,将会产生 IOException 异常。InputStream 类的方法如表 9-3 所示。

表 9-3　InputStream 类的方法

方　　　法	说　　　明
abstract int read()	读取 1B 数据。返回值为所读字节的整型表示,若为−1,则表明文件结束
int read(byte[] b)	读取多个字节,并存储在数组 b 中。通常读取的字节数量为 b 的长度,返回值为实际读取的字节数
int read(byte[] b, int off, int len)	读取 len 个字节,并存储在下标从 off 开始的数组 b 中,返回值为实际读取的字节数
long skip(long n)	读指针跳过 n 个字节不读,返回值为实际跳过的字节数
void mark(int readlimit)	记录当前读指针所在位置
void reset()	将读指针重新定位到最后一次用 mark 方法记录的位置

方　　法	说　　明
int available()	返回输入流中尚未被读取的字节数
boolean markSupported()	测试当前输入流是否支持读指针的记录功能
void close()	关闭输入流,并释放与此流关联的所有系统资源

2. OutputStream 类的方法

同样,作为其他字节输出流类的超类,OutputStream 类也提供了一些基本方法和标准接口,运行出错时也将会产生 IOException 异常。OutputStream 类的方法如表 9-4 所示。

表 9-4　OutputStream 类的方法

方　　法	说　　明
abstract　void write(int b)	将指定的字节数据写入此输出流
void write(byte[] b)	将 b.length 个字节从指定的字节数组写入此输出流
void write(byte[] b, int off, int len)	将指定字节数组中从偏移位置 off 开始的 len 个字节写入此输出流
void flush()	刷新此输出流,并强制写出所有缓冲的输出字节
void close()	关闭输出流,并释放与此流关联的所有系统资源

9.2.3　FileInputStream 类和 FileOutputStream 类

在应用开发中,FileInputStream 类和 FileOutputStream 类对应于磁盘文件来进行读取操作。二者的构造方法分别如表 9-5、表 9-6 所示。

表 9-5　FileInputStream 类的构造方法

构　造　方　法	说　　明
FileInputStream(String name)	通过打开一个到实际文件的连接来创建一个 FileInputStream,该文件通过文件系统中的路径名 name 指定
FileInputStream(File file)	通过打开一个到实际文件的连接来创建一个 FileInputStream,该文件通过文件系统中的 File 类对象 file 指定

表 9-6　FileOutputStream 类的构造方法

构　造　方　法	说　　明
FileOutputStream(String name)	创建向具有指定名称的文件中写入数据的输出文件流
FileOutputStream(String name, boolean append)	创建向具有指定名称的文件中写入数据的输出文件流。如果 append 的值为 true,则将字节写入文件末尾处,而不是写入文件开始处
FileOutputStream(File file)	创建向指定 File 对象表示的文件写入数据的文件输出流
FileOutputStream(File file, boolean append)	创建向指定 File 对象表示的文件写入数据的文件输出流 如果 append 的值为 true,则将字节写入文件末尾处,而不是写入文件开始处

文件输入流 FileInputStream 类继承和重写了 InputStream 类的方法,但是不支持 mark()方法和 reset()方法。文件输入流通过使用 read()方法从输入流中读取数据。创建该流对象时,构造方法的参数中所关联的文件若不存在,则会产生 FileNotFoundException 的异常。

文件输出流 FileOutputStream 继承和重写了 OutputStream 类的方法,通过使用 write()方法顺序向文件写入数据。创建该流对象时,若构造方法的参数中所关联的文件已经存在,则该文件中的数据被刷新;若关联的文件不存在,则该文件将会被创建。如果无法创建,则抛出 FileNotFoundException 的异常。

使用 FileInputStream 类和 FileOutputStream 类的方法时需要进行异常的捕获和处理。

【例 9-1】 将字符串"HelloWorld!"写入文件 C:\example\file1.txt。

程序代码如下:

```
1    import java.io.IOException;
2    import java.io.FileOutputStream;
3    public class FileOutput9_1
4    {
5        public static void main(String[] args) throws IOException
6        {
7            String str="HelloWorld!";
8            byte b[]=str.getBytes();
9            FileOutputStream out=new FileOutputStream("C:\\example\\file1.txt");
10           out.write(b);
11           out.close();
12       }
13   }
```

程序运行后,若 C 盘下的目录 example 中没有文件 file1.txt,则会创建此文件,文件内容为字符串"HelloWorld!";若已有文件 file1.txt 且保存有数据,则以字符串"HelloWorld!"替换原有数据。如果不存在目录 example,则无法创建文件 file1.txt,会抛出异常。

程序分析如下:

第 1 行代码导入异常类 IOException,进行输入输出流操作前先完成这一步。第 5 行代码中"throws IOException"部分用来抛出输入输出异常。第 2 行代码导入文件输出流类 FileOutputStream,用于第 9 行代码实例化文件输出流类对象 out。第 9 行代码的构造方法参数指明了该输出流对象 out 写数据的目的地,即 C:\example 目录下的文件 file1.txt。第 10 行代码用于向文件 file1.txt 中写入数据。第 11 行代码为关闭文件输出流操作。

【例 9-2】 从上例文件 C:\example\file1.txt 中读取数据并显示。

程序代码如下:

```
1    import java.io.IOException;
2    import java.io.FileInputStream;
3    public class FileInput9_2
4    {
```

```
5        public static void main(String[] args) throws IOException
6        {
7             int n;
8             FileInputStream in=new FileInputStream("C:\\example\\file1.txt");
9             while((n=in.read())!=-1)
10            {
11                 System.out.print((char)n);
12            }
13            in.close();
14        }
15   }
```

程序运行结果如下：

HelloWorld!

程序分析如下：

第 8 行代码为实例化文件输入流类对象 in，构造方法的参数指明了文件及其路径，即 C:\example\file1.txt。第 9 行代码对应的循环结构中，每次读取 1B 数据，并且赋值给变量 n，循环体的执行可以把整型 n 强制转换为 char 类型，并显示出来。当读取操作遇到文件末尾（读取到−1）便宣告结束。第 13 行代码为关闭文件输入流操作。

9.2.4 DataInputStream 类和 DataOutputStream 类

前面介绍的文件输入输出流进行数据读写是以字节为单位。第 2 章的内容中，整数和浮点数有不止一种。对应于不同类型，数据占据的字节数有 1B、2B、4B 和 8B 等情形。若对于一个数据进行读操作，就要把输入流中读到的字节转换成相应于一个基本数据类型的数；若对于一个数据进行写操作，就要把该数据转换成若干字节写入输出流。按照这种思路编写的程序十分烦琐。好在 Java 已经提供了丰富的方法，用于读写每一种基本数据类型的数。这些方法定义在数据输入流 DataInputStream 类和数据输出流 DataOutputStream 类中，它们的应用会使程序员编程读写一个数时，不必考虑这个数在计算机中以多少字节表示。

DataInputStream 类和 DataOutputStream 类的构造方法和其他常用方法如表 9-7 和表 9-8 所示。

表 9-7　DataInputStream 类的方法

方　　法	说　　明
DataInputStream（InputStream in）	将创建的数据输入流指向一个由参数 in 指定的输入流，以便从后者读取数据
byte readByte()	读取 1B 数据
short readShort()	读取一个短整型数值
int readInt()	读取一个整型数值
long readLong()	读取一个长整型数值
float readFloat()	读取一个单精度浮点数值

方　　法	说　　明
double readDouble()	读取一个双精度浮点数值
char readChar()	读取一个字符
boolean readBoolean()	读取一个布尔值

表 9-8　DataOutputStream 类的方法

方　　法	说　　明
DataOutputStream （OutputStream out)	将创建的数据输出流指向一个由参数 out 指定的输出流,然后将数据写入输出流 out
void　writeByte(int v)	写入 1B 型数值
void　writeShort(int v)	写入一个短整型数值
void　writeInt(int v)	写入一个整型数值
void　writeLong(long v)	写入一个长整型数值
void　writeFloat(float v)	使用 Float 类中的 floatToIntBits()方法,将 float 类型的参数转换为一个 int 类型值,然后将该值按 4B 写入基础输出流中,先写入高字节
void　writeDouble(double v)	使用 Double 类中的 doubleToLongBits()方法,将 double 类型的参数转换为一个 long 类型值,然后将该值按 8B 写入基础输出流中,先写入高字节
void　writeChar(int v)	写入一个字符
void　writeChars(String s)	写入一个字符串
void　writeBoolean(boolean v)	写入一个布尔值

【例 9-3】　定义几个 Java 基本数据类型中的短整型、整型、长整形、单精度、双精度和布尔型数据,把它们写入文件 C:\example\file2.dat,然后读取出来。

程序代码如下:

```
1   import java.io.IOException;
2   import java.io.FileOutputStream;
3   import java.io.FileInputStream;
4   import java.io.DataOutputStream;
5   import java.io.DataInputStream;
6   public class DataOutput9_3
7   {
8       public static void main(String[] args) throws IOException
9       {
10          FileOutputStream file_out=new FileOutputStream("C:\\example\\file2.
                dat");
11          DataOutputStream data_out=new DataOutputStream(file_out);
12          data_out.writeShort(92);
13          data_out.writeInt(33000);
14          data_out.writeLong(675111);
```

```
15          data_out.writeFloat(2.71828f);
16          data_out.writeDouble(3.14159);
17          data_out.writeBoolean(false);
18          file_out.close();
19          data_out.close();
20          FileInputStream file_in = new FileInputStream("C:\\example\\file2.
            dat");
21          DataInputStream data_in=new DataInputStream(file_in);
22          System.out.println(data_in.readShort());
23          System.out.println(data_in.readInt());
24          System.out.println(data_in.readLong());
25          System.out.println(data_in.readFloat());
26          System.out.println(data_in.readDouble());
27          System.out.println(data_in.readBoolean());
28          file_in.close();
29          data_in.close();
30      }
31  }
```

程序运行结果如下：

```
92
33000
675111
2.71828
3.14159
false
```

程序分析如下：

第 1～5 行代码导入本例所需的几个类,包括 DataOutputStream 类和 DataInputStream 类。

第 10 行代码创建文件输出流对象 file_out,它对应于磁盘文件 C:\example\file2.dat。第 11 行代码创建数据输出流对象 data_out,它可以将不同类型的数据写入输出流 file_out。第 12～17 行代码将短整型、整型、长整型、单精度、双精度和布尔型的 6 个数据写入输出流,文件 file2.dat 中便保存了这 6 个数据。

第 20 行代码创建文件输入流对象 file_in,它对应于磁盘文件 C:\example\file2.dat。第 21 行代码创建数据输入流对象 data_in,它可以从输入流 file_in 中读取不同类型的数据。第 22～27 行代码分别读取短整型、整型、长整型、单精度、双精度和布尔型的 6 个数据并输出显示。

9.2.5　BufferedInputStream 类和 BufferedOutputStream 类

1. BufferedInputStream 类

BufferedInputStream 类是增加了缓冲区的输入流,它用来连接别的输入流,通过缓冲区来提高性能。当内部缓冲区的数据读取完毕以后,其自动地从数据源输入流中再次读取接下来的一批数据覆盖缓冲区,而缓冲区指针标记会重新指向缓冲区首部。默认的缓冲区大小为 512KB,也可以重新设置缓冲区的大小。

BufferedInputStream 的 2 个构造方法如下。

（1）BufferedInputStream（InputStream in）。该构造方法创建一个缓冲输入流，并保存其参数，即输入流 in。

（2）BufferedInputStream（InputStream in，int size）。该构造方法创建具有指定缓冲区大小的缓冲输入流，并保存其参数，即输入流 in。其中 size 是用来设定缓冲区大小，如果不指定缓冲区大小，则取默认值 512KB。

BufferedInputStream 类的方法如表 9-9 所示。

表 9-9　BufferedInputStream 类的方法

方　　　法	说　　　明
int available()	返回可以从此输入流读取（或跳过）且不受此输入流接下来的方法调用阻塞的字节数
void close()	关闭此输入流并释放与该流关联的所有系统资源
int read()	参见 InputStream 类的 read() 方法
int read(byte[] b, int off，int len)	从此字节输入流中给定偏移量处开始将各字节读取到指定的 byte 数组中
long skip(long n)	指针跳过 n 个字节不读，返回实际跳过的字节数

2. BufferedOutputStream 类

BufferedOutputStream 类是增加了缓冲区的输出流，它用来连接别的输出流，其同样拥有一个内部缓冲区，当缓冲区被写满后，或本输出流刷新，缓冲区的数据就会写入所连接的输出流。

BufferedOutputStream 的 2 个构造方法如下。

（1）BufferedOutputStream（OutputStream out）。该构造方法创建一个缓冲输出流，以将数据写入指定的底层输出流。

（2）BufferedOutputStream（OutputStream out，int size）。该构造方法创建一个缓冲输出流，以将具有指定缓冲区大小的数据写入指定的底层输出流。其中 size 是用来设定缓冲区大小，如果不指定缓冲区大小，则取默认值 512KB。

BufferedOutputStream 类的方法如表 9-10 所示。

表 9-10　BufferedOutputStream 类的方法

方　　　法	说　　　明
void flush()	刷新此缓冲的输出流
void write(byte[] b，int off，int len)	将指定 byte 数组中从偏移量 off 开始的 len 个字节写入此缓冲的输出流
void write(int b)	将指定的字节写入此缓冲的输出流

【例 9-4】　将文件 C:\example\file1.txt 中的数据读出来，并写入文件 C:\example\doc1.txt 中。

程序代码如下：

```
1    import java.io.IOException;
2    import java.io.FileInputStream;
3    import java.io.FileOutputStream;
4    import java.io.BufferedInputStream;
5    import java.io.BufferedOutputStream;
6    public class Buffered9_4
7    {
8        public static void main(String[] args) throws IOException
9        {
10           int n;
11           byte b[];
12           String str="";
13           FileInputStream in=new FileInputStream("C:\\example\\file1.txt");
14           FileOutputStream out=new FileOutputStream("C:\\example\\doc1.txt");
15           BufferedInputStream buf_in=new BufferedInputStream(in);
16           BufferedOutputStream buf_out=new BufferedOutputStream(out);
17           while((n=buf_in.read())!=-1)
18           {
19               str=str+(char)n;
20           }
21           b=str.getBytes();
22           buf_out.write(b,0,b.length);
23           buf_out.flush();
24           in.close();
25           out.close();
26           buf_in.close();
27           buf_out.close();
28       }
29   }
```

程序运行后,由于 C:\example 目录下并无 doc1.txt 文件,执行时将会创建此文件,并
把 file1.txt 中的数据复制进来。

程序分析如下:

第 1～5 行代码导入本例所需的几个类,包括 BufferedInputStream 类和
BufferedOutputStream 类。第 15 行代码创建了缓冲输入流对象 buf_in,参数 in 表示该文
件输入流关联了磁盘文件 C:\example\file1.txt;第 16 行代码创建了缓冲输出流对象 buf_
out,参数 out 表示该文件输出流关联了磁盘文件 C:\example\doc1.txt。第 17 行代码中
read()方法每次读取 1B 数据,直到遇上文件末尾(读取到-1)便宣告结束。第 22 行代码将
字节数组 b 中,从 0 开始的 b.length 个字节写入此缓冲的输出流。第 23 行代码刷新此缓冲
的输出流,将数据写入被关联的文件 C:\example\doc1.txt 中。

9.2.6 ByteArrayInputStream 类和 ByteArrayOutputStream 类

输入流除了可以从磁盘文件中读取数据外,还可以从计算机内存读取;同样,输出流除
了可以向磁盘文件中写入数据外,还可以向计算机内存写入数据。

1. ByteArrayInputStream

字节数组输入流 ByteArrayInputStream 是把字节数组作为源的输入流,即把字节数组作为内部缓冲区。该类的 2 个构造方法如下:

(1) ByteArrayInputStream(byte[] buf)。该构造方法创建一个字节数组输入流,使用 buf 作为其缓冲区数组。

(2) ByteArrayInputStream(byte[] buf, int offset, int length)。该构造方法创建一个字节数组输入流,使用 buf 作为其缓冲区数组,offset 是整型偏移量,length 是一个整型长度。

ByteArrayInputStream 的方法如表 9-11 所示。

表 9-11　ByteArrayInputStream 类的方法

方　　法	说　　明
int available()	返回可从此输入流读取(或跳过)的剩余字节数
void close()	关闭 ByteArrayInputStream 无效
void mark(int readAheadLimit)	设置流中的当前标记位置
int read()	从此输入流中读取下一个数据字节
int read(byte[] b, int off, int len)	将最多 len 个数据字节从此输入流读入 byte 数组
void reset()	将缓冲区的位置重置为标记位置
long skip(long n)	从此输入流中跳过 n 个输入字节

2. ByteArrayOutputStream

与字节数组输入流相对应,字节数组输出流 ByteArrayOutputStream 对象中同样有一个字节数组作为内部缓冲区,也是该输出流的数据输出端。该类的 2 个构造方法如下。

(1) ByteArrayOutputStream()。该构造方法创建一个字节数组输出流,默认的内部缓冲区的长度为 32B。

(2) ByteArrayOutputStream(int size)。该构造方法创建一个字节数组输出流,它具有指定大小的缓冲区容量(以字节为单位)。

ByteArrayOutputStream 类的部分方法如表 9-12 所示,其他未列入的见 JDK 文档说明。

表 9-12　ByteArrayOutputStream 类的方法

方　　法	说　　明
int size()	返回缓冲区的当前大小
void close()	关闭 ByteArrayOutputStream 无效
byte[] to ByteArray()	创建一个新分配的 byte 数组
void reset()	将此 byte 数组输出流的 count 字段重置为 0,丢弃输出流中目前已累积的所有输出
void write(byte[] b, int off, int len)	将指定 byte 数组中从偏移量 off 开始的 len 个字节写入此 byte 数组输出流
void write(int b)	将指定的字节写入此字节数组输出流

【例 9-5】 ByteArrayInputStream 类和 ByteArrayOutputStream 类的实现字节缓冲区操作举例。要求针对字节数组作为数据源和输出端,并能显示操作的基本信息。

程序代码如下:

```
1    import java.io.IOException;
2    import java.io.ByteArrayInputStream;
3    import java.io.ByteArrayOutputStream;
4    public class ByteArrayIO9_5
5    {
6        public static void main(String args[]) throws IOException
7        {
8            String tdata="";
9            byte a[]={1,2,3,4,5,6,7,8,9};
10           ByteArrayInputStream datain=new ByteArrayInputStream(a,3,6);
11           System.out.println("a 数组缓冲区数据长度为:"+a.length);
12           System.out.println("输入流中可用:"+datain.available());
13           System.out.println("当前位置的字节数据为:"+datain.read());
14           byte[] b={1,2,3};
15           datain.read(b);
16           System.out.println("从输入流中读到 b 中的数据为:"+b[0]+","+b[1]+","+b
                 [2]);
17           ByteArrayOutputStream dataout=new ByteArrayOutputStream(10);
18           System.out.println("缓冲区初始长度:"+dataout.size());
19           dataout.write('A');
20           dataout.write(b);
21           System.out.println("缓冲区长度:"+dataout.size());
22           byte[] tempbytearray=dataout.toByteArray();
23           System.out.println("toByteArray 的结果:");
24           for(int j=0;j<tempbytearray.length;j++)
25           {
26               System.out.println(tempbytearray[j]);
27           }
28           datain.close();
29           dataout.close();
30       }
31   }
```

程序运行结果如下:

a 数组缓冲区数据长度为:9
输入流中可用:6
当前位置的字节数据为:4
从输入流中读到 b 中的数据为:5,6,7
缓冲区初始长度:0
缓冲区长度:4

toByteArray 的结果:

65

```
5
6
7
```

程序分析如下：

首先引入本例所需的类，包括 ByteArrayInputStream 类和 ByteArrayOutputStream 类。第 10 行代码以字节数组 *a* 中，位置从 3 开始，长度为 6 的数据作为内部缓冲区数据，生成字节数组输入流。第 17 行代码生成缓冲区大小为 10 的字节数组输出流。第 22 行代码获取缓冲区数据。

9.2.7 RandomAccessFile 类

FileInputStream 类和 FileOutputStream 类是顺序访问流，对文件的读写操作必须从头开始，不能从中间的位置随意读取，且输入流只能读，不能写；输出流只能写，不能读。

RandomAccessFile 类称作随机存取文件类，它提供了"随机访问"文件的方式，即可以在文件中的任意位置开始读写，而且可以完成对同一个文件的读和写操作。

RandomAccessFile 类的两个构造方法如下。

(1) RandomAccessFile(String name，String mode)。该构造方法创建能从中读取数据和向其中写入数据的随机访问文件流，该文件具有指定名称 name。参数 mode 指定访问方式，r 表示读，w 表示写。

(2) RandomAccessFile(File file，String mode)。该构造方法创建能从中读取数据和向其中写入数据的随机访问文件流，该文件由参数 file 指定。

RandomAccessFile 类提供的方法如表 9-13 所示。

表 9-13 RandomAccessFile 类的方法

方　　法	说　　明
long length()	返回此文件的长度
void seek(long pos)	设置到此文件开头的文件指针偏移量，在该位置发生下一个读取或写入操作。参数 pos 为从文件开头，以字节为单位的偏移量，在该位置设置文件指针
long getFilePointer()	返回到此文件开头的偏移量(以字节为单位)，在该位置发生下一个读取或写入操作
int skipBytes(int n)	文件指针跳过指定字节数 *n*。返回值为跳过的实际字节数
void setLength(long newLength)	设置此文件的长度。参数 newLength 为文件的所需长度
int read()	从此文件中读取一个字节的数据
String readLine()	从此文件读取文本下一行
byte readByte()	从此文件读取 1B 数据
short readShort()	从此文件读取一个短整型数值
int readInt()	从此文件读取一个整型数值
long readLong()	从此文件读取一个长整型数值

方 法	说 明
float readFloat()	从此文件读取一个单精度浮点数值
double readDouble()	从此文件读取一个双精度浮点数值
char readChar()	从此文件读取一个字符
boolean readBoolean()	从此文件读取一个布尔值
int read(byte[] b, int off, int len)	将最多 len 个数据字节从此文件读入 byte 数组。该方法的使用同表 9-3 中的对应方法
void write(int b)	向此文件写入指定的字节
void writeByte(int v)	按单字节将数值写入该文件
void writeShort(int v)	按 2B 将数值写入该文件,先写高字节
void writeInt(int v)	按 4B 将数值写入该文件,先写高字节
void writeLong(long v)	按 8B 将 long 类型值写入该文件,先写高字节
void writeFloat(float v)	使用 Float 类中的 floatToIntBits()方法,将单精度浮点参数转换为 int 类型,然后按 4B 将该 int 类型值写入该文件,先写高字节
void writeDouble(double v)	使用 Double 类中的 doubleToLongBits()方法,将双精度浮点参数转换为 long 类型,然后按 8B 将该 long 类型值写入该文件,先写高字节
void writeChar(int v)	按双字节值将数值写入该文件,先写高字节
void writeChars(String s)	按字符序列将一个字符串写入该文件
void writeBoolean(boolean v)	按单字节值将布尔值写入该文件

【例 9-6】 用 RandomAccessFile 对象访问文件 C:\example\file1.txt。要求跳过 5B,把后面的内容显示输出。

程序代码如下:

```
1   import java.io.RandomAccessFile;
2   public class Rand9_6
3   {
4       public static void main(String[] args)
5       {
6           long n=5;
7           try
8           {
9               RandomAccessFile rand_file=
                    new RandomAccessFile("C:\\example\\file1.txt","rw");
10              System.out.println("文件全部内容为: "+rand_file.readLine());
11              System.out.println("跳过的字节数为: "+n);
12              rand_file.seek(n);
13              System.out.println("读取部分内容为: "+rand_file.readLine());
14          }
```

```
15          catch(Exception e)
16          {
17              System.out.println("产生 I/O 异常!"+n);
18          }
19      }
20  }
```

程序运行结果如下：

文件全部内容为：HelloWorld!
跳过的字节数为：5
读取部分内容为：World!

程序分析如下：

第 1 行代码引入类 RandomAccessFile，以便第 9 行代码创建该类的对象 rand_file。第 10 行和第 13 行代码均执行 rand_file 对象的方法 readLine()，用于按行读取文件内容。第 13 行代码执行前，通过调用 seek() 方法使得文件指针偏移量达到 5，即指向了字符"W"。由此，第 13 行代码中 readLine() 方法调用结果就成为从读取"W"开始，一直到本行结束的部分，即"World!"。

应用输入输出流编程时，需要进行异常的捕获和处理。本例中采用 try…catch…语句来实现这一操作。

9.2.8 SequenceInputStream 类

SequenceInputStream 用来把多个输入流组成的集合作为数据源，其能够依次对多个输入流读取，直到最后一个输入流读完结束。其构造方法有 2 个，分别如下。

（1）SequenceInputStream(Enumeration streamEnum)。该构造方法通过记住参数来初始化新创建的 SequenceInputStream，其参数必须是生成运行时类型为 InputStream 对象的 Enumeration 型参数。

（2）SequenceInputStream(InputStream s1，InputStream s2)。该构造方法通过记住两个参数来初始化新创建的 SequenceInputStream（将按顺序读取这两个参数，先读取 s1，后读取 s2），以提供从此 SequenceInputStream 读取的字节。

SequenceInputStream 的主要方法见表 9-14 所示。

表 9-14 SequenceInputStream 类的方法

方　　法	说　　明
void close()	关闭输入流，并释放与此输入流关联的所有系统资源
int read()	从输入流中读取下一个数据字节
int read(byte[] b，int off，int len)	将最多 len 个数据字节从输入流读入 byte 数组

【例 9-7】 SequenceInputStream 举例，能把两个 ByteArrayInputStream 输入流组合一起进行读取。

程序代码如下：

```
1    import java.io.ByteArrayInputStream;
2    import java.io.SequenceInputStream;
3    public class SequenceIn9_7
4    {
5        public static void main(String args[])
6        {
7            try
8            {
9                byte a[]={1,2,3,4,5};
10               byte b[]={6,7,8,9,10,11};
11               ByteArrayInputStream a1=new ByteArrayInputStream(a);
12               ByteArrayInputStream b1=new ByteArrayInputStream(b);
13               SequenceInputStream s1=new SequenceInputStream(a1,b1);
14               System.out.println("总的数据长度为:"+s1.available());
15               byte[] c={3,4,5};
16               s1.read(c);
17               System.out.println(c[0]+","+c[1]+","+c[2]);
18               s1.skip(3);
19               s1.read(c);
20               System.out.println(c[0]+","+c[1]+","+c[2]);
21               System.out.println("当前可用数据长度为:"+s1.available());
22           }
23           catch(Exception e)
24           {
25               e.printStackTrace();
26           }
27       }
28   }
```

程序运行结果如下:

总的数据长度为: 5
1,2,3
7,8,9
当前可用数据长度为: 2

程序分析如下:

第 13 行代码汇集通过 a1 和 b1 字节数组输入流,创建序列输入流 s1;第 14 行代码输出序列输入流的可用数据长度;第 16 行代码把序列输入流按照写入 c 个数据给 c 数组。注意,用 read()方法读取序列输入流时,如果第 1 个字节数组输入流中的数据读完,并不直接从第 2 个字节数组输入流继续读。但是用 skip 方法可以跳到第 2 个字节数组中再读,如第 18 行代码。

9.2.9 Java 标准输入输出

Java 标准输入输出用于完成程序和外部设备之间的信息交互。标准输入是指从键盘等外部设备中获取数据,标准输出是指向显示器(打印机)等外部设备发送数据。Java 通过系统类 System 定义的两个 static 类型的量来实现该功能，主要有如下 3 种方式。

（1）static InputStream in 键盘的标准输入。

（2）static PrintStream out 屏幕的标准输出。

（3）static PrintStream error 通过屏幕输出标准错误。

1. System.in

System.in 用来完成键盘的输入，主要通过下面 3 种 read()方法完成。

（1）int read() 从标准输入读入 1B 的数据。

（2）int read(byte[] *b*)从标准输入读入数据进数组 *b* 中。

（3）int read(byte[] *b*, int off, int len)从标准输入读入数据进数组 *b*，存放位置在偏移量 off，存入长度最多 len 个字节。

2. System.out

System.out 用来完成屏幕输出，主要通过下面 2 种方法完成。

（1）public void print(DataType i)。

（2）public void println(DataType i)。

其中 DataType 是数据类型，支持 boolean、char、String、int、long 等多种类型，println()方法在输出时比 print()多输出一个换行符。

【例 9-8】 标准输入输出举例。

程序代码如下：

```
1    import java.io.IOException;
2    public class SysIO9_8
3    {
4        public static void main(String[] args) throws IOException
5        {
6            byte buf[]=new byte[512];
7            int i=0,number=0;
8            System.out.println("Please input:");
9            number=System.in.read(buf);
10           while(i<number)
11           {
12               System.out.print((char)buf[i]);
13               i++;
14           }
15       }
16   }
```

程序运行后，等待用户从键盘输入。若输入一个字符串，例如"2020 is a leap year."，则把这个字符串输出在显示器上，如图 9-4 所示。

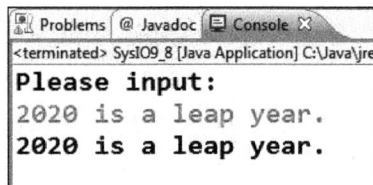

图 9-4　标准输入输出举例

程序分析如下：

第 9 行代码接收从键盘输入的若干字节数据到数组 buf 中，number 的值为读取的字节数。

第 10~14 行代码相应的循环结构用于将数组 buf 中的全部内容在显示器输出。

9.3 字 符 流

前面介绍了字节输入流的读操作,以及字节输出流的写操作,它们都是以字节为单位。实际上,java.io 包还提供了用于字符流的读写操作,对应于以 16 位 Unicode 编码表示的字符流。Reader 类表示字符输入流,Writer 类表示字符输出流。

Reader 类和 Writer 类均为抽象类,二者分别与 InputStream 类和 OutputStream 类相对应。Reader 类和 Writer 类不能被实例化,由于提供了一些用于字符流处理的接口,它们可以通过其子类对象来完成对字符流的读取和写入。

9.3.1 Reader 类和 Writer 类的子类

1. Reader 类的子类

作为字符输入流抽象类的 Reader,不能直接用来创建对象。不过其子类一般都重写了它定义的方法,可用于创建字符输入流对象。Reader 类及其子类层次结构如图 9-5 所示。

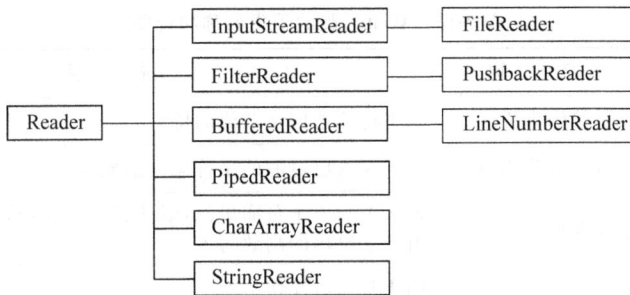

图 9-5　Reader 类及其子类层次结构图

Reader 类的子类名称、功能说明如表 9-15 所示。

表 9-15　Reader 类的子类名称和说明

Reader 类的子类	名　　称	说　　　　明
InputStreamReader	字符输入流	是字节流通向字符流的桥梁
FilterReader	过滤器输入流	用于读取已过滤的字符流的抽象类
BufferedReader	缓冲输入流	从字符输入流中读取文本,缓冲各个字符,从而实现字符、数组和行的高效读取
PipedReader	管道输入流	用于管道流操作
CharArrayReader	字节数组输入流	实现可用作字符输入流的字符缓冲区
StringReader	字符串输入流	其源为一个字符串的字符流
FileReader	文件输入流	用来读取字符文件的便捷类
PushbackReader	回压输入流	允许将字符推回到流的字符流
LineNumberReader	行编号输入流	跟踪行号的缓冲字符输入流

2. Writer 类的子类

作为字符输出流抽象类的 Writer，也不能直接用来创建对象。不过其子类一般都重写了它定义的方法，可用于创建字符输出流对象。Writer 类及其子类层次结构如图 9-6 所示。

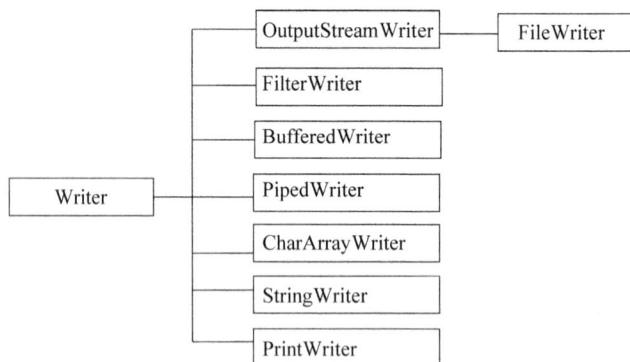

图 9-6   Writer 类及其子类层次结构图

Writer 类的子类名称、功能说明如表 9-16 所示。

表 9-16   Writer 类的子类名称和说明

Writer 类的子类	名　　称	说　　　明
OutputStreamWriter	字符输出流	是字符流通向字节流的桥梁
FilterWriter	过滤器输出流	用于写入已过滤的字符流的抽象类
BufferedWriter	缓冲输出流	将文本写入字符输出流，缓冲各个字符，从而提供单个字符、数组和字符串的高效写入
PipedWriter	管道输出流	用于管道流操作
CharArrayWriter	字节数组输出流	实现一个可用作 Writer 的字符缓冲区
StringWriter	字符串输出流	可以用其回收在字符串缓冲区中的输出，来构造字符串
PrintWriter	格式化输出流	向文本输出流打印对象的格式化表示形式
FileWriter	文件输出流	用来写入字符文件的便捷类

9.3.2   Reader 类和 Writer 类的方法

1. Reader 类的方法

作为其他字符输入流类的超类，Reader 类提供了一些基本方法和标准接口。这些方法运行出错时，将会产生 IOException 异常。Reader 类的方法如表 9-17 所示。

表 9-17   Reader 类的方法

方　　法	说　　　明
abstract void close()	关闭该流并释放与之关联的所有资源
void mark(int readAheadLimit)	标记流中的当前位置

方　　法	说　　明
int read()	读取单个字符
int read(char[] cbuf)	将字符读入数组
boolean ready()	判断是否准备读取此流
void reset()	重置
long skip(long *n*)	跳过 *n* 个字符

2. Writer 类的方法

同样,作为其他字符输出流类的超类,Writer 类也提供了一些基本方法和标准接口,运行出错时,也将会产生 IOException 异常。Writer 类的方法如表 9-18 所示。

表 9-18　Writer 类的方法

方　　法	说　　明
abstract void close()	关闭此流,但要先刷新
abstract void flush()	刷新该流的缓冲
Writer append(char *c*)	将指定字符添加到此 Writer
void write(char[] cbuf)	写入字符数组
abstract void write(char[] cbuf, int off, int len)	写入字符数组的某一部分
void write(int *c*)	写入单个字符
void write(String str)	写入字符串

9.3.3　InputStreamReader 类和 OutputStreamWriter 类

1. InputStreamReader

InputStreamReader 类用于将字节输入流转换为字符输入流,它本身是字符输入流。其可以将字节形式的流转化为特定平台上的字符表示,通常作为其他字符输入流的数据源。

InputStreamReader 类有如下 4 个构造方法。

(1) InputStreamReader(InputStream in)。该构造方法创建一个使用默认字符集的 InputStreamReader。

(2) InputStreamReader(InputStream in,Charset cs)。该构造方法创建使用给定字符集的 InputStreamReader。

(3) InputStreamReader(InputStream in,CharsetDecoder dec)。该构造方法创建使用给定字符集解码器的 InputStreamReader。

(4) InputStreamReader(InputStream in,String charsetName)。该构造方法创建使用指定字符集的 InputStreamReader。

InputStreamReader 类的方法说明如表 9-19 所示。

表 9-19　InputStreamReader 类的方法

表 9-19　InputStreamReader 类的方法

方　　法	说　　明
void close()	关闭该流并释放与之关联的所有资源
String getEncoding()	返回此流使用的字符编码的名称
int read()	读取单个字符
int read(char[] cbuf, int offset, int length)	将字符读入数组中的某一部分
boolean ready()	判断此流是否已经准备好用于读取

2. OutputStreamWriter

OutputStreamWriter 类用于将字节输出流转换为字符输出流,它本身是字符输出流。其可以将字节形式的流转化为特定平台上的字符表示,其接收端是字符输出流。

OutputStreamReader 类有如下 4 个构造方法。

(1) OutputStreamWriter(OutputStream out)。该构造方法创建使用默认字符编码的 OutputStreamWriter。

(2) OutputStreamWriter(OutputStream out,Charset cs)。该构造方法创建使用给定字符集的 OutputStreamWriter。

(3) OutputStreamWriter(OutputStream out,CharsetEncoder enc)。该构造方法创建使用给定字符集编码器的 OutputStreamWriter。

(4) OutputStreamWriter(OutputStream out,String charsetName)。该构造方法创建使用指定字符集的 OutputStreamWriter。

OutputStreamWriter 类的方法说明如表 9-20 所示。

表 9-20　OutputStreamWriter 类的方法

方　　法	说　　明
void close()	关闭此流,但要先刷新
void flush()	刷新该流的缓冲
String getEncoding()	返回此流使用的字符编码的名称
void write(char[] cbuf, int off, int len)	写入字符数组的某一部分
void write(int c)	写入单个字符
void write(String str, int off, int len)	写入字符串的某一部分

【例 9-9】　InputStreamReader 类和 OutputStreamWriter 类使用举例。
程序代码如下:

```
1    import java.io.IOException;
2    import java.io.InputStreamReader;
3    import java.io.OutputStreamWriter;
4    import java.io.ByteArrayInputStream;
5    import java.io.ByteArrayOutputStream;
```

```
6   public class ReaderWriter9_9
7   {
8       public static void main(String args[]) throws IOException
9       {
10          byte[] a={'A','B','C','D','E','F','G','H'};
11          InputStreamReader datain=
                new InputStreamReader(new ByteArrayInputStream(a));
12          System.out.println("InputStreamReader 的编码为"+datain.getEncoding());
13          char b[]=new char[8];
14          datain.read(b);
15          for(int i=0;i<b.length;i++)
16          {
17              System.out.print(b[i]);
18          }
19          System.out.println("");
20          OutputStreamWriter dataout=
                new OutputStreamWriter(new ByteArrayOutputStream());
21          System.out.println("OutputStreamWriter 的编码为"
                +dataout.getEncoding());
22          dataout.write(b);
23          dataout.flush();
24          datain.close();
25          dataout.close();
26      }
27  }
```

程序运行结果如下：

```
InputStreamReader 的编码为 GBK
ABCDEFGH
OutputStreamWriter 的编码为 GBK
```

程序分析如下：

第 11 行代码创建了 InputStreamReader 类的对象 datain，该对象以新构建的字节数组输入流作为数据源。第 14 行代码读取数据到一个字符数组 b。第 20 行代码创建了 OutputStreamWriter 类的对象 dataout，该对象以新构建的字节数组输出流作为接收端。第 22 行代码把字符数组写入到输出流中。

9.3.4　FileReader 类和 FileWriter 类

1. FileReader 类

FileReader 类是 InputStreamReader 类的子类，以字符方式读取文件，与字节流的 FileInputStream 对应。FileReader 类有如下 3 个构造方法。

（1）FileReader(File file)。该构造方法在给定从中读取数据的 File 的情况下创建一个新 FileReader。

（2）FileReader(FileDescriptor fd)。该构造方法在给定从中读取数据的 FileDescriptor 的情况下创建一个新 FileReader。

（3）FileReader(String fileName)。该构造方法在给定从中读取数据的文件名的情况下创建一个新 FileReader。

FileReader 类的方法都继承自 InputStreamReader，在此不再描述，如表 9-19 所示。

2. FileWriter 类

FileWriter 类是 OutputStreamWriter 类的子类，以字符方式写文件，与字节流的 FileOutputStream 对应。FileWriter 类有如下 5 个构造方法。

（1）FileWriter(File file)。该构造方法根据给定的 File 对象构造一个 FileWriter 对象。

（2）FileWriter(File file，boolean append)。该构造方法根据给定的 File 对象构造一个 FileWriter 对象。若第 2 个参数为 true，则将字节写入文件末尾而不是文件开始处。

（3）FileWriter(FileDescriptor fd)。该构造方法构造与某个文件描述相符关联的 FileWriter 对象。

（4）FileWriter(String fileName)。该构造方法根据给定的文件名构造一个 FileWriter 对象。

（5）FileWriter(String fileName，boolean append)。该构造方法根据给定的文件名以及指示是否附加写入数据的 boolean 值来构造 FileWriter 对象。

FileWriter 类的方法都继承自 OutputStreamWriter，在此不再描述，如表 9-20 所示。

【例 9-10】 先使用 FileWriter 类的对象向文件写入几个字符，再使用 FileReader 类的对象把写入的内容读取出来。

程序代码如下：

```
1   import java.io.IOException;
2   import java.io.FileWriter;
3   import java.io.FileReader;
4   public class FileRW9_10
5   {
6       public static void main(String args[]) throws IOException
7       {
8           char c[]="北京冬奥会".toCharArray();
9           char d[]="11111".toCharArray();
10          FileWriter file_out=new FileWriter("C:\\example\\file3.txt");
11          file_out.write(c);
12          file_out.close();
13          FileReader file_in=new FileReader("C:\\example\\file3.txt");
14          int m=0;
15          file_in.read(d,0,5);
16          String s=new String(d,0,5);
17          System.out.println(s);
18          file_in.close();
19      }
20  }
```

程序运行结果如下：

北京冬奥会

程序分析如下：

第 10 行代码创建了 FileWriter 类的对象 file_out，该对象和文件 C:\example\file3.txt 关联起来。第 11 行代码使得 file_out 对象将字符数组 c 中的数据写入文件。第 13 行代码创建了 FileReader 类的对象 file_in，该对象的数据源为文件 C:\example\file3.txt。第 15 行代码使得 file_in 对象读取数据到字符数组 d。

9.3.5 BufferedReader 类和 BufferedWriter 类

FileReader 类和 FileWriter 类完成读取写入数据是以字符为单位，而 BufferedReader 类和 BufferedWriter 类完成这些操作是以缓冲流方式进行的，传输效率较高。

1. BufferedReader 类

BufferedReader 类能够以文本行为基本单位进行数据读取，实例化的对象为缓冲输入流，该流需要指向一个 Reader 流，即缓冲输入流的底层流。底层流负责将数据读入缓冲区，缓冲输入流以此缓冲区为源，从中读取数据。BufferedReader 类的主要方法如下。

(1) BufferedReader(Reader in)。该构造方法用于创建一个使用默认大小输入缓冲区的缓冲输入流。in 是一个字符输入流。

(2) BufferedReader(Reader in, int sz)。该构造方法用于创建一个使用指定大小输入缓冲区的缓冲输入流。in 是一个字符输入流，sz 是输入缓冲区的大小。

(3) String readLine()。该方法从输入流中读取一个文本行，以回车、换行或者回车后跟着换行为行结束标志。若已经读到流末尾，则返回 null。

2. BufferedWriter 类

BufferedWriter 类实例化的对象为缓冲输出流，提供了缓冲输出功能。它可将待输出数据存放在一个缓冲区，当缓冲区被存满或者遇到文件结束标记时，再一次性写入磁盘文件（或者主动将缓冲区数据写入磁盘文件）。若将缓冲输出流指向一个 FileWriter 流，则后者称为缓冲输出流的底层流。缓冲输出流负责将数据写入缓冲区，底层流再将数据写入目的地。BufferedWriter 类的主要方法如下。

(1) BufferedWriter(Writer out)。该构造方法用于创建一个使用默认大小输出缓冲区的缓冲输出流。out 是一个字符输出流。

(2) BufferedWriter(Writer out, int sz)。该构造方法用于创建一个使用指定大小输出缓冲区的缓冲输出流。out 是一个字符输出流，sz 是输出缓冲区的大小。

(3) void write(String str)。该方法将字符串 str 写入目的地。

(4) void write(String str, int off, int len)。该方法将字符串的某一部分写入目的地。str 为要写入的字符串，off 为开始读取字符处的偏移量，len 为要写入的字符数。

(5) void flush()。该方法用于刷新该流的缓冲区。

【**例 9-11**】 使用缓冲输入输出流，将文件 C:\example\file4.txt 内容读取出来，并写入文件 C:\example\file5.txt，注意在行首添加标识。

```
1   import java.io.BufferedReader;
```

```
2    import java.io.BufferedWriter;
3    import java.io.FileReader;
4    import java.io.FileWriter;
5    import java.io.IOException;
6    public class BufferedRW9_11
7    {
8        public static void main(String args[]) throws IOException
9        {
10           FileReader file_in=new FileReader("C:\\example\\file4.txt");
11           BufferedReader buf_in=new BufferedReader(file_in);
12           FileWriter file_out=new FileWriter("C:\\example\\file5.txt");
13           BufferedWriter buf_out=new BufferedWriter(file_out);
14           String str="";
15           int k=1;
16           while((str=buf_in.readLine())!=null)
17           {
18               buf_out.write("第"+k+"行内容:"+str);
19               buf_out.newLine();
20               k++;
21           }
22           buf_out.flush();
23           buf_out.close();
24           file_out.close();
25           buf_in.close();
26           file_in.close();
27       }
28   }
```

文件 C:\example\file4.txt 的内容如下:

```
Java EE
Java SE
Java ME
```

程序运行后,产生的文件 C:\example\file5.txt 的内容如下:

```
第 1 行内容: Java EE
第 2 行内容: Java SE
第 3 行内容: Java ME
```

程序分析如下:

第 10 行代码创建 FileReader 类对象 file_in,该对象关联文件 C:\example\file4.txt。第 11 行代码创建 BufferedReader 类对象 buf_in,该缓冲输入流与前面的对象 file_in 连接起来。第 12 行代码创建 FileWriter 类对象 file_out,该对象关联即将创建的文件 C:\example\file5.txt。第 13 行代码创建 BufferedWriter 类对象 buf_out,该缓冲输出流与前面的对象 file_out 连接起来。

第 16~21 行代码完成了从文件 file4.txt 读取一行、向文件 file5.txt 写入一行的操作,直到把文件全部读完为止,并且在文本行的行首还要添加序号等标识。第 19 行代码的作用为写入一个行分隔符。第 22 行代码用于刷新输出流的缓冲区。

9.3.6 StringReader 类和 StringWriter 类

1. StringReader 类

StringReader 类的对象与一个字符串关联,以字符串作为数据源输入流,其构造方法如下:

```
StringReader(String s)
```

该构造方法创建一个新字符串输入流,s 作为输入数据源。

StringReader 类的方法如表 9-21 所示。

表 9-21 StringReader 类的方法

方　　　法	说　　　明
void close()	关闭该流,并释放与之关联的所有系统资源
void mark(int readAheadLimit)	标记流中的当前位置
boolean markSupported()	判断此流是否支持 mark()操作以及支持哪一项操作
int read(char[] cbuf, int off, int len)	将字符读入数组的某一部分
int read()	读取单个字符
boolean ready()	判断此流是否已经准备好用于读取
void reset()	将该流重置为最新的标记,如果从未标记过,将其重置到该字符串的开头
long skip(long ns)	跳过流中指定数量的字符

2. StringWriter 类

StringWriter 有个内部字符缓冲区作为该字符串输出流的数据接收端。它的 2 个构造方法如下。

(1) StringWriter()。该构造方法使用默认初始字符串缓冲区大小创建一个新字符串。

(2) StringWriter(int initialSize)。该构造方法使用指定初始字符串缓冲区大小创建一个新字符串。

StringWriter 类的主要方法如表 9-22 所示。

表 9-22 StringWriter 类的方法

方　　　法	说　　　明
StringWriter append(char c)	将指定字符添加到此 writer
StringWriter append(CharSequence csq)	将指定的字符序列添加到此 writer
void close()	关闭 StringWriter 无效
void flush()	刷新该流的缓冲

方　　法	说　　明
StringBuffer getBuffer()	返回该字符串缓冲区本身
String toString()	以字符串的形式返回该缓冲区的当前值
void write(char[] cbuf, int off, int len)	写入字符数组的某一部分
void write(String str, int off, int len)	写入字符串的某一部分

【例 9-12】　StringReader 和 StringWriter 使用举例。完成对指定字符串任意位置的输入和输出。

程序代码如下：

```
1   import java.io.StringReader;
2   import java.io.StringWriter;
3   import java.io.IOException;
4   public class StringRW9_12
5   {
6       public static void main(String args[]) throws IOException
7       {
8           String s="abcdefg";
9           StringReader stringin=new StringReader(s);
10          System.out.println("字符串输入流的第一个字符是: "+(char)stringin.read());
11          stringin.mark(3);
12          stringin.skip(3);
13          System.out.println("向后跳跃 3 个位置的字符是: "+(char)stringin.read());
14          stringin.reset();
15          System.out.println("回复到标记位置的字符是: "+(char)stringin.read());
16          StringWriter stringout=new StringWriter();
17          stringout.write(stringin.read());
18          System.out.println("stringout 中的字符是: "+stringout.toString());
19          stringin.close();
20          stringout.close();
21      }
22  }
```

程序运行结果如下：

字符串输入流的第一个字符是: a
向后跳跃 3 个位置的字符是: e
回复到标记位置的字符是: b
stringout 中的字符是: c

程序分析如下：

第 9 行代码创建字符串输入流，并关联上一行字符串 s 作为数据源；第 10 行代码读出位置 1 的字符；第 11 行代码把位置 2 标记号为 3；第 12 行代码向后跳 3 个位置；第 13 行代码输出位置 5 的字符 e;第 14 行代码恢复到标记位置;第 15 行代码输出标记号为 3 的位置 2 的字符数据;第 16 行代码创建字符串输出流;第 17 行代码把字符串输入流取一个字符输出到字符串输出流。

9.4 File 类

Java 对文件的处理主要包括文件信息的获取、文件属性的更改、文件目录操作和文件的创建与删除,而文件处理主要依靠 Java 的 File 类来实现。

Java 的 File 类能提供对文件及目录的操作,在操作时需要更改文件或操作目录的权限,否则会抛出 SecurityException 和 IOException 异常。

File 类有如下 4 个构造方法。

(1) File(File parent,String child)。该构造方法根据 parent 抽象路径名和 child 路径名字符串创建一个新 File 实例。

(2) File(String pathname)。该构造方法通过将给定路径名字符串转换为抽象路径名来创建一个新 File 实例。

(3) File(String parent,String child)。该构造方法根据 parent 路径名字符串和 child 路径名字符串创建一个新 File 实例。

(4) File(URI uri)。该构造方法通过将给定的 file:URI 转换为一个抽象路径名来创建一个新 File 实例。

9.4.1 文件信息获取和属性更改

1. 获取文件的信息和更改文件属性

File 类的对象如果与文件直接关联,可以通过调用其方法获取文件属性信息并可以对文件属性进行修改。File 类的主要方法如表 9-23 所示。

表 9-23 File 类的方法

方　　法	说　　明
boolean canRead()	测试应用程序是否可以读取此抽象路径名表示的文件
boolean canWrite()	测试应用程序是否可以修改此抽象路径名表示的文件
boolean exists()	测试此抽象路径名表示的文件或目录是否存在
File getAbsoluteFile()	返回此抽象路径名的绝对路径名形式
String getAbsolutePath()	返回此抽象路径名的绝对路径名字符串
String getName()	返回由此抽象路径名表示的文件或目录的名称
String getParent()	返回此抽象路径名父目录的路径名字符串;如果此路径名没有指定父目录,则返回 null
String getPath()	将此抽象路径名转换为一个路径名字符串
boolean isHidden()	测试此抽象路径名指定的文件是否是一个隐藏文件

方　　　法	说　　　明
boolean setReadOnly()	标记抽象路径名指定的文件或目录,从而只能对其进行读操作
boolean setWritable(boolean writable)	设置此抽象路径名所有者写权限的一个便捷方法
boolean setWritable(boolean writable, boolean ownerOnly)	设置此抽象路径名的所有者或所有用户的写权限

2. 获取目录下的文件列表

Java 通过 list()方法获取目录下的文件列表,此时 File 对象关联的是目录而不是具体的某一个文件。list()方法有如下 2 种。

(1) String[] list( )。该 list()方法返回一个字符串数组,这些字符串指定此抽象路径名表示的目录中的文件和目录。

(2) String[] list(FilenameFilter filter)。该 list()方法返回一个字符串数组,这些字符串指定此抽象路径名表示的目录中满足指定过滤器的文件和目录。参数是实现FilenameFilter 接口类的对象。

FilenameFilter 接口只有一个抽象方法 accept(),该方法需要在实现类中具体实现,用来过滤文件,定义如下:

```
boolean accept(File dir, String name)
```

【**例 9-13**】 文件信息获取举例,通过 File 类的 list()方法获取文件夹下扩展名为.jar 的文件信息。

程序代码如下:

```
1    import java.io.*;
2    public class GetFileInfo9_13
3    {
4        public static void main(String args[])
5        {
6            String filename="c:\\Java\\jre\\lib\\rt.jar";
7            String path="C:\\Java\\jdk\\lib";
8            File file=new File(filename);
9            if(file.exists())
10           {
11               System.out.println("文件"+file.getName()+"信息如下: ");
12               System.out.println("绝对路径: "+file.getAbsolutePath());
13               System.out.println("上级目录: "+file.getParent());
14               System.out.println("是否可读: "+file.canRead());
15               System.out.println("是否可写: "+file.canWrite());
16               System.out.println("是否隐藏: "+file.isHidden());
17           }
18           else
19           {
```

```
20              System.out.println("文件不存在");
21          }
22          File filepath=new File(path);
23          String[] fileFileList=filepath.list();
24          String[] fileFilterList=filepath.list(new Filter(".jar"));
25          System.out.println("没过滤的文件信息如下：");
26          if(fileFileList!=null)
27          {
28              for(int i=0;i<fileFileList.length;i++)
29                  System.out.println(fileFileList[i]);
30          }
31          System.out.println("后缀为 jar 的文件信息如下：");
32          if(fileFilterList!=null)
33          {
34              for(int j=0;j<fileFilterList.length;j++)
35                  System.out.println(fileFilterList[j]);
36          }
37      }
38  }
39  class Filter implements FilenameFilter
40  {
41      String s;
42      Filter(String s)
43      {
44          this.s=s;
45      }
46      public boolean accept(File dir ,String name)
47      {
48          if(name.endsWith(s))
49              return true;
50          else
51              return false;
52      }
53  }
```

程序运行结果如下：

文件 rt.jar 信息如下：
绝对路径：c:\Java\jre\lib\rt.jar
上级目录：c:\Java\jre\lib
是否可读：true
是否可写：true
是否隐藏：false

没过滤的文件信息如下：

```
ct.sym
dt.jar
htmlconverter.jar
ir.idl
jawt.lib
jconsole.jar
jvm.lib
orb.idl
tools.jar
```

后缀为 jar 的文件信息如下：

```
dt.jar
htmlconverter.jar
jconsole.jar
tools.jar
```

程序分析如下：

第 8 行代码创建 File 对象，并与 filename 定义的文件关联；第 11～16 行代码获取文件的绝对路径、上级目录、是否可读等信息；第 22 行代码创建 File 对象，并与 path 所定义的目录路径相关联；第 23 行代码获取路径下的所有文件列表；第 24 行代码获取路径下的文件列表，但文件只显示经过滤，扩展名为.jar 的文件；第 28～29 行代码输出所有文件列表名；第 34～35 行代码输出经过滤的文件列表名，即扩展名为.jar 的文件名；第 39～53 行代码是定义 FilenameFilter 接口的实现类，在 accept()方法中定义了过滤的内容。

9.4.2 文件和目录操作

文件和目录操作主要包括文件的创建、删除和目录的创建、删除。相关的方法如表 9-24 所示。

表 9-24　File 类的文件和目录操作方法

方　　法	说　　明
boolean createNewFile()	当且仅当不存在具有此抽象路径名指定名称的文件时，创建一个新的空文件
static File createTempFile（String prefix, String suffix）	在默认临时文件目录中创建一个空文件，使用给定前缀和后缀生成其名称
boolean delete()	删除此抽象路径名表示的文件或目录
boolean mkdir()	创建此抽象路径名指定的目录
boolean mkdirs()	创建此抽象路径名指定的目录，包括所有必需但不存在的父目录
boolean renameTo(File dest)	重新命名此抽象路径名表示的文件

【例 9-14】　文件和目录操作举例，使用 File 类的方法完成文件和目录的创建。

程序代码如下：

```
1    import java.io.File;
2    import java.io.FileWriter;
3    import java.io.IOException;
4    public class File9_14
5    {
6        public static void main(String args[]) throws IOException
7        {
8            File path=new File("c:\\exam");
9            path.mkdirs();
10           File filename=new File(path,"file6.txt");
11           filename.createNewFile();
12           FileWriter file_out=new FileWriter(filename);
13           file_out.write("Java 输入输出流");
14           file_out.close();
15       }
16   }
```

程序运行后,首先将在 C 盘根目录下创建 exam 子目录,之后在该子目录下创建文件 file6.txt,接下来向 file6.txt 文件中写入一个字符串"Java 输入输出流"。

程序分析如下:

第 8 行代码创建 File 类的对象 path,该对象与目录 c:\exam 关联;第 9 行代码创建目录 c:\exam;第 11 行代码在目录 c:\exam 下创建文件 file6.txt;第 12、13 行代码向 file6.txt 文件写入字符串"Java 输入输出流"。

习　题　9

一、选择题

1. 下列类中,(　　)不是 FilterInputStream 类的子类。

　　A. BufferedInputStream　　　　　　　　B. DataInputStream

　　C. LineNumberInputStream　　　　　　　D. StringInputStream

2. 下列类中,(　　)的实例可以作为类 DataInputStream 的构造方法参数。

　　A. File　　　　　　　　　　　　　　　　B. String

　　C. FilterInputStream　　　　　　　　　　D. FileOutputStream

3. 下列语句中,(　　)可以正确创建一个 InputStreamReader 类的对象。

　　A. new InputStreamReader(new FileReader("test.dat"));

　　B. new InputStreamReader(new FileInputStream("test.dat"));

　　C. new InputStreamReader(new BufferedReader("test.dat"));

　　D. new InputStreamReader ("test.dat");

4. 下列语句中,(　　)可以正确创建一个 BufferedReader 类的对象。

　　A. new BufferedReader(new FileReader("file1.txt"));

　　B. new BufferedReader (new FileInputStream("file1.txt"));

　　C. new BufferedReader (new DataInputStream("file1.txt"));

D. new BufferedReader ("file1.txt");

5. 下列输入/输出流中,(   )属于面向字符的输出流。

  A. FileWriter   B. FileInputStream

  C. ObjectInputStream   D. FileOutputStream

6. 要创建一个新目录,可以用下列(   )类实现。

  A. FileInputStream   B. FileOutputStream

  C. File   D. RandomAccessFile

二、填空题

1. BufferedInputStream 是增加了缓冲的输入流,用来连接别的输入流,其默认的缓冲区大小是_____。

2. 在 java.io 包中,实现文件随机访问的类是_____。

3. 类 System 的 3 个成员域_____、_____、_____分别指向标准输入、标准输出和标准错误输出。

4. Java 通过 File 类的_____方法获取目录下的文件列表,此时 File 对象关联的是目录而不是具体的某一个文件。

5. 若要测试路径名表示的文件或者目录是否存在,需要使用 File 类的_____方法。

6. InputStreamReader 类可用于将_____流转换为_____流。

7. _____类实现了有缓存功能的 InputStream。

8. 数据输入流_____类,它允许按 Java 的基本数据类型读取流中的数据。

9. 在 java.io 包内有处理各种流的基本类,所有的字节输出流都继承于_____类,所有的字符输入流都继承于_____类。

三、编程题

1. 编写程序,实现当用户通过键盘每输入一行文本,程序就能将此文本显示在控制台(要求:通过 System.in 完成键盘输入,不使用 Scanner)。

2. 编写程序,使用 FileInputStream 类和 FileOutputStream 类完成对某个 bmp 类型的图像文件的复制。

3. 某学校进行了一次考试,成绩需保存于文件 score.dat。该文件的格式上要求包含两列信息:学号(长整型)、成绩(单精度浮点数)。编写程序,实现信息的录入、保存和显示。要求:

(1) 数据录入、保存功能:通过控制台输入若干学生的学号和成绩,将信息保存到文件score.dat 中。

(2) 数据读取、显示功能:可以从文件 score.dat 中读取学生的学号和成绩,并显示于控制台。

第 10 章　多　线　程

现代操作系统通常都支持多线程。多线程技术是 Java 平台的一个重要技术优势。基于 Java 多线程技术可以在应用程序中创建多个可执行代码单元,让 CPU 同时执行这些代码单元。当然,多线程编程的难度要大大高于普通编程,有很多陷阱会导致执行结果不正确,代码难于调试,出现随机的错误。对于有 Bug 的代码,并不是每次运行都会出错。本章将详细介绍 Java 多线程编程的方法和技巧,包括线程的基本概念、线程的创建和生命周期、线程同步等知识。

10.1　线程的概念

线程是程序运行的基本单元。当操作系统在执行一个程序时,会在系统中创建一个进程,而在这个进程中,必须至少创建一个线程(该线程被称为主线程)来作为此程序运行的入口点。因此,在操作系统中运行的任何程序都至少拥有一个线程,当然也可以创建多个线程来共同完成复杂的任务。

进程和线程是现代操作系统中两个必不可少的运行模型。在操作系统中可以有多个进程,这些进程包括系统进程(由操作系统内部创建的进程)和用户进程(由用户程序创建的进程);一个进程中可以有一个或多个线程。进程是操作系统分配资源的基本单位,不同的进程之间拥有不同的资源及内存地址空间。由同一进程创建的多个线程共享该进程的资源,在相同的内存空间内运行。

多个线程在操作系统的管理下并发执行,从而大大提高了程序的运行效率。虽然从宏观上看是多个线程同时执行,但实际上能同时执行的最大线程数取决于 CPU 的核心数。对于单核心 CPU,在同一时刻只能运行一个线程,因此操作系统会让多个线程轮流占有 CPU,这种方式称为线程调度。由于操作系统分配给每个线程的时间片非常短,切换很频繁,使人感受不到线程切换产生的停顿感。

10.1.1　多线程编程的优势

通过多线程技术,将代码划分为一个个相互独立的执行单元,在操作系统调度下并行执行,可获得如下优势。

1. 充分利用 CPU 资源

现在主流的 CPU 都是多核心。如果采用单线程编程,则程序运行时只会使用一个 CPU 核心。而多线程程序会充分利用所有的 CPU 核心进行运算,有效提高程序的运行速度。

2. 简化异步事件的处理

在进行"服务器-客户端"编程时,若采用单线程来处理,当监听线程接收到一个客户端请求后,开始读取客户端发来的数据,读取结束后,read()方法处于阻塞状态,无法处理其他请求。若使用非阻塞的 Socket 连接和异步 I/O，则难于控制，易出错。若服务器端采用多线程编程，为每个客户端建立一个线程，监听这些线程处理相关请求，此种模式最易实现。

3. 使 GUI 更有效率

使用单线程处理 GUI 事件，必须使用循环对随时可能发生的 GUI 事件进行扫描，在循环内部除了扫描 GUI 事件外，还要执行其他的程序代码。若这些代码太长，则 GUI 事件会被"冻结"，直到这些代码被执行完为止。现代的 GUI 框架（如 SWING、AWT 和 SWT）中都使用了一个单独的事件分派线程（Event Dispatch Thread，EDT）来对 GUI 事件进行扫描，可有效降低事件处理的复杂性。

10.1.2 多线程编程的难点

多个线程并行执行时，针对某些资源的访问可能存在竞争关系，也可能需要配合才能完成复杂的计算任务，因此多线程编程具有如下难点。

1. 访问共享资源

有时多个线程会访问同一资源，若不做任何限制地让多个线程以任意的调度顺序对该资源进行任意地读写操作，则可能出现丢失修改、读脏数据等错误。因此，多线程访问共享资源时，必须通过加锁来实现互斥访问。若加锁方式不正确，则可能造成死锁，使程序无法继续运行。

2. 线程间协作

有时多个线程必须相互配合才能完成复杂的计算任务。当某个线程运行了一部分代码后，必须等待其他线程的计算结果才能继续运行。线程通过传递消息的方式将自己的状态告知其他线程，收到消息的线程根据实际情况决定是继续等待还是开始运行。若同步方式不正确，可能导致最终的计算结果不正确。

3. 调试程序

由于操作系统调度的随机性，每次多线程程序的运行顺序都不一致。若程序有小错误（Bug），并不是每次运行都会导致错误的结果，某些调度顺序可能会得到正确的结果。在调试程序时，有可能该 Bug 一直都无法重现，大大增加了调试程序的难度。

10.2 线程的实现

本节将对 Java 线程做基本的介绍，包括如何创建线程，线程的各种状态，线程的优先级等相关知识。

10.2.1 创建 Java 线程

在 Java 中创建线程有两种方法：继承 Thread 类或实现 Runnable 接口。

1. 继承 Thread 类创建线程

创建并启动线程步骤如下。

（1）通过继承 Thread 类的方式定义自己的线程类。

（2）重载 run()方法，在 run()方法中实现线程的功能。

（3）用自定义的线程类创建一个对象。

（4）调用该对象的 start()方法启动线程。

需要特别注意的是,尽管线程的功能在 run()方法中实现,但不要直接调用该方法,而应该调用 start()方法,start()方法会启动一个新的线程并执行 run()方法。若直接调用 run()方法,该方法只会在当前线程内执行,而不会启动新线程。

【例 10-1】 通过继承 Thread 类的方式定义一个能打印字母的线程类,要求该类通过构造方法接收一个大写字母,在运行时每行打印该字母 20 次,共打印 100 行。创建并运行 3 个该线程的实例。

程序代码如下:

```
1    class ThreadPrintChar extends Thread              //自定义线程类
2    {
3        private char c;                              //私有属性,用于存放打印字符
4
5        ThreadPrintChar(char c)                      //构造方法
6        {
7            super();
8            this.c=c;
9        }
10
11       public void run()                            //重载 run()方法
12       {
13           for(int i=0; i<100; i++)
14           {
15               for(int j=0; j<20; j++)
16               {
17                   System.out.print(c);
18                   System.out.print(" ");
19               }
20               System.out.println();
21           }
22       }
23   }
24   public class PrintChar10_1
25   {
26       public static void main(String[] args)
27       {
28           Thread t1=new ThreadPrintChar('T');
29           Thread t2=new ThreadPrintChar('W');
30           Thread t3=new ThreadPrintChar('C');
31           t1.start();
32           t2.start();
33           t3.start();
34       }
35   }
```

程序运行结果如图 10-1 所示。

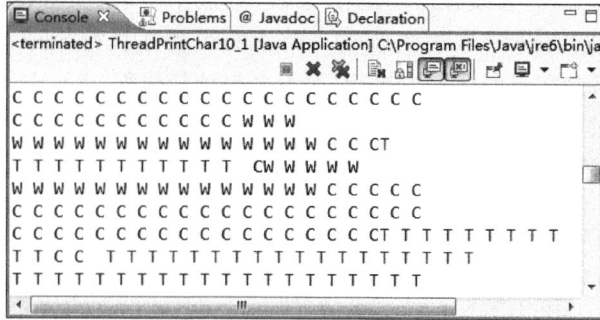

图 10-1　例 10-1 的运行结果片段

程序分析如下：

第 1～23 行代码通过继承 Thread 类的方式定义一个线程类 ThreadPrintChar,第 11～22 行代码在该类中重载 run()方法,线程的主要功能在 run()方法中实现。第 13 行代码定义了一个可重复 100 次的循环,用于将字符打印 100 行。第 15 行代码定义了一个可重复 20 次的循环,用于在每行打印字符 20 次。第 18 行代码在每个字符的后面打印一个空格,使运行结果更美观。第 24～35 行代码是主程序,创建 3 个 ThreadPrintChar 类的实例,在构造方法中分别传递字符 T、W 和 C,然后通过 start()方法启动每一个线程。图 10-1 是程序执行结果的一个片段,完整的执行结果有 300 行。如图 10-1 所示,执行结果并不是很规则的每行 20 个字符,而是有些行字符多些,有些行字符少些,有些字符后面没有空格。这就是多线程程序的特点,在线程执行过程中,随时都会被切换出 CPU,然后另一个线程被调入 CPU 执行。本例中程序的运行结果是不确定的,因为每一次执行过程,线程切换的时机都不同。因此,运行该程序想再次得到与图 10-1 完全一致的结果几乎是不可能的。

2. 实现 Runnable 接口创建线程

创建并启动线程步骤如下。

(1) 通过实现 Runnable 接口的方式定义自己的线程类。

(2) 重载 run()方法,在 run()方法中实现线程的功能。

(3) 用自定义的线程类创建一个对象。

(4) 用 Thread 类创建一个对象,将(3)创建的对象传给 Thread 类的构造方法。

(5) 调用 Thread 对象的 start()方法启动线程。

若要用 Runnable 接口实现例 10-1,只需做如下修改：

(1) 将第 1 行代码改为

```
class ThreadPrintChar implements Runnable
```

(2) 将第 28～30 行代码改为

```
Thread t1=new Thread(new ThreadPrintChar('T'));
Thread t2=new Thread(new ThreadPrintChar('W'));
Thread t3=new Thread(new ThreadPrintChar('C'));
```

若自定义的线程类需要继承其他类来实现某些功能,则必须通过实现 Runnable 接口的方式来实现,因为 Java 不允许多重继承。

10.2.2 Java 线程的状态

在 Java 中线程有 6 种状态。线程在生命周期中总是在这 6 种状态之间进行转换。图 10-2 展示了线程的状态转换关系。若要查看线程的当前状态,可以调用 getState()方法。

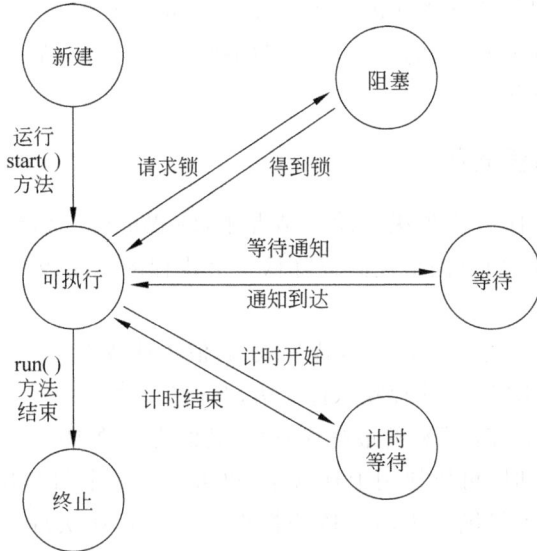

图 10-2 线程状态转换

1. 新建状态（New）
当使用 New 操作创建一个线程对象时,该线程处于新建状态。此时它只是一个普通的对象,并不具备线程的特点。在此状态下,可对该对象进行一些初始化设置,为将来作为线程运行做准备。

2. 可执行状态（Runnable）
调用 start()方法后线程就处于可执行状态。该状态只说明线程可以被执行,而不是说它正在 CPU 中执行。大多数处于 Runnable 状态的线程都位于等待队列中,等待操作系统的调度。在 Java 中并没有为正在 CPU 中执行的线程单独设置一个状态,它们仍然是 Runnable 状态。当线程开始执行后,并不会一直占有 CPU,操作系统会将它切换到其他状态,从而给其他线程一个执行的机会。

3. 阻塞状态（Blocked）
当线程想要获得一个锁,而这个锁被其他线程占有,则该线程进入阻塞状态。当其他线程释放了锁,而调度机制又允许此线程获得该锁,则线程就从阻塞状态转换为可执行状态。

4. 等待状态（Waiting）
为实现同步,线程执行时需要检测一些条件,只有条件得到满足才能继续执行。若条件未得到满足,则线程进入等待状态。当其他线程完成某些任务后,会发出一个信号唤醒处于等待状态的线程,这些线程再重新检测条件是否得到了满足。

5. 计时等待状态(Timed Waiting)

某些方法拥有计时参数,调用这些方法可使线程进入计时等待状态。当计时结束,线程变更为可执行状态。调用 Thread.sleep(time)方法可使线程进入计时等待状态。应注意,sleep()是静态方法,必须通过 Thread 类直接调用,参数是等待的时长,以毫秒为单位。

6. 终止状态(Terminated)

当 run()方法终结后,该线程就进入终止状态。run()方法的终结包括自然终结和异常终结。自然终结是指 run()方法的最后一行代码执行完毕正常结束,异常终结是指在执行过程中因出现异常而结束。

10.2.3 Java 线程的优先级

Java 中每个线程都拥有优先级。默认情况下,线程的优先级继承自创建它的那个线程。可以使用 setPriority()方法来提高或降低一个线程的优先级。在 Thread 类中预定义了 3 个优先级常量。

(1) MIN_PRIORITY:线程的最低优先级,其值为整数 1。

(2) NORM_PRIORITY:线程默认优先级,其值为整数 5。

(3) MAX_PRIORITY:线程的最高优先级,其值为整数 10。

在设置线程优先级时,可以使用上述常量,也可指定一个[1~10]的整数作为优先级。需要注意的是,Java 中线程优先级高度依赖操作系统的具体实现,在不同的操作系统中,Java 处理线程优先级的方式并不一样。例如,在 Windows 系统中,操作系统本身只支持整数[1~7]作为优先级,因此 Java 线程的优先级[1~10]会被映射到[1~7]的范围内,即某些不同的 Java 优先级会被映射为相同的 Windows 优先级。在 Linux 系统中,Sun 公司的虚拟机会忽略优先级设置,所有线程的优先级都相同。

操作系统进行线程调度时,会优先选择级别高的线程,因此对优先级的使用应特别谨慎,设置不当将导致某些线程永远得不到运行。另外,绝对不要让程序结果的正确性依赖于优先级的设置。建议读者若无特殊情况,不要修改线程的默认优先级。

10.2.4 守护线程

守护线程(Daemon Thread)是指运行在后台为其他线程提供服务的线程,此类线程并不属于程序中不可或缺的部分。因此,当所有的非守护线程结束后,程序结束并终结所有守护线程。反过来讲,只要任何非守护线程还在运行,程序就不会终止。计时器(Timer)线程是典型的守护线程,它的存在就是为其他线程提供计时服务,该线程本身并无明确的终止条件,当主线程结束后,作为守护线程,它会被自动终止。需要注意,绝对不要在守护线程中访问文件或数据库等持久化资源,因为守护线程可以在任意时刻被终止,有可能对持久化资源造成错误的修改。调用 setDaemon(true)方法可以将一个线程设置为守护线程。

在例 10-1 中第 31 行代码之后增加如下语句:

```
t1.setDaemon(true);
t2.setDaemon(true);
t3.setDaemon(true);
```

将 t1、t2、t3 设置为守护线程，运行后会发现程序很快结束，打印显示的内容一般不会超过 50 行。因为只有主程序这唯一的非守护线程存在，而该线程在 t3 启动后结束，导致整个程序结束，3 个守护线程在尚未运行完毕的情况下被强行终结。

10.2.5　终止另一个线程

在早期的 Java 版本中提供了 stop()方法强行终止一个线程。由于可能造成数据不一致，该方法已废弃。现在无法强行终止一个线程，只能向该线程发消息，请求它终止。收到消息后，线程可自行决定是立刻终止还是继续运行。

若线程 t1 想要终止线程 t2，则应调用 t2 的 interrupt()方法，向 t2 发送消息。

每个线程都有一个内部状态，称为中断状态(interrupted status)，该状态的初始值为false。当调用了 interrupt()方法后，该状态被设置为 true。若线程 t2 同意 t1 的终止请求，只需在 run()方法中调用 isInterrupted()方法检测该状态，若为 true 则自我终结。代码结构如下：

```
public void run()
{
    while (!Thread.currentThread().isInterrupted())
                                        //状态为 true 则跳出循环，线程结束
    {
        //实现线程的功能
    }
}
```

若线程 t2 处于阻塞状态或计时等待状态，执行 t2.interrupt()会抛出 InterruptedException异常。因此，对于可能进入阻塞状态的线程，还必须捕捉该异常才能正确处理终止请求。完整的处理终止请求的代码结构如下：

```
public void run()
{
    try
    {
        ⋮
        while (!Thread.currentThread().isInterrupted() && 其他条件)
        {
            //实现线程的功能
        }
    }
    catch(InterruptedException e)
    {
        //做一些异常处理工作
    }
    finally
    {
        //做一些线程结束前的清理工作
```

```
        }
    }
```

【例 10-2】　自定义一个线程类,要求打印 26 个字母 A~Z,相邻两个字母的打印时间间隔为 1s。在主程序中启动该线程,于 8s 后终止该线程。

程序代码如下:

```
1    class PrintAtoZ extends Thread
2    {
3        private char c='A';
4        public void run()
5        {
6            try
7            {
8                while(!Thread.currentThread().isInterrupted() && c<='Z')
9                {
10                   System.out.print(c+" ");
11                   c++;
12                   Thread.sleep(1000);
13               }
14           }catch (InterruptedException e)
15           {
16           }finally
17           {
18               System.out.println("\n线程终止!~");
19           }
20       }
21   }
22
23   public class ThreadInterrupt10_2
24   {
25       public static void main(String[] args) throws Exception
26       {
27           Thread t1=new PrintAtoZ();
28           t1.start();
29           Thread.sleep(8000);
30           t1.interrupt();
31       }
32   }
```

程序运行结果如图 10-3 所示。

程序分析如下:

第 4~20 行代码为线程的 run()方法,打印显示 A~Z 26 个字母,且可以被终止。第 8

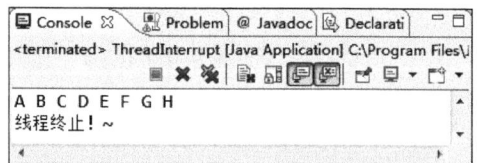

图 10-3　例 10-2 的运行结果

行代码通过循环打印字母,循环条件中检测中断状态,并限制字母不能超过 Z。第 10 行代码打印显示一个字母。第 11 行代码将 c 的值设置为下一个字母。第 12 行代码调用 sleep()方法使线程休眠 1s。第 14、15 行代码处理 InterruptedException 异常,catch 块内无任何代码,即不需要对异常做任何处理。第 16~19 行代码为 finally 块,在线程结束后打印显示提示信息。第 28 行代码启动线程 t1,第 29 行代码使主线程休眠 8s,在此期间线程 t1 保持运行,不断地打印显示字母。第 30 行代码要求线程 t1 终止,线程 t1 响应该请求,立刻终止。由图 10-3 可见,最终结果只打印显示了 8 个字母。若将第 30 行代码删除,则最终结果会打印显示完整的 26 个字母。

10.3 线 程 同 步

默认情况下,操作系统对线程进行随机调度,线程的执行顺序无法预先知晓。当访问共享资源或完成某些复杂任务时,线程随机执行会导致结果不正确。在某些情况下,必须使线程有序执行,这种方式称为线程同步。

10.3.1 同步访问共享资源

当多个线程对共享数据进行修改时,若操作系统在某些特定阶段进行线程切换,则会导致对数据的错误修改。

【例 10-3】 开启两个线程,对长度为 2 的整型数组 a 进行修改,初始状态下 a[0]＝4000,a[1]＝4000。线程 1 每次从 a[0]减去一个值,并将该值加到 a[1]上。线程 2 每次从 a[1]减去一个值,并将该值加到 a[0]上。在主程序中对数组 a 进行求和,检验 a[0]＋a[1]是否等于 8000。

程序代码如下:

```
1     import java.util.Random;
2
3     class TransferData extends Thread
4     {
5         private int[] data=null;
6         private int i, j;
7         public TransferData(int[] a, int type)
8         {
9             data=a;
10            if(type==1)
11            {
12                i=0;
13                j=1;
14            }else
15            {
16                i=1;
17                j=0;
18            }
```

```
19                }
20
21        public void run()
22        {
23            Random rand=new Random();
24            while(true)
25            {
26                int x=rand.nextInt(10)+1;
27                data[i]-=x;
28                data[j]+=x;
29                try
30                {
31                    Thread.sleep(rand.nextInt(5)+1);
32                } catch (InterruptedException e)
33                {
34                }
35            }
36        }
37    }
38
39  public class CheckDataError10_3
40  {
41      public static void main(String[] args) throws Exception
42      {
43          int[] a={4000, 4000};
44          new TransferData(a, 1).start();
45          new TransferData(a, 2).start();
46          for(int i=1; i<=Integer.MAX_VALUE; i++)
47          {
48              System.out.println(i+": a[0] + a[1] = "+(a[0]+a[1]));
49              Thread.sleep(500);
50          }
51      }
52  }
```

程序运行结果如图 10-4 所示。

程序分析如下:

第 3~37 行代码定义了一个线程类,在数组 data 内的两个元素之间转移数据,既能把 data[0] 的数据转移给 data[1],也能把 data[1] 的数据转移给 data[0]。具体怎样转移,取决于构造方法中的 type 参数。由第 10~18 行代码可知,若 type=1,则 i=0,j=1,第 27、28 行代码就会将 data[0] 的值减少并增加

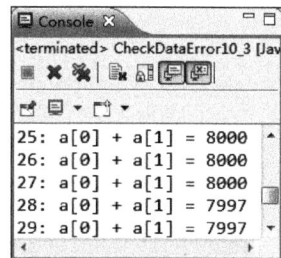

图 10-4　例 10-3 的执行结果

给 data[1];反之则 i=1,j=0,第 27、28 行代码就会将 data[1] 的值减少并增加给 data[0]。第 26 行代码设定每次转移的数值为[1~10]的随机整数。第 31 行代码设定线程每次操作

后休眠 1～5ms。第 41～51 行代码为 main()方法。第 44 行代码启动第一个线程,将数组 a 传递给该线程,并将该线程的 type 参数设定为 1,即将 a[0]中的数据转移给 a[1]。第 45 行代码启动第二个线程,将数组 a 传递给该线程,并将该线程的 type 参数设定为 2,即将 a[1]中的数据转移给 a[0]。数组 a 同时传递给两个线程,是线程间的共享数据。第 46～50 行代码对 a[0]和 a[1]求和并打印显示,检验二者之和是否为 8000。由于代码中未采用任何同步机制,由图 10-4 中可知,数组 a 的数据出现了错误。由于线程中代码为死循环,此程序并不会自行结束,需在 Eclipse 中对其强行终止。

之所以会出现错误,是因为操作系统在进行线程调度时只保证原子操作的完整执行。在 Java 中对基本数据类型(不包括 long 和 double)进行赋值或返回的操作是原子操作,其他 Java 语句均可转化为多条原子指令。因此,线程调度很可能发生在 Java 语句执行到一半的时刻。例如,Java 语句 data[0]+=x 可转化为如下 3 条原子指令:

(1) 将 data[0]的值读入寄存器。

(2) 将寄存器的值增加 x。

(3) 将寄存器的值写回 data[0]中。

若操作系统按照如下序列进行线程调度,则有可能产生如图 10-4 显示的结果。

假设程序运行一段时间后,a[0]=3950,a[1]=4050

(1) 线程 1 将 a[0]的值减 3,修改为 3947。

(2) 线程 1 将 a[1]的值 4050 读入寄存器。

(3) 线程 1 将寄存器的值加 3,修改为 4053。

------------操作系统进行线程切换--------------

(4) 线程 2 将 a[1]的值 4050 读入寄存器。

(5) 线程 2 将寄存器的值减 10,修改为 4040。

------------操作系统进行线程切换--------------

(6) 线程 1 将寄存器的值写回 a[1],此时 a[1]的值为 4053。线程 1 转移数据操作完成。

------------操作系统进行线程切换--------------

(7) 线程 2 将寄存器的值写回 a[1],此时 a[1]的值为 4040。

(8) 线程 2 对 a[0]的值加 10,修改为 3957。线程 2 转移数据操作完成。

此时主程序对 a[0]和 a[1]进行求和,可得 3957+4040=7997。

可通过为对象加锁的方式避免此类错误,只有获得锁的线程才可以访问共享对象,未获得锁的线程将进入阻塞状态,直到其他线程释放锁。Java 提供了 synchronized 关键字为对象加锁。若在例 10-3 中对数组 data 加锁,只有获得锁的线程才能修改数据,则可实现同步访问,不会破坏数组 a 的数据。只需将例 10-3 中第 26～28 行代码替换为如下代码:

```
synchronized(data)                            //为数组 data 加锁
{
    int x=rand.nextInt(10)+1;
    data[i]-=x;
```

```
        data[j]+=x;
    }
```

synchronized 关键字也可用于修饰方法,可对该方法所属的对象进行加锁。例 10-3 中可将数组 a 封装为类,在类的内部实现转移数据及求和的方法,并用 synchronized 关键字修饰这些方法。

```
class MyData
{
    private int[] data={4000, 4000};
    private Random rand=new Random();
    public synchronized void TransferData(int type)
    {
        int x=rand.nextInt(10)+1;
        if(type==1)
        {
            data[0]-=x;
            data[1]+=x;
        }else {
            data[1]-=x;
            data[0]+=x;
        }
    }
    public synchronized int getTotal()
    {
        return data[0]+data[1];
    }
}
```

对数据的转移操作与求和操作被封装在 MyData 类中并用 synchronized 关键字进行修饰。在线程中调用 TransferData()方法转移数据,在主程序中调用 getTotal()方法计算数组的和,即可实现同步访问。

Java 5.0 中提供了 ReentrantLock 类,既可实现 synchronized 关键字提供的基本加锁功能,还可提供更灵活的同步控制。该对象提供了 lock()和 unlock()方法实现加锁和解锁功能。对于内部数据很复杂的类,若每次方法调用都将整个对象锁住,将严重影响程序的并发性。若定义多个 ReentrantLock 对象,将数据分别上锁,调用不同的方法时获取不同的锁,可有效提高程序的并发性。

10.3.2 协作完成任务

当多个线程需要相互协作完成任务时,可使用条件对象(Condition Object)进行控制,条件得到满足的线程可以执行,条件未得到满足的线程进入等待状态,当条件改变后,唤醒所有等待该条件的线程,重新对条件进行检测。

调用 ReentrantLock 对象的 newCondition()方法可得到 Condition 对象,即条件对象。线程运行时若发现条件未满足,可调用条件 Condition 对象的 await()方法进入等待状态。

若其他线程改变了条件,可调用 Condition 对象的 signalAll()方法唤醒所有等待此条件的
线程。

【例 10-4】 整型数组元素 a[0]初值为 0,开启 3 个线程,对 a[0]的值进行修改,每次增
加 1~50 的整数。当 0≤a[0]<100 时,由 Thread-0 负责修改;当 100≤a[0]<200 时,
由 Thread-1 负责修改;当 200≤a[0]<300 时,由 Thread-2 负责修改。3 个线程相互协
作,有序地将 a[0]的值修改为一个大于或等于 300 的整数。

程序代码如下:

```
1    import java.util.Random;
2    import java.util.concurrent.locks.*;
3
4    class SynObject
5    {
6        public static ReentrantLock lock=new ReentrantLock();
7        public static Condition cond=lock.newCondition();
8    }
9    class AddNum extends Thread
10   {
11       private int[] a=null;
12       private int max;
13       private Random rand=new Random();
14       public AddNum(int[] a, int max)
15       {
16           this.a=a;
17           this.max=max;
18       }
19       public void run()
20       {
21           while(true)
22           {
23               SynObject.lock.lock();
24               try
25               {
26                   while(a[0]<max-100)
27                       SynObject.cond.await();
28                   a[0]+=rand.nextInt(50);
29                   SynObject.cond.signalAll();
30                   System.out.println(getName()+" 将 a[0]的值设置为:"+a[0]);
31                   if(a[0]>=max)
32                       break;
33               }catch (Exception e)
34               {
35               }finally
36               {
37                   SynObject.lock.unlock();
```

```
38                    }
39               }
40          }
41     }
42     public class ThreadCooperation10_4
43     {
44          public static void main(String[] args)
45          {
46              int[] a={0};
47              Thread t0=new AddNum(a, 100);
48              Thread t1=new AddNum(a, 200);
49              Thread t2=new AddNum(a, 300);
50              t2.start();
51              t1.start();
52              t0.start();
53          }
54     }
```

程序运行结果如图 10-5 所示。

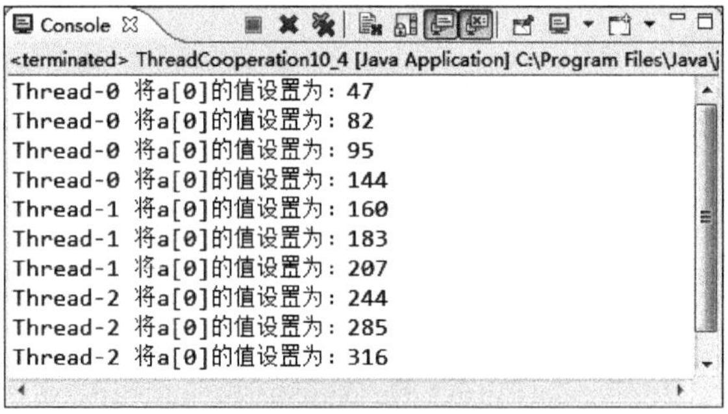

图 10-5　例 10-4 的运行结果

程序分析如下:

第 4~8 行代码定义的 SynObject 类含有两个公有静态成员,一个是锁,一个是由该锁创建的条件对象,用于对线程同步。第 9~41 行代码定义了一个线程类,可对数组元素 a[0]的值进行增加。第 14~18 行代码为构造方法,其中参数 max 的含义是,当 max−100<=a[0]<max 时,不断对 a[0]的值进行增加;若 a[0]>=max,则线程结束。第 21 行代码定义一个死循环,在循环内通过 break 语句结束。第 23 行代码使用 lock 对象加锁,因为接下来要对共享数据 a[0]进行访问。第 37 行代码表示解锁,该语句必须写在 finally 块中,以保证解锁操作一定会进行,否则可能造成死锁。第 26、27 行代码通过循环对 a[0]的值不断进行测试,若 a[0]<max−100 则执行条件对象的 await()方法使线程进入等待状态。例如,创建线程时设置 max=300,则当 a[0]<200 时此线程不工作,当其他线程将 a[0]的值修改为大于或等于 200 时,此线程进入可执行状态。第 28 行代码对 a[0]的值进行增加。第 29 行代码唤醒所有因调用 await()方法进入等待状态的线程,使那些线程可重新检测 a[0]的值是否满足自己的运行条件。此行代码非常关键,若不写则其他线程将永远等待。第 30 行代码

打印显示一条信息证明此线程在运行。第31、32行代码设置此线程的结束条件。第44~53行代码是main()方法,首先定义数组a,然后创建3个线程实例,t0负责在0~100区间修改a[0]的值,t1负责在100~200区间修改a[0]的值,t2负责在200~300区间修改a[0]的值。注意,在第50~52行代码中,线程的启动顺序是t2、t1、t0,如图10-5所示。尽管线程t2第一个启动,但它在最后执行,因为初始状态下a[0]的值不符合它的运行条件。整个执行序列严格按照t0、t1、t2进行,并未因为操作系统随机调度而发生随机运行的情况。

使用ReentrantLock和Condition对象还可实现更多复杂的同步操作,如两个线程交替运行等。对其熟练掌握并灵活运用方可编写出高效的多线程程序。

习 题 10

一、选择题

1. 调用(   )方法可启动线程。
   A. start()   B. run()   C. begin()   D. go()

2. 调用sleep()方法可使线程进入(   )状态。
   A. Waiting   B. Timed waiting   C. Blocked   D. Terminated

3. 定义线程类必须重载(   )方法。
   A. start()   B. run()   C. begin()   D. go()

4. 调用(   )方法可请求线程终止。
   A. stop()   B. isInterrupted()   C. over()   D. interrupt()

5. 若所有非守护线程均已结束,则程序(   )。
   A. 抛出异常   B. 结束
   C. 继续运行守护线程   D. 导致系统崩溃

6. Java中线程共有(   )种状态。
   A. 4   B. 5   C. 6   D. 7

7. (   )是操作系统分配资源的基本单位。
   A. 进程   B. 线程   C. 函数   D. 对象

8. Java中线程的最高优先级为整数(   )。
   A. 7   B. 8   C. 9   D. 10

9. 调用(   )方法可将线程设置为守护线程。
   A. setDaemon(true)   B. setDaemon(false)
   C. makeDaemon(true)   D. makeDaemon(false)

10. 下列说法正确的是(   )。
   A. 自定义线程类后,必须重载start()方法实现线程的功能
   B. 通过stop()方法终止一个线程不会给程序造成任何破坏
   C. 多线程访问共享数据时,若不加锁则必然对数据造成破坏
   D. 调用Condition对象的await()方法可使线程进入等待状态

二、编程题

1. 创建两个线程,打印10 000以内的数字,一个打印奇数序列,一个打印偶数序列。

2. 编写一个 Swing 程序,单击"开始"按钮可在 JPanel 上画一条直线。创建一个线程完成画线功能,画线速度为每 100ms 增加 5 个像素的长度。单击"停止"按钮终止画线过程。

3. 编写一个程序模拟机关枪射击过程。"射击"线程负责消耗子弹,每次扣动扳机随机发射 4~8 发子弹(若弹夹内剩余子弹不足 4 发,则将剩余子弹射出)。"装弹"线程负责为机关枪更换弹夹,弹夹容量为 30,必须在子弹打光之后才能更换弹夹。"机关枪"对象为二者的共享数据。程序运行结果如图 10-6 所示。

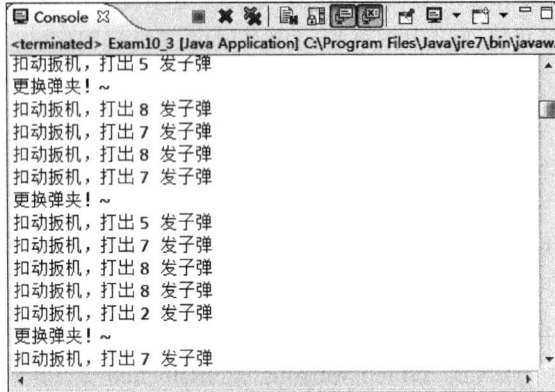

图 10-6　第 3 题要求的程序运行结果

第 11 章　访问数据库

Java 是一门通用、高效的计算机语言,广泛应用于各种大型系统的开发,很多电子商务网站就在后台使用了 Java 技术。对于各种商务系统、信息系统的开发,数据库的使用是必不可少的,海量的数据必须存储在数据库系统中才能实现快速而灵活的访问。因此,Java 提供了一系列对象和接口来帮助程序员方便地访问数据库,本章将详细介绍如何使用 Java 语言对数据库进行操作。

11.1　数据库简介

学习数据库编程,首先要对数据库基本概念有一定的了解。目前世界上应用最广泛的数据库是关系型数据库,本节将介绍与之相关的一些知识。

11.1.1　关系型数据库系统概述

关系型数据库是建立在关系模型基础上的一类数据库,它有着坚实的理论基础,借助于集合、代数等数学概念和方法来处理数据库中的数据。现实世界中各种实体及实体之间的联系均用关系模型来表示。数据库并不能直接访问,必须通过数据库管理系统来处理数据库中的信息。

数据库管理系统(DBMS)是一种操纵和管理数据库的大型软件,用于建立、使用和维护数据库。它对数据库进行统一的管理和控制,以保证数据库的安全性和完整性。用户通过 DBMS 访问数据库中的数据,数据库管理员也通过 DBMS 进行数据库的维护。它可使多个应用程序和用户用不同的方法在同时或不同时刻去创建、修改和查询数据库。对于关系型数据库,DBMS 提供了 SQL 语言来对数据库进行操作。SQL 语言功能十分强大,可以进行关系模式的定义,数据内容的增加、修改、删除和查询等操作。因此,熟练掌握 SQL 语言对数据库编程十分重要。

如图 11-1 所示,在关系型数据库中,数据都是以二维表的形式存放的,比如学生表 S,课程表 C,学生选课表 SC 等。表中每一行数据称为一条记录,每条记录都应该有一个唯一

Sn	Sname	Sgender
01	刘翔	男
02	姚明	男
03	丁俊晖	男
04	邓亚萍	女
05	李娜	女

学生表S

Cn	Cname
01	语文
02	数学
03	英语

课程表C

Sn	Cn	score
01	01	80
01	02	90
01	03	99
02	01	70
02	02	60
03	03	34
05	02	89
05	03	92

学生选课表SC

图 11-1　数据库表

的标识，称为主键。例如，在学生表 S 中，每一名学生的学号 Sn 都必须不同，因此，学号 Sn 可以作为学生表 S 的主键。

数据都有相应的类型，数据库常见数据类型如表 11-1 所示。

表 11-1　数据库常见数据类型

关　键　字	说　　明
INTEGER	整型，用于表示整数
DECIMAL[$(M[,D])$]	浮点数，M 表示总位数，D 表示小数点后位数
CHAR(M)	固定长度字符串，M 表示字符串的长度
VARCHAR(M)	可变长度字符串，M 表示字符串的最大长度

SQL 语言最常用的功能有 5 个：创建数据表、插入数据、查询数据、修改数据、删除数据。下面结合图 11-1 给出它们的具体实现。

1. 创建数据表

创建图 11-1 中学生表 S 的 SQL 语句如下：

```
CREATE TABLE S (Sn CHAR(2), Sname VARCHAR(20), Sgender CHAR(1),
PRIMARY KEY (Sn))
```

CREATE 关键字负责创建表或者视图。TABLE S 表示创建一个名为 S 的表。在表名 S 后面的"()"内定义了表中每列的属性。第 1 列是学号，用 Sn 表示，由图 11-1 可知，学号的格式为 01、02、03 等，因此，该列的数据类型为固定长度字符串，长度为 2，用 CHAR(2) 来定义。第 2 列是学生姓名，可以是两个汉字，也可以是 3 个汉字甚至更多，因此其类型为可变长度字符串。第 3 列是性别，只能取值"男"或"女"，因此用 CHAR(1) 来定义。最后，PRIMARY KEY (Sn) 定义 Sn 为表 S 的主键。

2. 插入数据

在表 S 中插入第一条数据的 SQL 语句如下：

```
INSERT INTO S VALUES('01', '刘翔', '男');
```

INSERT 关键字可以向数据表中插入记录，INTO S 表示向表 S 中插入数据，VALUES 关键字后跟要插入的内容，其顺序一定要和表头保持一致，即首先是学号，然后是姓名，最后是性别。

3. 查询数据

(1) 单表查询。找出所有男生信息的 SQL 语句如下：

```
SELECT * FROM S WHERE Sgender='男'
```

SELECT 关键字用于在表中查询数据。"＊"表示所有的列都出现在查询结果中，也可以通过列名来指定某些列出现在查询结果中。FROM S 表示在表 S 中进行查询。WHERE 子句表示查询的条件，要找出所有男生的信息，因此查询条件设置为 Sgender＝'男'.

(2) 多表连接查询。找出英语课成绩在 90 分以上学生姓名的 SQL 语句如下：

```
SELECT Sname FROM
```

```
S LEFT JOIN SC ON S.Sn=SC.Sn LEFT JOIN C ON SC.Cn=C.Cn
WHERE C.Cname='英语' AND SC.score>90
```

在多表连接查询中,FROM 子句后跟有多个表,表与表之间用 LEFT JOIN 连接,用 ON 关键字指定连接条件。最后使用 WHERE 子句设置查询条件。

4. 修改数据

将 01 号课程的课程名修改为"Java 程序设计"的 SQL 语句如下:

```
UPDATE C SET Cname='Java 程序设计' WHERE Cn='01';
```

UPDATE 关键字用于修改数据,SET 关键字用于设置要修改的内容,WHERE 子句用于设置条件,只有符合条件的记录才会被修改。

5. 删除数据

删除所有女生信息的 SQL 语句如下:

```
DELETE FROM S WHERE Sgender='女'
```

DELETE 关键字可以删除表中数据,FROM S 表示从表 S 中删除,WHERE 子句用于设置条件,只有符合条件的记录才会被删除。

SQL 语言内容很多,此处只介绍最基本的内容,更全面更详细的知识请参考数据库相关书籍。

11.1.2 MySQL 数据库简介

目前,世界上有很多优秀的数据库管理系统,如美国微软公司的 SQL Server 数据库,IBM 公司的 DB 2 数据库,甲骨文公司的 Oracle 数据库等。以上这些都是商用数据库,体积庞大,功能复杂,不适合初学者,因此本书选择 MySQL 数据库进行讲解。

MySQL 是一个跨平台的开源关系型数据库,广泛地应用在中小型网站中。由于其体积小、速度快、总体拥有成本低,且开放源代码,许多中小型网站都选择 MySQL 作为后台数据库。它最早由 MySQL AB 公司开发,后来被 Oracle 公司收购,提供有企业版、社区版等多个版本。其中社区版包含了 DBMS 的绝大部分功能,并且不收取任何费用,可以自由使用,非常适合用于学习 SQL 编程。

MySQL 数据库具有如下特点。

1. 开放性

MySQL 数据库可运行在多个平台上,包括 Windows、Mac OS、Linux 等主流操作系统平台。

2. 多语言支持

MySQL 几乎为所有的主流编程语言提供了 API,包括 C 语言、C++、Java、Perl、PHP、Python 等。

3. 国际化

MySQL 支持多种不同的字符集,包括 ISO-8859-1、BIG5、UTF-8 等。它还支持不同字符集的排序,并能够自定义排序方式。

在官方网站 http://www.mysql.com/downloads/mysql 可以下载 MySQL 安装程序,

目前主流版本是 MySQL 5.5。如图 11-2 所示，选择基于 32 位 Windows 操作系统的 MSI 格式的安装包。该网站必须登录才能下载，首次访问需进行注册。

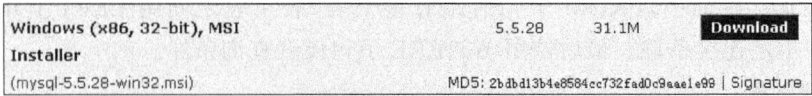

| Windows (x86, 32-bit), MSI Installer | 5.5.28 | 31.1M | Download |
| (mysql-5.5.28-win32.msi) | | MD5: 2bdbd13b4e8584cc732fad0c9aaa1e99 | Signature |

图 11-2　下载 MySQL 数据库

下载完毕后，双击运行 mysql-5.5.28-win32.msi 开始安装。选择典型安装（Typical），只将最常用的功能安装到系统中。安装结束后，需要对数据库进行配置，有两种配置方法可以选择，如图 11-3 所示。

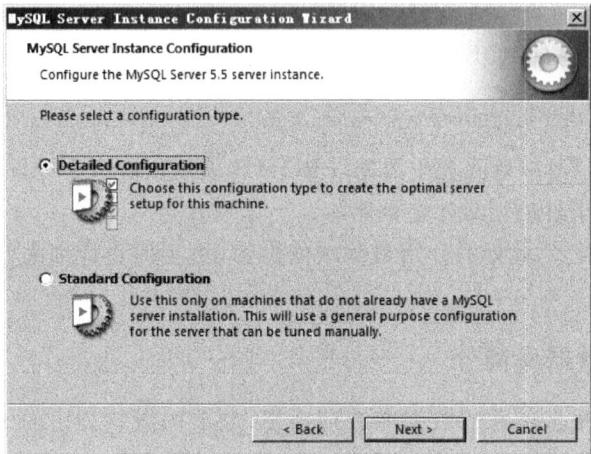

图 11-3　选择数据库配置方式

选中 Detailed Configuration，即详细配置模式，对 MySQL 数据库的主要参数进行手动设置，而非采用系统默认设置。单击 Next 按钮，进入服务器类型选择界面，如图 11-4 所示。

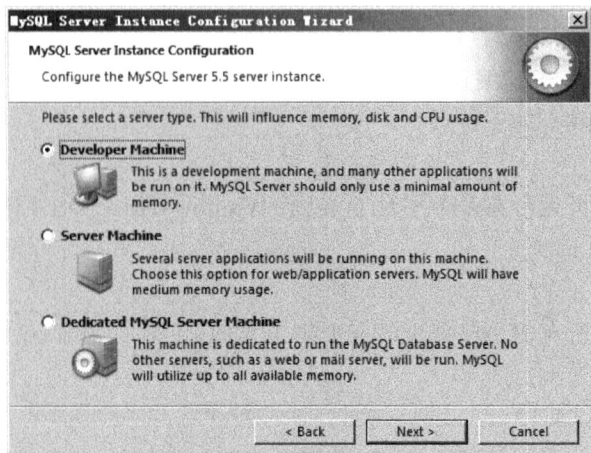

图 11-4　选择服务器类型

服务器类型是指安装数据库的计算机的具体用途，MySQL 据此调整所占用的资源。选第 1 项 Developer Machine，即计算机主要用于程序的开发和调试，MySQL 只会占用少量系统资源。单击 Next 按钮，进入数据库用途选择界面，如图 11-5 所示。

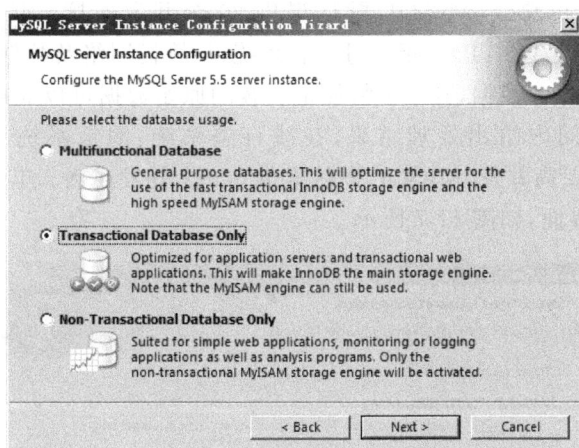

图 11-5　选择数据库用途

选第 2 项 Transactional Database Only，针对 InnoDB 存储引擎进行优化，适用于事务型的 Web 应用程序。MySQL 常用的存储引擎有两个，分别是 InnoDB 和 MyISAM，二者各有优劣。MyISAM 存储引擎强调高性能，其执行速度比 InnoDB 更快，但不提供事务支持；而 InnoDB 提供事务支持以及外键等高级数据库特性，但执行速度稍慢。第 3 项 Non-Transactional Database Only 针对 MyISAM 存储引擎进行优化，适用于监控类和数据分析类程序。第 1 项 Multifunctional Database 则在两个存储引擎之间进行均衡优化，适用范围较广。单击 Next 按钮，进入存储引擎设置界面。MySQL 默认的存储引擎是 InnoDB，此处不做任何修改。单击 Next 按钮，进入并发连接数设置界面，如图 11-6 所示。

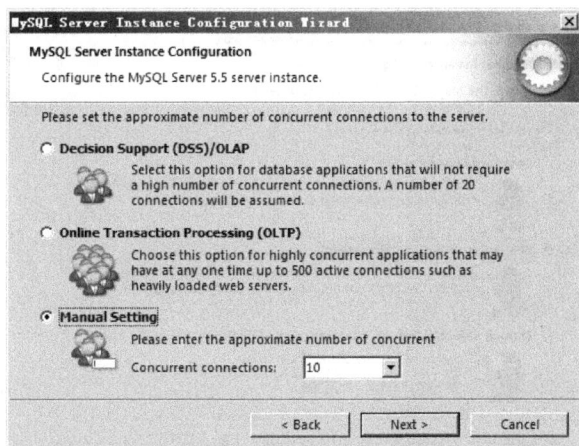

图 11-6　设置并发连接数

选第 3 项 Manual Setting 手动设置并发连接数，设置为 10。第 1 项 Decision Support (DSS)/OLAP 适用于 OLAP 系统。联机分析处理（OLAP，On-Line Analytical Processing）

是一套以多维度方式分析数据,能弹性地提供积存(Roll-up)、下钻(Drill-down)和枢纽分析(Pivot)等操作,呈现集成性决策信息的方法,多用于决策支持系统、商务智能或数据仓库。其主要功能在于方便大规模数据分析及统计计算,对决策提供参考和支持。这类系统重在分析,不需要过多的并发数,MySQL 默认提供 20 个并发连接。联机交易处理(Online Transaction Processing,OLTP)是指通过信息系统、计算机网络及数据库,以联机交易的方式处理一般实时性的作业数据,其基本特征是顾客的原始数据可以立即传送到服务器进行处理,并在很短的时间内给出处理结果,在线订票系统、网银系统、教务系统等都属于OLTP。此类系统需要高并发,MySQL 默认提供 500 个并发连接。单击 Next 按钮,进入网络及 SQL 模式设置界面,如图 11-7 所示。

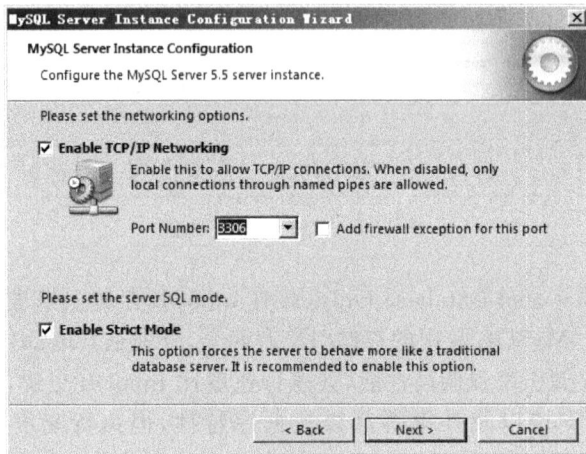

图 11-7　网络及 SQL 模式设置

开启 TCP/IP 网络连接,允许计算机通过网络访问数据库,默认端口号为 3306。开启 SQL 严格模式,数据更加规范。单击 Next 按钮,进入字符集选择界面,如图 11-8 所示。

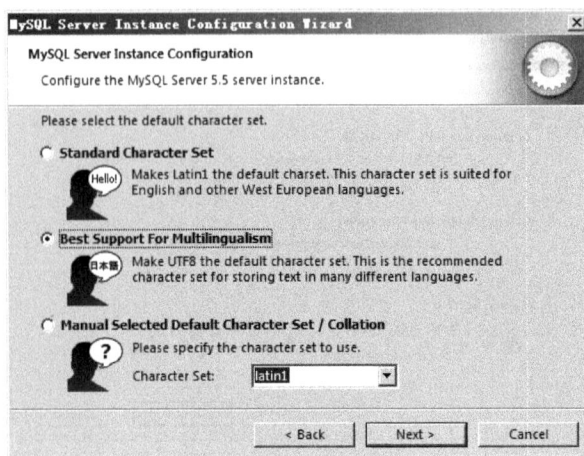

图 11-8　选择字符集

选第 2 项 Best Support For Multilingualism,其含义为使用 UTF-8 字符集。字符集是

字符在计算机内部的二进制编码方式。常用的中文字符集是 GBK,它支持简体中文字符、繁体中文字符、日文字符、韩文字符等多种东亚语言。若系统主要面向国内用户,GBK 字符集可以满足需求。若系统面向全球用户,要支持全球各国和地区语言,则应使用 UTF-8 字符集。UTF-8 使用 3B 长度表示一个汉字,与 GBK 字符集相比会占用更多的存储空间。随着存储器价格越来越低,UTF-8 字符集的优点将越来越突出。

单击 Next 按钮,进入安装方式设置界面,选中 Install As Windows Service,将其作为一个服务安装,之后可通过 Windows 的服务管理器对其进行管理,默认开机自动启动,便于使用。

单击 Next 按钮,进入账号设置界面。MySQL 管理员账号为 root,可在此设置密码。之后可通过 root 账号登录系统,再创建其他账号。

单击 Next 按钮,进入执行设置界面。之前的各种设置,均为预设置,在此单击 Execute按钮后,系统才进行实际配置。如图 11-9 所示,系统配置成功。

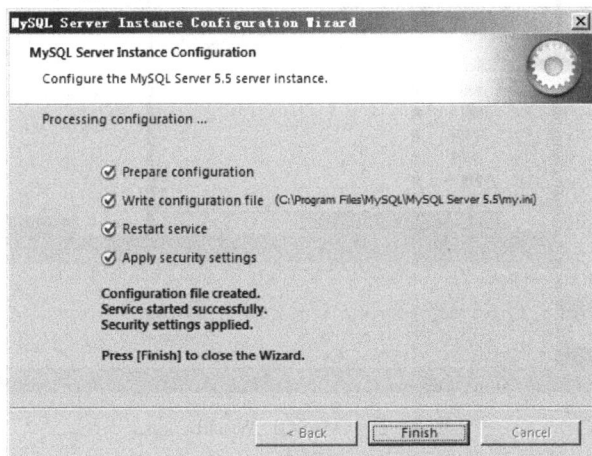

图 11-9　MySQL 配置成功

进入 Windows 的"开始"菜单,找到 MySQL 程序组,运行 MySQL 5.5 Command LineClient,该程序是 MySQL 的命令行客户端,用来对数据库进行管理。该程序使用 root 账号连接 MySQL 数据库,在图 11-10 中①处输入密码后,显示出当前正在运行的数据库实例的一些信息,包括连接的 id 以及 MySQL 的版本。在图 11-1 中②处出现"mysql>"样式的命令提示符,可在此处输入命令对数据库进行管理和使用。

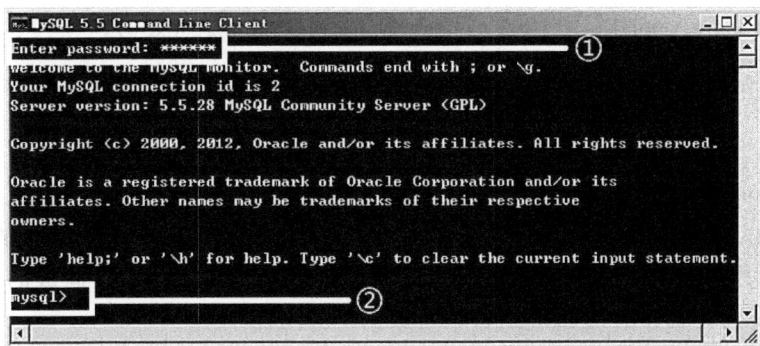

图 11-10　MySQL 命令行客户端

11.1.3　MySQL Workbench 简介

使用 MySQL 自带的命令行客户端对数据库进行管理,所有命令必须通过键盘输入,执行结果以字符表格的形式显示,若表格比较复杂,则显示效果很差,另外它对中文的支持也不完善。因此,官方又单独开发了名为 MySQL Workbench 的基于图形界面的管理工具,如图 11-11 所示。

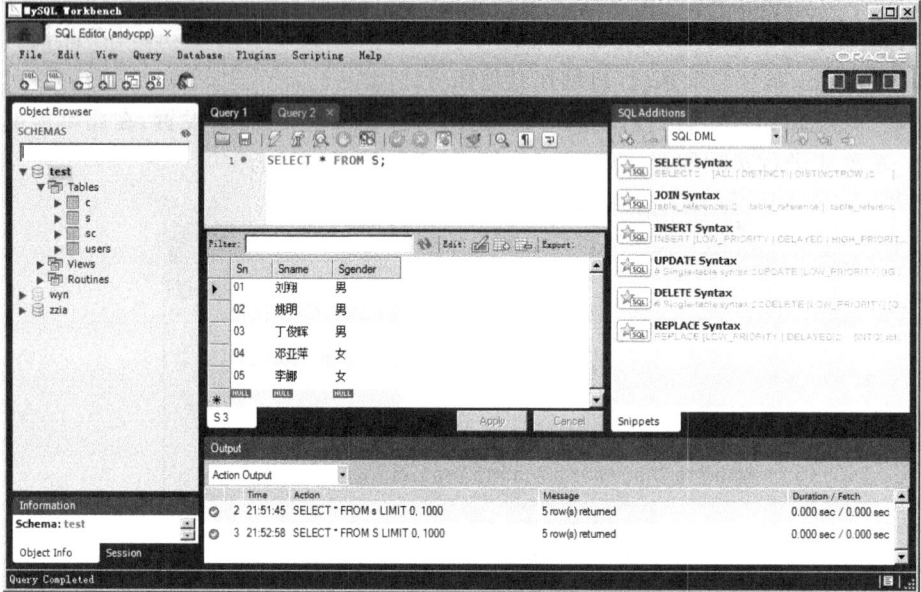

图 11-11　MySQL Workbench

MySQL Workbench 设计为多区域显示,左侧区域显示数据库的相关信息,中部区域可执行 SQL 语句,右侧区域列出了 SQL 语句的基本语法,方便用户在使用时查询。

MySQL Workbench 还有很多高级功能,可以对数据库进行配置,提供了可视化工具创建 EER 图,并根据设计好的 EER 图自动生成数据库表。

MySQL Workbench 用微软的.NET 技术编写,因此在计算机中必须安装如下两个软件包作为运行环境:

（1）Microsoft .NET Framework 4.0;

（2）Microsoft Visual C++ 2010 Redistributable Package（x86）。

11.2　使用 JDBC 进行数据库编程

JDBC(Java DataBase Connectivity,Java 数据库联接)是一种用于执行 SQL 语句的 Java API,可以为多种关系数据库提供统一访问。它由一组用 Java 语言编写的类和接口组成。JDBC 为数据库开发人员提供了一个标准的 API,据此可以构建更高级的工具和接口,使数据库开发人员能够用纯 Java 语言编写数据库应用程序。

11.2.1 JDBC 架构简介

JDBC 的首个版本于 1996 年发布,目前最新版本是 JDBC 4.0。JDBC 之所以被设计为一组接口而不是类库,主要是因为不同的数据库之间差异巨大,无法做到用同一组类库访问所有的数据库。数据库开发商必须根据 JDBC 接口编写驱动程序。

由图 11-12 所示的 JDBC 架构可知,Java 中只包含 JDBC 接口并不能直接访问数据库,必须与数据库开发商编写的驱动程序配合使用。在官方网站 http://www.mysql.com/downloads/connector/j/可以下载 MySQL 数据库的驱动程序,该驱动是一个 JAR 格式的压缩包,必须放入类路径下才可以正常使用。

11.2.2 使用 JDBC 访问数据库

使用 JDBC 访问数据库,首先创建与数据库的连接,然后加载数据库驱动程序,最后通过 JDBC 接口进行相关操作。

1. 数据库 URL 连接

JDBC 数据库 URL 连接的语法如下:

jdbc:[数据库连接协议][数据库地址:端口号]/数据库名

MySQL 数据库连接协议是 mysql;访问本机数据库地址为 localhost,访问远程数据库需指定远程主机的 IP 或域名;默认情况下 MySQL 的端口号是 3306;数据库名必须指定已存在的数据库。假设已使用 MySQL Workbench 在本机创建了名为 test 的数据库,则连接到该数据库的 URL 为 jdbc:mysql://localhost:3306/test。

2. 安装数据库驱动程序

在 Eclipse 中导入 MySQL 驱动的步骤如下。

(1) 从官方网站下载驱动程序,文件名为 mysql-connector-java-5.1.22-bin.jar。

(2) 在项目名上右击,在弹出的快捷菜单中选中 Properties 选项,弹出如图 11-13 所示的对话框。

(3) 在左侧树状导航中单击 Java Build Path 结点,在右侧 Libraries 选项卡显示的当前项目中选中可用类库,目前只有 Java 6 基本类库。

(4) 单击 Add External JARs 按钮,选择 MySQL 的驱动程序,单击"打开"按钮,该类库出现在列表中,如图 11-14 所示。

(5) 在图 11-13 所示对话框中单击 OK 按钮,操作结束。如图 11-15 所示,在项目中多了一栏 Referenced Libraries,其含义是引用的外部类库,MySQL 数据库驱动就位于该栏目下,说明数据库驱动添加成功。

3. 启动数据库服务器

通过 Windows 的"开始"菜单打开"控制面板"对话框,在其中找到"管理工具"|"服务"工具并双击,在弹出的"服务"对话框中找到 MySQL 服务并右击,从弹出的快捷菜单中选中"启动服务"选项。

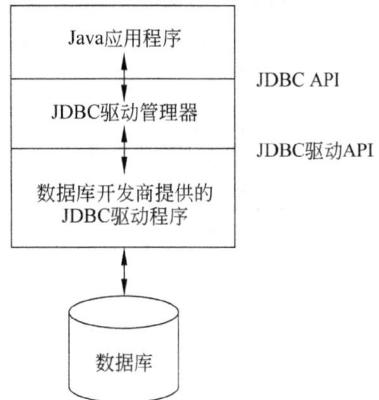

图 11-12　JDBC 架构

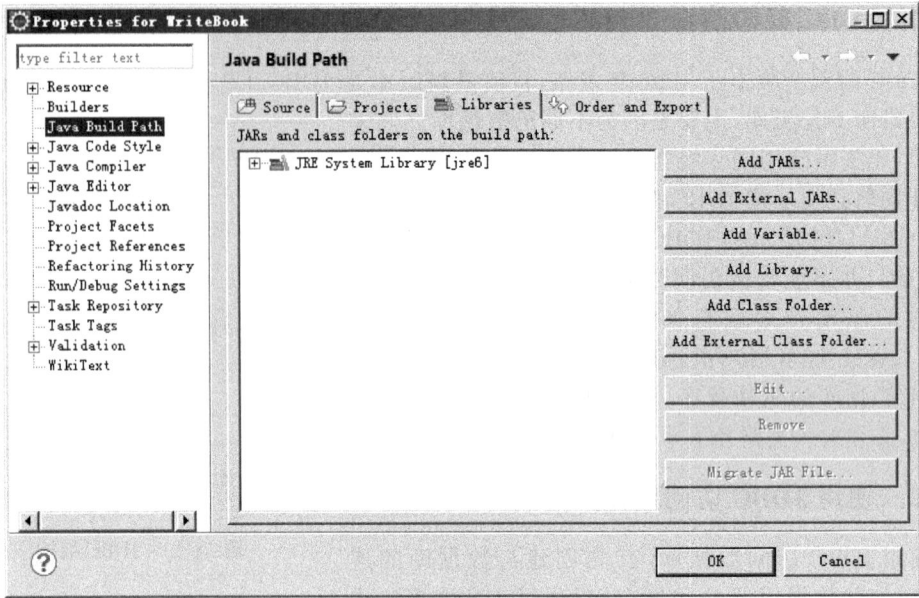

图 11-13 在 Eclipse 中添加外部工具包

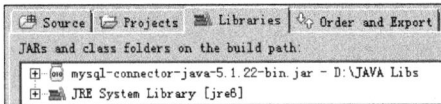

图 11-14 添加 MySQL 驱动

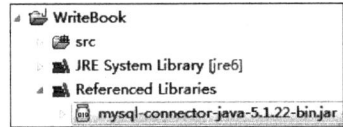

图 11-15 MySQL 驱动导入成功

4. 注册 JDBC 驱动程序

DriverManager 类是 JDBC 的管理层，作用于用户和驱动程序之间。它跟踪可用的驱动程序，并在数据库和相应 JDBC 驱动设置程序之间建立连接。因此，数据库驱动程序必须在 DriverManager 中注册才能使用。注册数据库驱动程序语句如下：

```
Class.forName("数据库驱动完整类名");
```

MySQL 数据库的驱动程序类是 com.mysql.jdbc.Driver，因此，注册 MySQL 数据库驱动程序的语句如下：

```
Class.forName("com.mysql.jdbc.Driver");
```

上述代码并未出现 DriverManager 类，只是通过 Class 类的 forName() 方法创建了 com.mysql.jdbc.Driver 类的一个实例，在 Driver 类中有一段静态代码，在加载时可完成向 DriverManager 的注册。

Java 6 支持的 JDBC 4.0 提供了一些新特性，借助于 Java SE Service Provider 机制，开发人员不再需要使用像 Class.forName() 这样的代码显式地加载 JDBC 驱动程序，就能注册 JDBC 驱动程序。

5. 创建数据库连接

建立数据库连接的语句如下：

```
Connection conn=DriverManager.getConnection(url, username, password);
```

通过调用 DriverManager 类的静态方法 getConnection()，得到 Connection 接口的一个实例。该对象表示数据库的连接，通过该连接可以对数据库进行各种操作。创建连接需要 url、用户名和密码。

6. 创建命令语句

通过数据库连接可创建命令语句，代码如下：

```
Statement stat=conn.createStatement();
```

JDBC 将 SQL 语句分为两类，一类是查询语句，另一类是修改语句。使用 Statement 对象执行不同类型的 SQL 语句需要调用不同的方法。

对于 INSETT、UPDATE、DELETE 或 CREATE 等 SQL 语句，其功能是对数据库或者表进行修改，应调用 executeUpdate 方法，举例如下：

```
int count=stat.executeUpdate("DELETE  FROM s WHERE Sn=' 01' ");
```

该方法返回一个整数，表示受影响记录的条数。若执行 DELETE 语句删除 3 条记录，则返回值为 3。若执行 CREATE 语句创建一个表，则返回值为 0。

对于 SELECT 语句，其功能是对数据库进行查询，应调用 executeQuery()方法，举例如下：

```
ResultSet rs=stat.executeQuery("SELECT * FROM s")
```

该方法返回一个结果集 ResultSet 对象。

7. 遍历结果集

ResultSet 对象表示查询结果。该对象可被想象成一个二维表，使用 next()方法移动其内部游标实现逐行访问。若 next()方法返回 true，则表示当前行数据可读取，反之则表示游标当前位置无数据。针对每一行，可以按列获取内容。遍历结果集的代码结构如下：

```
while (rs.next())
{
    //按列读取当前记录的数据
}
```

注意，在初始状态下，ResultSet 内部游标位于第一行数据之前，无法读取任何数据。必须首先调用 next()方法，使游标移动至第一行，方可读取数据。

读取数据时，应该根据数据类型调用不同的方法。举例如下：

```
String isbn=rs.getString(1);          //取得第 1 列的数据，数据类型为字符串
double price=rs.getDouble(2);         //取得第 2 列的数据，数据类型为双精度浮点数
```

上述代码通过指定列序号来读取内容。与数组下标不同，列序号从 1 开始。通过列名也可读取数据，举例如下：

```
String name=rs.getString("Sname");    //读取名为 Sname 列的数据，数据类型为字符串
int age=rs. getInt ("Sage");          //读取名为 Sage 列的数据，数据类型为整数
```

【例 11-1】 使用 root 账号(密码为 123456)连接位于本机的 test 数据库,在图 11-1 所示的 3 个表中,查询英语课超过 90 分的学生姓名和成绩。

程序代码如下:

```
1    import java.sql.*;
2
3    public class QueryStuScore11_1
4    {
5        public static void main(String[] args) throws Exception
6        {
7            String user="root";
8            String password="123456";
9            String url="jdbc:mysql://localhost:3306/test";
10           Class.forName("com.mysql.jdbc.Driver");
11           Connection conn=DriverManager.getConnection(url, user, password);
12           Statement stat=conn.createStatement();
13           String sql="SELECT sname, score FROM s LEFT JOIN sc ON s.sn=
                sc.Sn LEFT JOIN c ON sc.cn=c.cn WHERE c.cname='英语' AND sc.score>
                90";
14           ResultSet rs=stat.executeQuery(sql);
15           String stu_name;
16           int english_score;
17           while(rs.next())
18           {
19               stu_name=rs.getString("sname");
20               english_score=rs.getInt("score");
21               System.out.println(stu_name+"\t"+english_score);
22           }
23       }
24   }
```

程序运行结果如图 11-16 所示。

程序分析如下:

第 5 行代码将所有异常抛出给虚拟机,这种做法不严谨,正确的异常处理方式在例 11-3 中介绍。第 7~9 行代码定义了连接数据库的 3 个参数。第 10 行代码注册数据库驱动程序,在 Java 6 或更高版本中,此行代码可省略不写。第 11 行代码创建数据库连接。第 12 行代码创建命令语句。第 13 行代码根据例题要求写出 SQL 语句。第 14 行代码执行 SQL 语句,得到结果集。第 17~22 行代码对结果集进行遍历,打印显示查询结果。

图 11-16 例 11-1 运行结果

【例 11-2】 使用 root 账号(密码为 123456)连接位于本机的 test 数据库,创建名为 Greetings 的表,该表只有一个字段 message,类型为变长字符串。向该表中存入两条记录"Hello"和"World",再读取这两条记录拼接为一个句子打印显示。要求保证此程序可重复运行。

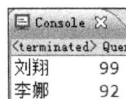

程序代码如下：

```
1    import java.sql.*;
2
3    public class HelloWorld11_2
4    {
5        public static void main(String[] args) throws Exception
6        {
7            String user="root";
8            String password="123456";
9            String url="jdbc:mysql://localhost:3306/test";
10           Class.forName("com.mysql.jdbc.Driver");
11           Connection conn=DriverManager.getConnection(url, user, password);
12           Statement stat=conn.createStatement();
13           stat.executeUpdate("CREATE TABLE Greetings (Message CHAR(20))");
14           stat.executeUpdate("INSERT INTO Greetings VALUES ('Hello')");
15           stat.executeUpdate("INSERT INTO Greetings VALUES ('World')");
16           ResultSet rs=stat.executeQuery("SELECT * FROM Greetings");
17           StringBuilder builder=new StringBuilder();
18           String word=null;
19           rs.next();
20           word=rs.getString(1);
21           builder.append(word);
22           builder.append(", ");
23           rs.next();
24           word=rs.getString(1);
25           builder.append(word);
26           builder.append(" !~");
27           System.out.println(builder.toString());
28           stat.executeUpdate("DROP TABLE Greetings");
29       }
30   }
```

程序运行结果如图 11-17 所示。

程序分析如下：

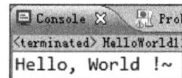

图 11-17 例 11-2 运行结果

第 5 行代码将所有异常抛出给虚拟机，这种做法不严谨，正确的异常处理方式在例 11-3 中介绍。第 7～12 行代码连接到数据库并创建命令语句对象。第 13～15 行代码创建表并插入数据。第 16～27 行代码查询 Greetings 表，并将查询结果拼接为句子。由例题要求可知表中只有两行记录，因此在取得查询结果时无须使用 while 循环。第 28 行代码销毁 Greetings 表。由于例题要求此程序可重复运行，所以若不销毁该表，再次运行此程序会在第 13 行代码处抛出异常，因为数据库中表名不允许重复。

8. 执行不确定的 SQL 语句

若要执行的 SQL 语句不确定，可能是 SELECT 语句，也可能是 UPDATE 语句，应调用 Statement 对象的如下方法：

```
boolean execute(String sqlStatement)
```

该方法返回一个布尔值,若返回值为 true,则表示执行 SQL 语句可得到一个结果集,说明该 SQL 语句是 SELECT 语句。若返回值为 false,则表示执行 SQL 语句后,无结果集返回,只能得到一个整数,该整数的含义为受影响的记录条数。调用 execute()方法后,还应调用如下两个方法取得 SQL 语句的执行结果:

```
ResultSet  getResultSet()          //取得 SQL 执行后的结果集
int  getUpdateCount()              //取得 SQL 执行后的受到影响的记录的条数
```

若事先未调用 execute()方法,则 getResultSet()的返回值是 null,getUpdateCount()的返回值是 −1。

每个 Statement 对象可执行多次 SQL 语句。但是,每个 Statement 对象只能有一个可用的结果集,当执行了新的 SQL 语句产生了新的结果集后,之前的结果集将无法使用。若要同时保持多个可用的结果集,则必须创建多个 Statement 对象。同一个 Connection 对象可创建多个 Statement 对象,无须打开多个数据库连接。

9. 关闭对象

当 ResultSet、Statement 和 Connection 等对象使用完毕后,应立刻调用 close()方法将其关闭。这些对象通常会用到一些大型数据结构,占用系统比较大的资源,应尽早释放这些资源,而不是等待垃圾收集器来处理。

close()方法不仅能关闭对象自身,还能关闭此对象创建的其他对象。例如,调用了 Statement 对象的 close()方法,则由该 Statement 对象创建的 ResultSet 对象也随之关闭。若调用了 Connection 对象的 close()方法,那么由它创建的所有 Statement 对象也都随之关闭。

10. 异常处理

在访问数据库的过程中可能产生 SQLException 异常,程序的其他代码也可能产生异常,程序员有义务对异常进行处理。若异常处理不当,有可能使得 JDBC 对象无法关闭,造成系统资源浪费。正确的异常处理代码结构如下:

```
try
{
    Connection conn=…;
    try
    {
        Statement stat=conn.createStatement();
        ResultSet result=stat.executeQuery(queryString);
        //处理查询结果
    }
    finally
    {
        conn.close();
    }
}
catch (Exception e)
```

```
{
    //处理异常
}
```

异常首先被内层的 try 捕获,进入 finally 代码块关闭 Connection 对象,由其创建的其他对象也随之关闭,系统资源得到释放。此处不对异常进行任何处理,将其继续向外抛出,被外层的 try 捕获,进入 catch 代码块对异常进行处理。

11. 元数据(metadata)

除了查询表中的数据之外,JDBC 还可查询表结构信息、数据库信息等数据,这类信息称为元数据,即关于数据的数据,例如数据库中表的个数,每个表中的字段数,每个字段的名称,等等。

```
DatabaseMetaData database=conn.getMetaData();    //conn 是一个 Connection 对象
ResultSetMetaData table=rs.getMetaData();         //rs 是一个 ResultSet 对象
```

调用 Connection 对象的 getMetaData()方法,返回一个 DatabaseMetaData 对象,可取得数据库的元数据。调用 ResultSet 对象的 getMetaData()方法,返回一个 ResultSetMetaData 对象,可取得表的元数据。

【**例 11-3**】 使用 root 账号(密码为 123456)连接位于本机的 test 数据库,打印显示该数据库中的全部表结构,接收并执行用户输入的指令。若用户输入 SELECT 语句,则打印显示查询结果;若用户输入 INSERT、UPDATE 或 DELETE 语句,则打印显示受影响的记录条数;若用户输入 exit 指令,则程序正常结束;若用户输入非法指令,则结束程序并打印显示捕捉到的异常。

程序代码如下:

```
1    import java.sql.Connection;
2    import java.sql.DatabaseMetaData;
3    import java.sql.DriverManager;
4    import java.sql.ResultSet;
5    import java.sql.ResultSetMetaData;
6    import java.sql.Statement;
7    import java.util.Scanner;
8
9    public class ExUserSQL11_3
10   {
11       public static void main(String[] args)
12       {
13           String user="root";
14           String password="123456";
15           String url="jdbc:mysql://localhost:3306/test";
16           try
17           {
18               Class.forName("com.mysql.jdbc.Driver");
19               Connection conn=DriverManager.getConnection(url, user, password);
20               System.out.println("已连接到 test 数据库,包含有如下的数据表: ");
```

```
21              try
22              {
23                  Statement stat=conn.createStatement();
24                  DatabaseMetaData database=conn.getMetaData();
25                  ResultSet tables=database.getTables(null, null, null,
                        new String[]{"TABLE"});
26                  ResultSetMetaData columns=null;
27                  ResultSet rs=null;
28                  String table_name=null;
29                  StringBuilder table_model=new StringBuilder();
30                  while(tables.next())
31                  {
32                      table_name=tables.getString(3).toUpperCase();
33                      rs=stat.executeQuery("SELECT * FROM "+table_name);
34                      columns=rs.getMetaData();
35                      table_model.append(table_name);
36                      table_model.append('(');
37                      table_model.append(columns.getColumnName(1));
38                      for(int i=2; i<=columns.getColumnCount(); i++)
39                      {
40                          table_model.append(", ");
41                          table_model.append(columns.getColumnName(i));
42                      }
43                      table_model.append(");");
44                      System.out.println(table_model.toString());
45                      table_model.delete(0, table_model.length());
46                  }
47                  System.out.println("\n请输入 SQL 语句,或输入 exit 结束程序: ");
48                  Scanner scanner=new Scanner(System.in);
49                  String command_line=scanner.nextLine();
50                  while(command_line.toLowerCase().equals("exit")==false)
51                  {
52                      boolean flag=stat.execute(command_line);
53                      if(flag==false)
54                      {
55                          int n=stat.getUpdateCount();
56                          System.out.println("数据库中受到影响的记录为"+n+" 条。");
57                      }else
58                      {
59                          rs=stat.getResultSet();
60                          columns=rs.getMetaData();
61                          int count=columns.getColumnCount();
62                          for(int i=1; i<=count; i++)
```

```
63                          {
64                                System.out.print(columns.getColumnLabel(i)+"\t");
65                          }
66                          System.out.println();
67                          while(rs.next())
68                          {
69                              for(int i=1; i<=count; i++)
70                              {
71                                  System.out.print(rs.getObject(i)+"\t");
72                              }
73                              System.out.println();
74                          }
75                      }
76                      System.out.println("\n请输入下一条指令: ");
77                      command_line=scanner.nextLine();
78                  }
79                  System.out.println("程序结束,谢谢使用!~");
80              }
81              finally
82              {
83                  conn.close();
84              }
85          } catch (Exception e)
86          {
87              String exception=e.getClass().getSimpleName();
88              System.out.println("发生 "+exception+" 异常,程序结束...");
89          }
90      }
91  }
```

程序运行结果如图 11-18 所示。

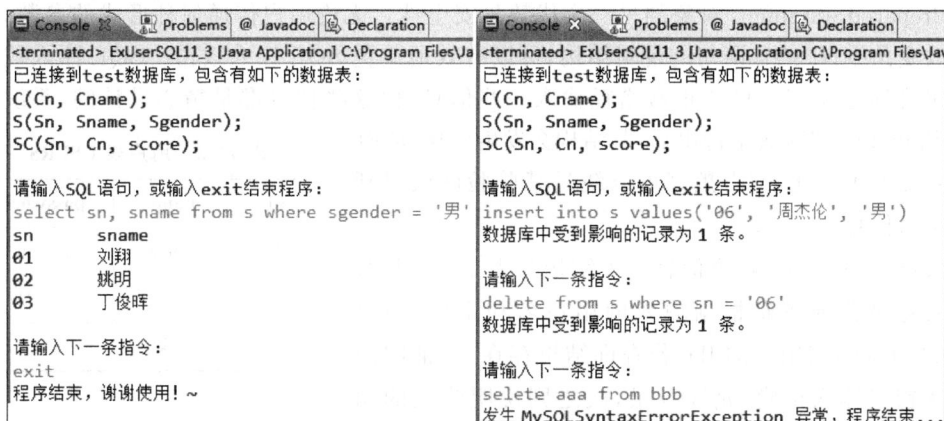

图 11-18　例 11-3 的执行结果

程序分析如下：

第 17～85 行代码位于外层的 try 语句块中，捕捉异常后跳转至第 85～89 行代码的 catch 块中处理。第 22～80 行代码位于内层的 try 语句块中，捕捉异常后不做处理，跳转至第 81～84 行代码的 finally 块中关闭数据库资源。第 24 行代码获取数据库的元数据，第 25 行代码从元数据中获取存放所有表名的 ResultSet 对象。第 30～46 行代码遍历该结果集，针对每个表执行一次查询，并从查询结果中获取该表的元数据，从而获取该表中每一个字段的名字，利用 StringBuilder 对象将表名及字段名拼接为一行字符串打印显示。第 48、49 行代码从控制台接收用户输入的命令。第 50～78 行代码通过 while 循环不断接收并执行用户输入的命令，直到用户输入"exit"退出循环。第 52 行代码执行用户输入的 SQL 命令。第 53 行代码判断 SQL 命令的类型，若不是查询语句，则执行第 55、56 行代码，打印显示受影响的记录行数；反之则执行第 58～75 行代码，将查询结果打印显示。

11.2.3　JDBC 高级特性

除了基本功能外，JDBC 中还有一些高级特性，为程序的编写提供了更好的安全性和便利性。

1. 预编译 SQL 语句

JDBC 中 Statement 对象执行 SQL 语句时，每次都是先编译后执行，若一条语句执行 5 次则需编译 5 次。若 SQL 语句结构固定，每次执行时只需提供不同的参数，则应使用 PreparedStatement 对象来执行。例如，查询学生基本信息的功能，其 SQL 语句结构可能为

```
select * from student where id=?
```

此查询中 SQL 语句基本结构是固定的，每次只需在问号的位置提供不同的学号，就能查询不同的学生信息。使用 PreparedStatement 对象执行此类语句时，会预先对 SQL 语句进行编译后存放在数据库缓冲池中，每次执行只需提供不同的参数即可查询出不同的结果，而无须多次编译。所以对于结构固定且多次执行的 SQL 语句，使用 PreparedStatement 对象将会大大降低运行时间，特别是在大型的数据库中，它可有效加快数据库的访问速度。

PreparedStatement 对象的另一个优势是安全性。无论用户传递何种形式的参数，它都不会改变预编译 SQL 语句的逻辑结构，可以有效地避免 SQL 注入攻击。SQL 注入攻击指的是黑客通过系统提供的正常途径输入一些信息，但这些信息都是精心设计的，系统中的 SQL 语句接收到这些字符串后，其结构会发生变化，从而导致功能发生变化，使得黑客可以绕过某些验证或得到某些机密信息。

假设某网站存放账户信息的表结构与表 11-2 相同，并且其登录验证逻辑根据输入的用户名和密码，通过 SQL 语句查询该用户的 ID，若查询结果存在，则证明用户名和密码输入正确，允许登录，反之则说明输入的用户名和密码不正确，拒绝登录。例 11-4 模拟了这一过程，该验证逻辑存在 SQL 注入漏洞，输入特殊的用户名会绕过验证。

表 11-2　用户表 USERS

id	name	password
1	andy	123456
2	tom	5201314
3	jack	abc123

【例 11-4】 使用 root 账号(密码为 123456)连接位于本机的 test 数据库,根据表 11-2 中存放的信息,使用存在 SQL 注入漏洞的逻辑来判断用户的登录信息是否正确。若正确, 则打印显示"用户名和密码存在,登录成功!";反之则打印显示"用户名不存在或密码错误, 登录失败!"。

程序代码如下:

```
1    import java.sql.*;
2    import java.util.Scanner;
3
4    public class UserLogin11_4
5    {
6        public static void main(String[] args)
7        {
8            String user="root";
9            String password="123456";
10           String url="jdbc:mysql://localhost:3306/test";
11           try
12           {
13               Class.forName("com.mysql.jdbc.Driver");
14               Connection conn=DriverManager.getConnection(url, user, password);
15               try
16               {
17                   Scanner sc=new Scanner(System.in);
18                   System.out.println("请输入用户名和密码: ");
19                   System.out.print("用户名: ");
20                   user=sc.nextLine();
21                   System.out.print("密码: ");
22                   password=sc.nextLine();
23                   String sql="select id from users where name=";
24                   sql=sql+"'"+user+"' and password=";
25                   sql=sql+"'"+password+"'";
26                   Statement stat=conn.createStatement();
27                   ResultSet rs=stat.executeQuery(sql);
28                   if(rs.next()==true)
29                   {                                //如果查询结果存在
30                       System.out.println("用户名和密码存在,登录成功!");
31                   }else
32                   {                                //若查询结果为空
33                       System.out.println("用户名不存在或密码错误,登录失败!");
34                   }
35               } finally
36               {
37                   conn.close();
38               }
```

```
39                } catch (Exception e)
40                {
41                    e.printStackTrace();
42                }
43        }
44    }
```

程序运行结果如图 11-19 所示。

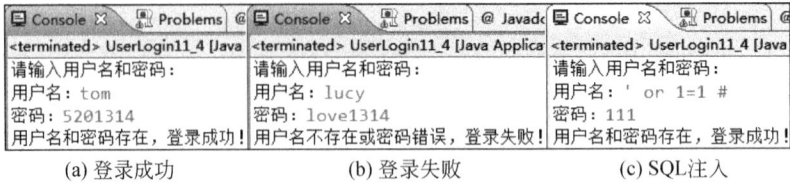

(a) 登录成功   (b) 登录失败   (c) SQL注入

图 11-19　例 11-4 的执行结果

程序分析如下：

第 19、20 行代码从控制台接收用户名并存放在 user 变量中。第 21、22 行代码从控制台接收密码并存放在 password 变量中。第 23～25 将用户名和密码拼接为一条查询语句。第 27 行代码执行该查询。第 28～34 行代码根据查询结果进行判断，若查询结果存在，则登录成功；反之则登录失败。

图 11-19(a)展示了登录成功的结果，图 11-19(b)展示了登录失败的结果，图 11-19(c)展示了 SQL 注入的结果，即输入的用户名和密码并不存在于表 11-2 中，但仍然登录成功。若某网站登录系统按照例 11-4 来设计，则黑客可以通过 SQL 注入技术，轻松绕过登录验证，取得会员权限并访问相关内容。

之所以产生上述结果，是因为"' or 1＝1 ♯"这一精心设计的用户名与程序中的 SQL 语句拼接后，改变了原有 SQL 语句的逻辑，从而导致验证功能失效。

若输入的是普通的用户名和密码，比如"tom"和"5201314"，则经过拼接的 SQL 语句为

```
select id from users where name='tom' and password='5201314'
```
条件 1　　　　　　条件 2

条件之间是 and 关系

在上述 SQL 语句中，where 子句后有 2 个条件，条件 1 是用户名信息，条件 2 是密码信息，这两个条件之间是 and 关系，只有同时满足这两个条件，查询结果才不为空，从而验证用户名和密码的正确性。

若将"'or 1＝1 ♯"作为用户名输入，密码输入任意字符串，比如"111"时，则经过拼接的 SQL 语句为

```
select id from users where name=''  or  1=1  #' and password='111'
```
条件 1　　条件 2　　　　　注释

条件之间是 or 关系

在上述 SQL 语句中,条件 1 是用户名信息,经过拼接后的结果是一个空字符串(两个单引号,中间无任何内容)。条件 2 是"1=1",该表达式永远为 true。其余内容都跟在井号(♯)后面,在 MySQL 数据库中,井号(♯)后面的内容是注释,在执行时被直接忽略。因此密码输入任意一个字符串都是可以的,因为它处于注释当中,不会被执行。最后,条件 1 和条件 2 是 or 的关系,而条件 2 永远为 true,因此,整个 where 子句的结果永远为 true。于是,该语句的执行结果是将数据库中所有用户的 id 都检索出来了。而验证逻辑只是简单地判断查询结果集是否为空,只要结果集不为空,就认为验证通过。所以,上述代码就能够绕过验证机制从而登录系统。

由此可见,SQL 注入之所以可以成功,关键就在于 SQL 语句的逻辑结构被改变了。使用 PreparedStatement 对象可以避免这种情况。在例 11-4 中,如下代码负责 SQL 语句的拼接和执行:

```
String sql="select id from users where name=";
sql=sql+"'"+name+"' and password=";
sql=sql+"'"+password+"'";
Statement stat=conn.createStatement();
ResultSet rs=stat.executeQuery(sql);
```

若将其替换为

```
String sql="select id from users where name=? and password=? ";
PreparedStatement stat=conn.prepareStatement(sql);
stat.setString(1, user);
stat.setString(2, password);
ResultSet rs=stat.executeQuery();
```

则 SQL 注入会失效,因为 PreparedStatement 对象会将 SQL 语句进行预编译,保证其结构不发生变化。在预编译 SQL 语句时,未知的参数用"?"代替。当参数确定后,可通过该对象的 setString()方法传递给 SQL 语句。参数可以有多个,因此需要通过序号来为指定的参数赋值。第一个参数的序号为 1,第二个参数的序号为 2,以此类推。

2. 增强的结果集

默认情况下,结果集的功能非常简单,其内部游标只能前进,不能后退,并且其内容是不可修改的。有些情况下,用户需要自由地在结果集内进行定位,例如先定位到第 10 条记录,再定位到第 3 条记录;或者需要对数据库进行更新,例如查询出某人的月薪为 3000 元,然后为其加薪 500 元,将月薪修改为 3500 元。在创建 Statement 对象时提供相应的参数可使结果集具有自由滚动和更新数据的能力。举例如下:

```
//conn 为 Connection 对象
Statement stat=conn.createStatement(type, concurrency);
PreparedStatement stat=conn.prepareStatement(command, type, concurrency);
```

其中,type 和 concurrency 参数的取值均是 ResultSet 类中事先定义好的常量,如表 11-3 和表 11-4 所示。

表 11-3　ResultSet 中定义的 type 的取值

取　　值	含　　义
TYPE_FORWARD_ONLY	游标单向滚动,只能前进,不能后退(默认值)
TYPE_SCROLL_INSENSITIVE	游标双向滚动,但不及时更新,如果数据库里的数据修改过,就不在 ResultSet 中反映出来
TYPE_SCROLL_SENSITIVE	游标双向滚动,并及时跟踪数据库的更新,以便更改 ResultSet 中的数据

表 11-4　ResultSet 中定义的 concurrency 的取值

取　　值	含　　义
CONCUR_READ_ONLY	不能利用结果集来更新数据库(默认值)
CONCUR_UPDATABLE	可以利用结果集来更新数据库

可通过如下语句得到既能双向滚动,又能对数据库进行更新的结果集:

```
Statement stat=conn.createStatement(
    ResultSet.TYPE_SCROLL_INSENSITIVE, ResultSet.CONCUR_UPDATABLE);
ResultSet rs=stat.executeQuery(query);
```

可通过如下语句移动游标:

```
rs.previous()                      //向后滚动 1 条记录
rs.relative(n)                     //如果 n 为正整数,则向前滚动 n 条记录;反之则向后滚动
rs.absolute(n)                     //绝对定位到第 n 条记录
rs. first()                        //滚动到第一条记录
rs.last()                          //滚动到最后一条记录
rs. beforeFirst()                  //滚动到第一条记录之前,不指向任何记录
rs. afterLast()                    //滚动到最后一条记录之后,不指向任何记录
```

应用举例:

(1) 将表 11-2 中第 3 行记录的密码改为"hello",代码如下:

```
⋮
rs.absolute(3);                             //绝对定位到第 3 条记录
rs.updateString("password ", "hello ");     //将该记录的 password 字段更新为"hello"
rs. updateRow();                            //提交更新
⋮
```

(2) 在表 11-2 中插入一条记录(4, lucy, 9527),代码如下:

```
⋮
//假设当前游标位于第 2 条记录
rs. moveToInsertRow();              //将游标移动到"插入行"的位置
rs. updateInt(1, 4);               //将第一个字段的值设置为 4
rs. updateString(2, "lucy");       //将第二个字段的值设置为"lucy"
rs. updateString(3, "9527");       //将第三个字段的值设置为"9527"
rs.insertRow();                    //将新记录插入表中
```

```
rs.moveToCurrentRow();                              //将游标回归到原位置,本例中为第 2 条记录
  ⋮
```

(3) 删除表 11-2 中最后一条记录:
```
  ⋮
rs.last();
rs.deleteRow();
  ⋮
```

3. 事务

事务(Transaction)是数据库管理系统中的一个逻辑单位,由一个有限的数据库操作序列构成。事务具有原子性、一致性、隔离性、持续性。若事务顺利执行完毕,就可通过 commit()方法提交。若事务执行过程中发生异常,则通过 rollback()方法回滚,系统将事务中已完成的操作全部撤销,回滚到事务开始前的状态。

在 JDBC 中,默认情况下事务是自动提交的,即每条 SQL 语句单独构成一个事务,执行完毕后立即将结果提交到数据库。若要将多条语句组成一个事务,必须调用 Connection 对象的 setAutoCommit(false)方法,将自动提交修改为手动提交。事务结束后,调用 Connection 对象的 commit()方法将结果提交到数据库。若事务执行过程中发生异常,则需在处理异常的 catch 块中调用 Connection 对象的 rollback()方法,回滚到初始状态。

事务编程的一般结构如下:

```
Connection conn=null;
try {
    Class.forName("com.mysql.jdbc.Driver");
    conn=DriverManager.getConnection(mysql_url, name, password);
    conn.setAutoCommit(false);
    Statement stat=conn.createStatement();
    stat.executeUpdate(command_1);                  //更新语句 1
    stat.executeUpdate(command_2);                  //更新语句 2
    ...
    stat.executeUpdate(command_n);                  //更新语句 n
    conn.commit();
}
catch (Exception ex) {
    ex.printStackTrace();
    try {
        conn.rollback();
    }
    catch (Exception e) {
        e.printStackTrace();
    }
}
```

4. 行集

增强的结果集功能已十分完善,但仍有一个严重的缺点,即在整个操作过程中必须一直

占用数据库的连接,这使得结果集缺乏足够的灵活性,并且许多操作都在数据库服务器完成,没有充分利用客户机的计算资源。行集(RowSet)继承了 ResultSet 接口,却又无须一直占用数据库连接,在某些情况下比结果集更适用。

行集(RowSet)具有如下特点。

(1) RowSet 扩展了 ResultSet 接口,既能使用 ResultSet 中所有功能,又添加了新功能。

(2) 在默认情况下 RowSet 对象都是可滚动和可更新的。

(3) 大部分 RowSet 是非连接的,可以离线操作数据。

(4) RowSet 接口添加了对 JavaBeans 组件模型的 JDBC API 支持,可作为 JavaBeans 组件使用在可视化 Bean 开发环境中。

(5) 某些 RowSet 是可以序列化的。

JDBC 中提供了 5 种 RowSet。

(1) CachedRowSet:它是最常用的一种 RowSet。其他 3 种 RowSet(WebRowSet、FilteredRowSet 和 JoinRowSet)都是直接或间接继承于它并进行了扩展。它提供了对数据库的离线操作,可以将数据读取到内存中进行增删改查,再同步到数据源。CachedRowSet 是可滚动的、可更新的、可序列化,可作为 JavaBeans 在网络间传输。支持事件监听,分页等特性。CachedRowSet 对象通常包含取自结果集的多个行,但是也可包含任何取自表格式文件(如电子表格)的行。

(2) WebRowSet:继承自 CachedRowSet,并可以将 WebRowSet 写到 XML 文件中,也可以用符合规范的 XML 文件来填充 WebRowSet。

(3) FilteredRowSet:通过设置 Predicate(在 javax.sql.rowset 包中),提供数据过滤的功能。可以根据不同的条件对 RowSet 中的数据进行筛选和过滤。

(4) JoinRowSet:提供类似 SQL JOIN 的功能,将不同的 RowSet 中的数据组合起来。目前在 Java 6 中只支持内连接(Inner Join)。

(5) JdbcRowSet:对 ResultSet 的一个封装,使其能够作为 JavaBeans 被使用,是唯一一个保持数据库连接的 RowSet。JdbcRowSet 对象是连接的 RowSet 对象,也就是说,它必须使用 JDBC 驱动程序来持续维持它与数据源的连接。

目前 MySQL 官方提供的驱动程序中,并不包含 RowSet 的具体实现。因此,只能使用 Sun 公司提供的参考实现,完整类名为 com.sun.rowset.CachedRowSetImpl。

【例 11-5】 使用 root 账号(密码为 123456)连接位于本机的 test 数据库,使用 CachedRowSet 修改图 11-1 中学生选课表 SC 的成绩列,为所有低于 90 分的课程增加 10 分。程序本身不产生任何输出,通过 MySQL Workbench 查看执行后数据库的变化。

程序代码如下:

```
1    import java.sql.*;
2    import javax.sql.rowset.CachedRowSet;
3    import com.sun.rowset.CachedRowSetImpl;
4
5    public class UpdateScore11_5
6    {
7        public static void main(String[] args)
8        {
```

```
9              String user="root";
10             String password="123456";
11             String url="jdbc:mysql://localhost:3306/test";
12             try
13             {
14                 Class.forName("com.mysql.jdbc.Driver");
15                 Connection conn=DriverManager.getConnection(url, user, password);
16                 try
17                 {
18                     CachedRowSet rs=new CachedRowSetImpl();
19                     rs.setCommand("select * from sc");
20                     rs.execute(conn);
21                     conn.close();
22                     while(rs.next())
23                     {
24                         int score=rs.getInt(3);
25                         if(score<90)
26                         {
27                             rs.updateInt(3, score+10);
28                             rs.updateRow();
29                         }
30                     }
31                     conn=DriverManager.getConnection(url, user, password);
32                     conn.setAutoCommit(false);
33                     rs.acceptChanges(conn);
34                 } finally
35                 {
36                     conn.close();
37                 }
38             } catch (Exception e)
39             {
40                 e.printStackTrace();
41             }
42         }
43     }
```

程序运行结果如图 11-20 所示。

程序分析如下：

图 11-20 并非程序运行时显示的内容，而是程序运行前后，通过 MySQL Workbench 对表 SC 进行查询的结果。第 18 行代码创建一个 RowSet 对象，与结果集不同，RowSet 对象直接通过 new 操作符创建，而非通过查询返回。第 19 行代码为 RowSet 对象设置 SQL 语句，第 20 行代码通过数据库连接 conn 执行该语句。SQL 语句执行完毕，RowSet 将查询结果保存后，则不再需要数据库连接。在第 21 行代码显式地关闭 conn 对象，并不影响 RowSet 的使用。第 22～30 行代码对行集进行遍历，读取成绩信息，若低于 90 分，则增加 10 分后存入数据库。特别注意第 28 行代码，每次修改数据后，都要调用 updateRow()方法，否则修改无效。在无连接状态下对结果集更新完毕后，于第 31 行代码处获取一个新的

数据库连接,并于第 32 行代码处将该连接的提交方式设为手动。第 33 行代码通过该连接将行集中更新的内容提交到数据库。若无第 32 行代码,则提交过程中会抛出异常。

Sn	Cn	score
01	01	80
01	02	90
01	03	99
02	01	70
02	02	60
03	03	34
05	02	89
05	03	92

(a) 程序运行前表SC的数据

Sn	Cn	score
01	01	90
01	02	90
01	03	99
02	01	80
02	02	70
03	03	44
05	02	99
05	03	92

(b) 程序运行后表SC的数据

图 11-20　例 11-5 运行后数据库的变化

习　题　11

一、选择题

1. 数据库管理系统的英文缩写是(　　)。

A. DBMS　　B. DBS　　C. SQL　　D. DB

2. 数据库管理系统通过(　　)对数据库进行操作。

A. C 语言　　B. SQL 语言　　C. 汇编语言　　D. PV 原语

3. 在数据库中插入一条记录使用(　　)关键字。

A. SELECT　　B. UPDATE　　C. INSERT　　D. CREATE

4. 下列选项中,(　　)是免费开源的。

A. ORACLE　　B. SQL Server 2000

C. SYBASE　　D. MySQL

5. 以下关于 JDBC 的说法正确的是(　　)。

A. JDBC 只是一组接口,具体的实现要数据库开发商提供

B. JDBC 只能访问免费开源数据库,而不能访问大型商业数据库

C. JDBC 是由微软公司开发的

D. JDBC 效率极其低下,是一种古老的、过时的数据库访问技术

6. 显示地加载 MySQL 数据库驱动程序的代码是(　　)。

A. MySQL.initDriver("com.mysql.jdbc.Driver");

B. Class.forName("com.mysql.jdbc.Driver");

C. Class.forName("oracle.mysql.odbc.Driver");

D. MySQL.initDriver("oracle.mysql.odbc.Driver ");

7. 下列选项中,(　　)不属于 JDBC 的接口。

A. Statement　　B. ResultSet　　C. SqlQuery　　D. Connection

8. 在初始状态下,ResultSet 的内部游标位于(　　)。

A. 第一行　　B. 最后一行　　C. 随机的某一行　　D. 第一行之前

9. Statement 的 executeUpdate 方法不能执行(　　)。

    A. SELECT 语句　　　B. INSERT 语句　　C. UPDATE 语句　D. DELETE 语句

10. 简捷地关闭某个 JDBC 连接及其创建的对象的方法是(　　)。

    A. 依次调用每一个对象的 close()方法

    B. 在 finally 代码块中调用 Connection 对象的 close()方法

    C. 在任意位置调用 Connection 对象的 close()方法

    D. 在 finally 代码块中调用 ResultSet 对象的 close()方法

11. metadata(　　)。

    A. 是 MySQL 数据库中的一个特殊的表

    B. 是 JDBC 中的一个类,用于数据的缓存

    C. 又称元数据,它是"关于数据的数据"

    D. 是一些不重要的数据的统称,可以被随意修改或删除

12. 下列选项中(　　)不是 PreparedStatement 的优点。

    A. 对 SQL 语句进行预编译,执行速度快

    B. 绝不会改变 SQL 语句的逻辑结构

    C. 可以防止 SQL 注入攻击

    D. 永远不会抛出异常

13. 如果想让 ResultSet 中的游标能够自由滚动,并且能够及时地反映出数据库的变化,应该将其 type 参数设置为(　　)。

    A. TYPE_FORWARD_ONLY　　　　　　B. TYPE_SCROLL_INSENSITIVE

    C. TYPE_SCROLL_SENSITIVE　　　　　D. CONCUR_UPDATABLE

14. RowSet 相对于 ResultSet 的优势是(　　)。

    A. 可以自由地滚动游标　　　　　　　B. 可以更新数据库的内容

    C. 可以删除数据库的内容　　　　　　D. 不必长期占用数据库连接

15. 事务执行完毕后,调用(　　)可以将执行结果提交给数据库。

    A. commit()方法　　　B. rollback()方法　　C. update()方法　　　D. change()方法

二、简答题

1. 写一条 SQL 语句,在图 11-1 所示的表中查询语文成绩高于 85 分的学生的姓名和性别。

2. 写一条 SQL 语句,在图 11-1 所示的表中查询所有男生的数学课平均成绩。

3. 在 IP 为 202.196.166.121 的计算机上装有 MySQL 服务器,其使用的端口号为 3306,请写出连接到该数据库服务器的 URL。

三、编程题

1. 编写一个完整的 Java 程序,在图 11-1 所示的表中查询出选修了数学课的学生的姓名和数学成绩。

2. 编写一个完整的 Java 程序,根据用户输入的学生姓名,在图 11-1 所示的表中查询出该学生的所有课程名以及成绩。必须使用 PreparedStatement 对象来执行 SQL 语句。

第 12 章 网 络 编 程

Java 语言诞生在 1995 年。从那时起,它就与网络有着密切的关联。Java 在网络编程方面显现出与生俱来的优势,使其成为 Web 应用开发技术中的重要组成部分。

本章的主要内容包括网络编程基础、URL 类的使用、基于 TCP 的网络通信和基于 UDP 的网络通信等。

12.1 网络编程基础

计算机之间通过网络协议进行通信是网络编程的目标。其中包含了两方面要素:第一,怎样找到接入网络的一台或多台主机;第二,找到主机以及运行的应用程序后怎样可靠地传输数据。Java 提供了 java.net 以及 javax.net 包,包中含有完善的类库并用于实现网络编程。

12.1.1 IP 地址与端口号的意义

网络中的计算机之间要进行通信,就要为每台计算机定制一个唯一标识符,后者可被用来识别接收数据的计算机和发送数据的计算机。在 TCP/IP 中,该标识符就是 IP 地址。目前 IP 地址的版本有 IPv4 和 IPv6 两种。本书主要以 IPv4 地址作为对象来描述。IPv4 版本的 IP 地址是 32 位二进制数值。为了表示方便,通常把 32 位二进制数分成 4 组,每组 8 位,用一个十进制数表示。十进制数范围为 0～255,例如 166.111.4.100。通常为了记忆方便,用域名来表示主机标识符,DNS 服务器再把域名解析成 IP 地址,为底层通信提供服务。

上面提到的 IP 地址就是由 DNS 服务器把域名 www.tsinghua.edu.cn 解析以后的结果。

本章用到的特殊 IP 地址 127.0.0.1(对应的主机名为 localhost)被用作本地环回地址。一般来说,该 IP 地址代表本地主机。如果调试时没有网络环境,通过访问 IP 地址 127.0.0.1 或本机域名 localhost,可以让本主机和自身构成一个虚拟网络,从而完成网络测试。

任意一台连网的主机,同时可能运行几个网络服务。仅使用 IP 地址,只能把数据从网络传输到该主机,却不能确定传给哪一个网络程序。因此,主机通过"IP 地址+端口号"来区别不同的网络应用程序,网上每个被发送的网路数据包头部,也都包含一个称为"端口"的部分,不同的网络程序接收不同端口上的数据。

端口号的取值范围是 0～65535,其中 0～1023 为系统保留。每一项标准的 Internet 服务都有固定的端口号,该端口在所有的计算机上均相同。各种 Internet 服务对应端口如下所示。

(1) HTTP(超文本传输协议):默认端口 80。

(2) FTP(文件传输协议):默认端口 21。

(3) SMTP(简单邮件传输协议):默认端口 25。

（4）TELNET（远程登录）：默认端口 23。

（5）DNS：默认端口 53。

（6）MySQL：默认端口 3306。

为避免与 Internet 服务冲突，网络编程时宜使用 1024 以上的端口号，例如开发人员编写的网络程序可使用端口 2000。若是其他网络程序发送给此网络程序数据包，则须标明接收程序的端口为 2000。

12.1.2　IP 地址与端口号的表示

Java 网络编程时，InetAddress 类提供了将主机名解析为其 IP 地址的方法。InetAddress 类没有构造方法，它提供了一系列的静态方法生成该类对象。InetAddress 类的主要方法如表 12-1 所示。

表 12-1　InetAddress 类的方法

方　　　　法	说　　　明
byte[] getAddress()	返回此 InetAddress 对象的原始 IP 地址
static InetAddress[] getAllByName(String host)	在给定主机名的情况下，根据系统上配置的名称服务返回其 IP 地址所组成的数组
static InetAddress getByAddress(byte[] addr)	在给定原始 IP 地址的情况下，返回 InetAddress 对象
static InetAddress getByAddress(String host, byte[] addr)	根据提供的主机名和 IP 地址创建 InetAddress
static InetAddress getByName(String host)	在给定主机名的情况下确定主机的 IP 地址
String getCanonicalHostName()	获取此 IP 地址的完全限定域名
static InetAddress getLocalHost()	返回本地主机
String getHostAddress()	返回 IP 地址字符串
String getHostName()	获取此 IP 地址的主机名
boolean isReachable(int timeout)	测试是否可以达到该地址

InetSocketAddress 类可以用于表示 IP 地址和端口号，该类实现 IP 套接字地址的方法有两种：一种是 IP 地址＋端口号；另一种是主机名＋端口号，在此情况下，将对主机名进行解析。

InetSocketAddress 类的 3 个构造方法如下。

（1）InetSocketAddress(InetAddress addr, int port)。该构造方法根据 IP 地址和端口号创建套接字地址。

（2）InetSocketAddress(int port)。该构造方法创建套接字地址，其中 IP 地址为通配符地址，端口号为指定值。

（3）InetSocketAddress(String hostname, int port)。该构造方法根据主机名和端口号创建套接字地址。

InetSocketAddress 类的方法如表 12-2 所示。

表 12-2　InetSocketAddress 类的方法

方　　　法	说　　　明
InetAddress getAddress()	返回此 InetAddress 对象的原始 IP 地址
static　InetAddress［　］　getAllByName（String host)	在给定主机名的情况下,根据系统配置的名称服务返回其 IP 地址所组成的数组
static InetAddress getByAddress(byte[] addr)	在给定原 IP 地址的情况下,返回 InetAddress 对象
static InetAddress getByAddress(String host，byte[] addr)	根据提供的主机名和 IP 地址返回 InetAddress 对象

【例 12-1】　InetAddress 类和 InetSocketAddress 类使用举例。

程序代码如下:

```
1    import java.net.InetAddress;
2    import java.net.InetSocketAddress;
3    public class Inet12_1 {
4        public static void main(String args[]) throws Exception
5        {
6            InetAddress ip1=InetAddress.getLocalHost();
7            byte[] b=ip1.getAddress();
8            InetAddress ip2=InetAddress.getByAddress("HOST",b);
9            System.out.println("ip1 的名称为"+ip1.getHostName());
10           System.out.println("ip1 的 IP 地址为 "+ip1.getHostAddress());
11           System.out.println("ip2 的名称为"+ip2.getHostName());
12           System.out.println("ip2 的 IP 地址为 "+ip2.getHostAddress());
13           InetSocketAddress ip=new InetSocketAddress(ip1,8080);
14           System.out.println("InetSocketAddress 对象 IP 地址为"+ip.getAddress());
15           System.out.println("InetSocketAddress 对象端口号为"+ip.getPort());
16       }
17   }
```

程序运行结果如下:

```
ip1 的名称为 PCOS-1802051514
ip1 的 IP 地址为 192.168.1.101
ip2 的名称为 HOST
ip2 的 IP 地址为 192.168.1.101
InetSocketAddress 对象 IP 地址为 PCOS-1802051514/192.168.1.101
InetSocketAddress 对象端口号为 8080
```

需要注意,由于程序运行的主机各不相同,得到的 IP 地址和名称会出现与上面结果不一致现象。

程序分析如下:

第 6 行代码返回本地主机的 InetAddress 对象;第 7 行代码取出本地主机的 IP 地址;第 8 行代码基于本地 IP 地址和 HOST 主机名创建 InetAddress 对象;第 13 行代码基于本地 IP 和端口 8080 创建 InetSocketAddress 对象。

12.1.3 客户服务器工作模式

网络通信需要通信双方来协调完成,通常把主动提出网络通信请求的一方称为客户端,而被动等待其他主机提出请求后才作出响应的一方称为服务器端。服务器端运行服务程序循环等待并监听有无客户端向其提出通信请求,如果有客户端向其提出连接请求,则立刻作出响应。因此,服务器端可以理解成提供服务的一端,而客户端理解成使用服务器端服务的一端。

由于服务器端一直处于监听状态,故可以响应多个客户端向其提出的通信请求,这就是多客户服务器工作模式。而一旦服务器端接收了客户端的通信连接请求并作响应后,双方既可以向对方发送数据信息,也可以接收对方的数据信息。

12.1.4 TCP 与 UDP 通信

网络通信过程中,双方如果想做到有条不紊地交换数据,则必须遵守双方事先约定好的规则。规则给出了数据格式和事件顺序,这就是协议的概念。

在网络中,协议是针对通信双方的对等实体,而对等实体主要指双方的对等层。层是网络体系结构划分的一个概念,国际标准化组织(ISO)制定的 OSI 标准将计算机网络分成 7 层,即应用层、表示层、会话层、传输层、互连网络层、数据链路层和物理层。而 TCP/IP 体系结构分成 4 层,分别是应用层、传输层、互连网络层和网络接口层。

TCP 和 UDP 是网络体系结构中传输层的两个协议,能够提供两个主机的两个应用进程之间的通信。TCP 提供面向连接的可靠的数据传输服务,在双方传送数据之前需先建立连接,数据传递结束后需释放连接。TCP 不提供广播或多播服务。由于 TCP 提供可靠的连接服务会增加开销,因此适合于对双方通信质量要求较高、但实时性不强的场合,比如交互式通信。UDP 提供面向无连接的基于数据报交互的数据传输服务,通信双方在通信前不用建立连接,发送方根据对方的 IP 等地址信息和要发送的数据,封装成数据包发送给对方,接收方收到数据报后不需要回复。UDP 虽不提供可靠的通信服务,但是减少了开销。它适合于对通信质量要求不高,但对实时性要求较高的场合,比如网络多媒体传输。

为了满足不同场合的通信要求,Java 针对 TCP 和 UDP 提供了相应的类库支持,在 12.3 节和 12.4 节将分别介绍。

12.2 URL 类的使用

12.2.1 URL 基础知识

URL(Uniform Resource Locater,统一资源定位符)能表示网络中资源的位置,这个资源可以是一个文件或目录,也可以是一个数据库。在计算机网络中获得了资源的 URL 地址,就可以对其进行访问。常见的网址就是典型的 URL。

URL 通常由 4 部分构成,常见格式如下:

传输协议://主机名:端口号/文件名

格式中传输协议指的是获取资源的方式,如 HTTP、FTP 等。主机名指的是资源所在的计算机,它可以是 IP 地址,也可以是主机域名,如 127.0.0.1、www.tsinghua.edu.cn 等。不同的端口号对应不同的网络服务,如 HTTP 服务的默认端口号是 80。文件名是资源文件的完整路径。

例如,http://127.0.0.1:80/news/page1.html 就是一个 URL 地址。

12.2.2 URL 类的使用

Java 提供了 URL 类,位于 java.net 包中。其声明如下:

```
public final class URL extends Object implements Serializable
```

URL 类有 6 个构造方法,具体如表 12-3 所示。

表 12-3　URL 类的构造方法

构 造 方 法	说　　明
URL(String spec)	根据 String 表示形式的资源地址创建 URL 对象
URL(String protocol, String host, int port, String file)	根据指定 protocol、host、port 号和 file 创建 URL 对象
URL(String protocol, String host, int port, String file, URLStreamHandler handler)	根据指定的 protocol、host、port 号、file 和 handler 创建 URL 对象
URL(String protocol, String host, String file)	根据指定的 protocol 名称、host 名称和 file 名称创建 URL 对象
URL(URL context, String spec, URLStreamHandler handler)	通过指定的上下文中用指定的处理程序对给定 spec 进行解析来创建 URL 对象
URL(URL context, String spec)	通过在指定的上下文中对给定的 spec 进行解析创建 URL 对象

表 12-3 中第一个构造方法举例如下:

```
URL urladderss=new URL("http://127.0.0.1:80/news/page1.html");
```

表 12-3 中第二个构造方法举例如下:

```
URL urladderss=new URL("http", "127.0.0.1", 80, "news/page1.html");
```

表 12-3 中最后一个构造方法举例如下:

```
URL urladderss1=new URL("http://127.0.0.1:80/news/");
URL urladdress2=new URL(urladdress1, "page1.html");
```

使用 URL 构造方法创建对象时,如果参数有错误则会产生 MalformedURLException 的异常,因此在编程时需要对该异常进行捕获,其一般格式如下:

```
try
{
    new URL(…);
}
catch(MalformedURLException e)
{
```

异常处理语句；

　}

　　用户可以通过 URL 对象的方法获取 URL 的各个部分属性，这些方法如表 12-4 所示。

表 12-4　URL 类的其他方法

方　　法	说　　明
int getDefaultPort()	获取与此 URL 关联协议的默认端口号
String getFile()	获取此 URL 的文件名
String getHost()	获取此 URL 的主机名
String getPath()	获取此 URL 的路径部分
int getPort()	获取此 URL 的端口号，若没有设置端口则返回−1
String getProtocol()	获取此 URL 的协议名称
URLConnection openConnection()	返回一个 URLConnection 对象，它表示到 URL 所引用的远程对象的连接
InputStream openStream()	打开到此 URL 的连接，并返回一个用于从该连接读入的 InputStream

【例 12-2】　URL 类的实例化及应用。

程序代码如下：

```
1    import java.net.URL;
2    import java.net.MalformedURLException;
3    public class MyURL12_2
4    {
5        public static void main (String [] args)
6        {
7            URL url=null;
8            try
9            {
10               url=new URL("http://www.nlc.cn/dsb_zyyfw/ts/tszyk/index.htm");
11           }
12           catch(MalformedURLException e)
13           {
14               e.printStackTrace();
15           }
16           System.out.println("协议为"+url.getProtocol());
17           System.out.println("主机为"+url.getHost());
18           System.out.println("端口号："+url.getPort());
19           System.out.println("路径为"+url.getPath());
20           System.out.println("文件名："+url.getFile());
21       }
22   }
```

程序运行结果如下：

协议为 http
主机为 www.nlc.cn
端口号：-1
路径为/dsb_zyyfw/ts/tszyk/index.htm
文件名：/dsb_zyyfw/ts/tszyk/index.htm

程序分析如下：

本例较为简单。第 10 行代码创建 URL 对象,第 16～20 行代码输出对象 url 的相关信息。

【例 12-3】 根据上例中的域名,从被访问的网站获取其主页面的 HTML 文本信息。

程序代码如下：

```
1    import java.io.IOException;
2    import java.net.MalformedURLException;
3    import java.net.URL;
4    import java.io.InputStreamReader;
5    import java.io.BufferedReader;
6    import java.io.FileWriter;
7    public class MyURL12_3
8    {
9        public static void main(String[] args) throws IOException
10       {
11           URL url=null;
12           try
13           {
14               url=new URL("http://www.nlc.cn/dsb_zyyfw/ts/tszyk/index.htm");
15           }
16           catch(MalformedURLException e)
17           {
18               e.printStackTrace();
19           }
20           InputStreamReader in=new InputStreamReader(url.openStream());
21           BufferedReader buf_in=new BufferedReader(in);
22           FileWriter out=new FileWriter("C:\\example\\file7.txt");
23           String s,str="";
24           while ((s=buf_in.readLine())!=null)
25           {
26               str=str+s;
27           }
28           out.write(str);
29           in.close();
30           buf_in.close();
31           out.close();
32       }
```

33　}

程序运行后,将会在 C:\example 目录下建立新的文件 file7.txt,并将网页文件 http://
www.nlc.cn/dsb_zyyfw/ts/tszyk/index.htm 的内容保存进去。

程序分析如下:

第 14 行代码创建 URL 类的对象 url,该对象关联着 http://www.nlc.cn/dsb_zyyfw/ts/
tszyk/index.htm;第 20 行代码通过 URL 的 openStream()方法返回一个 InputStream 类对象,
该对象与指定的 URL 建立连接,然后通过 InputStreamReader 类对象和 BufferedReader 类对象
从这一连接中读取数据;第 24～27 行代码从 URL 资源(网页文件)读取文本内容;第 28 行代
码把读取的文本内容写入到文件 C:\example\file7.txt。

12.2.3　通过 URLConnection 实现双向通信

通过 URL 对象的 openStream()方法只能实现对资源信息的读取,URL 对象的
openConnection()方法可以获得一个 URLConnection 类对象,该对象不仅可以从资源中读
取数据,还可以向资源中写入数据。

例如:

```
URL urladd=new URL(http://www.sina.com);
URLConnection con=urladd.openConnection();
```

建立连接以后,就可以使用 URLConnection 类对象的 getInputStream()方法了。该方
法用于获取与 URL 类对象代表的资源相关联的 InputStream 类对象,利用该对象可以从
URL 端读取数据。

例如:

```
BufferedReader bin=new BufferedReader(new InputStreamReader(con.getInputStream
    ()));
int c=bin.read();
```

URLConnection 类对象的 getOutputStream()方法用于获取与 URL 类对象代表的资
源相关联的 OutputStream 类对象,利用该对象可以向 URL 资源写入数据。

例如:

```
BufferedWriter bout=new BufferedWriter(new OutputStreamWriter(con.
    getOutputStream()));
bout.write(c);
```

12.3　基于 TCP 的网络通信

在 12.1 节曾提到,TCP 通信是一个可靠的面向连接的网络通信,通信双方的应用程序
在发送和接收数据之前需要先建立连接。通常把主动提出连接请求的一端称为客户端,被
动监听的一端称为服务器端。如果跟服务器端同时通信的客户端不止一个,则称为多客户
端。本节从单客户服务器端通信和多客户服务器端通信两种情况分别予以说明。

12.3.1 客户端与服务器端通信

Java 在实现 TCP 通信过程中,应用程序双方通过 Java 封装的 Socket 套接字进行网络连接和数据传输。Socket 套接字类似于上层程序和底层网络的一个接口,上层应用程序通过 Socket 套接字完成和对方应用程序的连接、数据发送和接收。

1. 客户端通信流程

客户端指的是主动向对方提出连接请求的一端,客户端通信的流程如下。

(1) 创建 Socket 套接字。客户端通过 Socket 类创建套接字,该类常用的构造方法如下:

```
Socket()
```

该构造方法创建的对象可以通过 Socket 类的 bind()方法完成指定 IP 和端口信息的绑定。

```
Socket(InetAddress address, int port)
```

该构造方法创建一个流套接字并将其连接到指定 IP 地址的指定端口号,例如:

```
InetAddress ip=InetAddress.getByName("202.196.1.1");
Socket sock=new Socket(ip, 80);
Socket(InetAddress address, int port, InetAddress localAddr, int localPort)
```

该构造方法创建一个套接字并将其连接到指定远程地址上的指定远程端口。

```
Socket(String host, int port)
```

该构造方法创建一个流套接字并将其连接到指定主机上的指定端口号。

```
Socket(String host, int port, InetAddress localAddr, int localPort)
```

该构造方法创建一个套接字并将其连接到指定远程主机上的指定远程端口。

(2) 通过 Socket 套接字向服务器端提出连接请求。客户端通过调用 Socket 对象的 connect()方法向服务器端提出请求。

(3) 通过 Socket 套接字和服务器端建立输入输出流。客户端通过调用 Socket 对象的 getInputStream()和 getOutputStream()方法获取输入流和输出流。

(4) 按照协议向套接字进行读和写操作。通过第(3)步所获取到的输入输出流完成数据的读写操作。

(5) 关闭套接字。通过调用 Socket 对象的 close()方法关闭套接字。

Socket 类提供的方法如表 12-5 所示。

表 12-5　Socket 类的方法

方　　法	说　　明
void bind(SocketAddress bindpoint)	将套接字绑定到本地地址
void close()	关闭此套接字

方　　法	说　　明
void connect(SocketAddress endpoint)	将此套接字连接到服务器
void connect(SocketAddress endpoint，int timeout)	将此套接字连接到服务器，并指定一个超时值
InetAddress getInetAddress()	返回套接字连接的地址
InputStream getInputStream()	返回此套接字的输入流
int getLocalPort()	返回此套接字绑定到的本地端口
int getReceiveBufferSize()	获取此 Socket 的 SO_RCVBUF 选项的值，该值是平台在 Socket 上输入时使用的缓冲区大小
boolean isBound()	返回套接字的绑定状态
boolean isClosed()	返回套接字的关闭状态
boolean isConnected()	返回套接字的连接状态
void setReceiveBufferSize(int size)	将此 Socket 的 SO_RCVBUF 选项设置为指定的值
void setSendBufferSize(int size)	将此 Socket 的 SO_SNDBUF 选项设置为指定的值
void setSoTimeout(int timeout)	启用/禁用带有指定超时值的 SO_TIMEOUT，以毫秒为单位
void shutdownOutput()	禁用此套接字的输出流

2. 服务器端通信

服务器端指的是等待监听、被动响应客户端通信的一方，服务器端通信的流程如下。

（1）创建套接字。服务器端通过 ServerSocket 类创建套接字，该类的构造方法如下：

```
ServerSocket()
```

该构造方法创建非绑定的服务器套接字，然后通过 bind()方法绑定到相应的服务器。

```
ServerSocket(int port)
```

该构造方法创建绑定到特定端口的服务器套接字。

```
ServerSocket(int port, int backlog)
```

该构造方法利用指定的 backlog 创建服务器套接字，并将其绑定到指定端口。

```
ServerSocket(int port, int backlog, InetAddress bindAddr)
```

该构造方法使用指定的端口、侦听 backlog 和要绑定的本地 IP 地址创建服务器套接字。

（2）使服务器端套接字处于监听状态。服务器通过 ServerSocket 类对象的 accept()方法对网络进行监听。

（3）为套接字创建输入流和输出流。通过 accept()方法监听到客户端的连接请求并实现连接后，再通过其 getInputStream()方法和 getOutputStream()方法获取输入流和输出流。

（4）按照协议向套接字进行读和写操作。通过第（3）步所获取的输入输出流完成数据的读写操作。

（5）关闭套接字。通过调用 ServerSocket 类对象的 close()方法关闭套接字。

ServerSocket 类提供的方法如表 12-6 所示。

表 12-6　ServerSocket 类的方法

方　　　法	说　　　明
Socket accept()	侦听并接收此套接字的连接
void bind(SocketAddress endpoint)	将 ServerSocket 绑定到特定地址（IP 地址和端口号）
void bind(SocketAddress endpoint, int backlog)	将 ServerSocket 绑定到特定地址（IP 地址和端口号）
void close()	关闭此套接字
InetAddress getLocalSocketAddress()	返回此套接字绑定的端点的地址，如果尚未绑定则返回 null
int getReceiveBufferSize()	获取此 ServerSocket 的 SO_RCVBUF 选项的值，该值将用于从此 ServerSocket 接收的套接字的建议缓冲区大小
boolean isBound()	返回 ServerSocket 的绑定状态
boolean isClosed()	返回 ServerSocket 的关闭状态
void setReceiveBufferSize(int size)	为从此 ServerSocket 接受的套接字的 SO_RCVBUF 选项设置默认建议值
void setSoTimeout(int timeout)	通过指定超时值启用/禁用 SO_TIMEOUT，以毫秒为单位

客户端与服务器端通信的基本流程如图 12-1 所示。服务器端首先创建 ServerSocket 对象，然后调用 accept()方法监听客户端的连接请求。如果在设置的等待时间内接收到请求，则和客户端建立连接，再通过 getInputStream()和 getOutputStream()方法获取输入输出流，接下来进行输入输出流的读写操作，通信完毕后关闭套接字。客户端首先创建 Socket 对象，然后调用 connect()方法向服务器端请求连接。如果在设置的时间内连接成功，则可以通过 getInputStream()和 getOutputStream()方法获取输入输出流，接下来进行输入输出流的读写操作，通信完毕后关闭套接字。

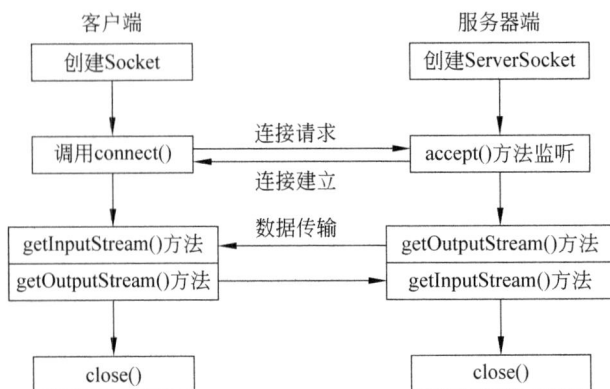

图 12-1　客户服务器通信流程图

【例 12-4】 简单的客户/服务器程序举例。程序分为客户端程序和服务器端程序,两个程序之间能互相通信,并输出套接字的一些基本信息。

客户端程序代码如下:

```
1    import java.io.*;
2    import java.net.*;
3    public class Client12_4
4    {
5        public static void main(String[] args)
6        {
7            try{
8            Socket sc=new Socket();
9            sc.setSoTimeout(10000);
10           InetSocketAddress ipport=new InetSocketAddress("127.0.0.1", 9999);
11           sc.connect(ipport);
12           System.out.println("是否已建立连接: "+sc.isConnected());
13           System.out.println("接收缓冲区的默认大小: "
                 +sc.getReceiveBufferSize());
14           System.out.println("发送缓冲区的默认大小: "+sc.getSendBufferSize());
15           PrintWriter out =new PrintWriter(sc.getOutputStream(), true);
16           BufferedReader in =
                 new BufferedReader(new InputStreamReader(sc.getInputStream()));
17           for(int i=1;i<4;i++)
18           {
19               String msg="";
20               out.println("客户端发送"+i);
21               out.flush();
22               System.out.println("客户端发送"+i);
23               msg =in.readLine();
24               if (msg !=null)
25                   System.out.println(">>" +msg);
26           }
27           out.println("END");
28           sc.shutdownOutput();
29           sc.shutdownInput();
30           System.out.println("输入流是否已关闭: "+sc.isInputShutdown());
31           System.out.println("输出流是否已关闭: "+sc.isOutputShutdown());
32           sc.close();
33           }
34           catch(Exception e)
35           {
36               e.printStackTrace();
37           }
38       }
```

```
39    }
```

客户端运行结果如下：

是否已建立连接：true
接收缓冲区的默认大小：8192
发送缓冲区的默认大小：8192
客户端发送 1
>>服务器端响应：客户端发送 1
客户端发送 2
>>服务器端响应：客户端发送 2
客户端发送 3
>>服务器端响应：客户端发送 3
输入流是否已关闭：true
输出流是否已关闭：true

客户端程序分析如下：

第 8 行代码创建 Socket 类对象 sc，该套接字对象向本机(127.0.0.1)的 9999 端口提出连接请求；如果连接指向另一台主机，则需要设置另一台主机的 IP 地址；第 9 行代码设置最长等待接收数据时间为 10s；第 12～14 行代码输出 Socket 类对象 sc 的常用属性；第 15 行代码获取 Socket 对象的输出流，并封装成 PrintWriter；第 16 行代码获取 Socket 对象的输入流，并封装成 BufferedReader；第 17～26 行代码向服务器端发送信息；第 28、29 行代码关闭输入输出流；第 30、31 行代码显示输入输出流是否已关闭。

服务器端程序代码如下：

```
1   import java.io.*;
2   import java.net.*;
3   public class Server12_4
4   {
5       public static void main(String args[])
6       {
7           try
8           {
9               ServerSocket soc=new ServerSocket(9999);
10              soc.setReceiveBufferSize(1024);
11              soc.setSoTimeout(10000);
12              System.out.println("服务器端接收缓冲区大小为："
                    +soc.getReceiveBufferSize());
13              System.out.println("启动服务器成功,等待端口号 9999");
14              Socket client=soc.accept();
15              System.out.println("连接成功!来自"+client.toString());
16              BufferedReader in=
                  new BufferedReader(new InputStreamReader(client.getInputStream()));
17              PrintWriter out=new PrintWriter(client.getOutputStream(), true);
18              while(true)
19              {
```

```
20              String str="";
21              str=in.readLine();
22              if(str!="")
23              System.out.println(str);
24              if(str.equals("END")||client.isClosed())
25              {
26                  System.out.println("客户已退出");
27                  break;
28              }
29              out.println("服务器响应: "+str);
30              out.flush();
31          }
32          System.out.println("服务已经关闭 ");
33          soc.close();
34          client.close();
35      }
36      catch(Exception e)
37      {
38          e.printStackTrace();
39      }
40  }
41 }
```

服务器端程序运行结果如下:

服务器端接收缓冲区大小为: 1024
启动服务器成功,等待端口号 9999
连接成功!来自 Socket[addr=/127.0.0.1,port=1860,localport=9999]
客户端发送 1
客户端发送 2
客户端发送 3
END
客户已退出
服务已经关闭

服务器端程序分析如下:

第 9 行代码创建 ServerSocket 类对象 soc,该对象与端口 9999 绑定;第 10 行代码设置接收缓冲区的大小;第 11 行代码设置等待请求的最长时间为 10s;第 14 行代码通过 accept()方法等待连接请求;第 16 行代码获取 Socket 类对象的输入流,并封装成 BufferedReader;第 17 行代码获取 Socket 类对象的输出流,并封装成 PrintWriter;第 18～31 行代码进行输入输出流的读写操作。

12.3.2 多客户端通信

多客户端通信指的是多个客户端程序与服务器端进行网络通信。网络应用中这种方式很多,例如常见的网络聊天工具,其中客户端有多个,但只有一个服务器端提供服务。为使服务器程序能够同时为多个客户端提供服务,需要利用多线程机制来完成。服务器端程序首先创建 ServerSocket 类对象,然后循环通过 accept()方法监听,每监听到一个客户端连接,就为其创建一个独立的线程并与其保持通信。

【例 12-5】 基于例 12-4 修改的多客户-服务器程序。程序分为客户端程序和服务器端程序,客户端程序可以多次运行,从而启动多个客户端,它们都可以和服务器端通信。

本例沿用例 12-4 的客户端程序。服务器端程序代码如下:

```
1   import java.io.*;
2   import java.net.*;
3   public class MultiServer12_5
4   {
5       public static void main(String args[])
6       {
7           try
8           {
9               int clientNumber=1;
10              Socket socket;
11              ServerSocket server=new ServerSocket(9999);
12              System.out.println("服务器端程序已启动");
13              while(true)
14              {
15                  System.out.println("等待下一个连接");
16                  socket=server.accept();
17                  System.out.println("客户"+clientNumber
                        +"连接成功,其 IP 地址是"+socket.getInetAddress());
18                  new ServerThread(socket,clientNumber);
19                  clientNumber++;
20              }
21          }
22          catch(Exception e)
23          {
24              e.printStackTrace();
25          }
26      }
27  }
28  class ServerThread extends Thread{
29      private Socket socket;
30      private int clientNumber;
31      ServerThread(Socket socket,int clientNumber)
32      {
33          this.socket=socket;
34          this.clientNumber=clientNumber;
35          start();
36      }
37      public void run()
```

```
38        {
39            try
40            {
41                BufferedReader in=
                      new BufferedReader(new InputStreamReader(socket.getInputStream()));
42                PrintWriter out=new PrintWriter(socket.getOutputStream(),true);
43                while(true)
44                {
45                    String str="";
46                    str=in.readLine();
47                    if(str!="")
48                        System.out.println(clientNumber+str);
49                    if(str.equals("END")||socket.isClosed())
50                    {
51                        System.out.println("客户端"+clientNumber+"已退出");
52                        break;
53                    }
54                    out.println("服务器对客户端"+clientNumber+"响应: " +str);
55                    out.flush();
56                }
57                System.out.println("对客户端"+clientNumber+"服务已经关闭 ");
58                socket.close();
59            }
60            catch(Exception e)
61            {
62                e.printStackTrace();
63            }
64        }
65  }
```

若客户端程序运行 3 次,则服务器端程序运行结果如下:

服务器端程序已启动
等待下一个连接
客户 1 连接成功,其 IP 地址是/127.0.0.1
等待下一个连接
1 客户端发送 1
1 客户端发送 2
1 客户端发送 3
1END
客户端 1 已退出
对客户端 1 服务已经关闭
客户 2 连接成功,其 IP 地址是/127.0.0.1
等待下一个连接
2 客户端发送 1
2 客户端发送 2

2 客户端发送 3

2END

客户端 2 已退出

对客户端 2 服务已经关闭

客户 3 连接成功,其 IP 地址是/127.0.0.1

等待下一个连接

3 客户端发送 1

3 客户端发送 2

3 客户端发送 3

3END

客户端 3 已退出

对客户端 3 服务已经关闭

服务器端程序分析如下:第 11 行代码创建 ServerSocket 类对象,并与端口 9999 绑定;第 13~16 行代码循环地监听客户端连接;第 18 行代码创建 ServerThread 线程,该线程针对监听到的客户端连接;第 35 行代码启动线程;第 41~42 行代码创建输入输出流对象;第 43~56 行代码完成同客户端的数据传输。

12.4 基于 UDP 的网络通信

12.4.1 UDP 数据报文包

UDP 提供的是一种面向无连接的不可靠的数据报服务,通信双方只通过发送数据报交换数据,数据报中封装有地址信息、数据等。java.net 包中提供了 DatagramPacket 类来实现数据报功能,它有如下 6 个构造方法。

(1) DatagramPacket(byte[] buf, int length)。该构造方法构造数据报,用来接收长度为 length 的数据包。

(2) DatagramPacket(byte[] buf, int length, InetAddress address, int port)。该构造方法构造数据报,用来将长度为 length 的包发送到指定主机上的指定端口号。

例如:

```
byte[] buf=new byte[16];
InetAddress ip=InetAddress.getByName("localhost");
DatagramPacket dataPacket=new DatagramPacket(buf,buf.length,ip,8000);
```

该例创建了一个 DatagramPacket 对象,该对象以字节数组 buf 作为发送缓冲区。数据报发送的目的主机 IP 地址是主机名为 localhost 的主机(即本机),端口号为 8000。

(3) DatagramPacket(byte[] buf, int offset, int length)。该构造方法构造数据报,用来接收长度为 length 的包,在缓冲区中指定了偏移量。

(4) DatagramPacket(byte[] buf, int offset, int length, InetAddress address, int port)。该构造方法构造数据报,用来将长度为 length、偏移量为 offset 的包发送到指定主机上的指定端口号。

(5) DatagramPacket(byte[] buf, int offset, int length, SocketAddress address)。该

构造方法构造数据报,用来将长度为 length、偏移量为 offset 的包发送到指定主机上的指定端口号。

(6) DatagramPacket(byte[] buf,int length,SocketAddress address)。该构造方法构造数据报,用来将长度为 length 的包发送到指定主机上的指定端口号。

从上述 6 个构造方法可以看出,有 4 个构造方法指定了数据报发送目的主机的地址和端口号信息。但是有两个构造方法没有指定地址信息,这就需要调用 DatagramPacket 类的方法来设置目的主机的地址信息。DatagramPacket 类的方法如表 12-7 所示。

表 12-7　DatagramPacket 类的方法

方　　法	说　　明
InetAddress getAddress()	返回某台机器的 IP 地址,此数据报将要发往该机器或者是从该机器接收到的
byte[] getData()	返回数据缓冲区
int getLength()	返回将要发送或接收到的数据的长度
int getSocketAddress()	获取要将此包发送到的或发出此数据报的远程主机的 SocketAddress(通常为 IP 地址＋端口号)
void setAddress(InetAddress iaddr)	设置要将此数据报发往的那台机器的 IP 地址
void setData(byte[] buf)	为数据包设置数据缓冲区
void setData(byte[] buf,int offset,int length)	为数据包设置数据缓冲区
void setLength(int length)	为数据包设置长度
void setPort(int iport)	设置要将此数据报发往的远程主机上的端口号
void setSocketAddress(SocketAddress address)	设置要将此数据报发往的远程主机的 SocketAddress(通常为 IP 地址＋端口号)

12.4.2　UDP 通信

TCP 通信需要服务器端和客户端创建套接字对象,服务器端创建 ServerSocket 类对象,客户端创建 Socket 类对象,双方的网络通信靠套接字对象来完成。UDP 通信需要客户端和服务器端创建 DatagramSocket 类对象来收发数据报。

DatagramSocket 类有如下 5 个构造方法。

(1) DatagramSocket()。该构造方法创建数据报套接字,并将其绑定到本地主机上任何可用的端口。

(2) protected DatagramSocket(DatagramSocketImpl impl)。该构造方法创建带有指定 DatagramSocketImpl 的未绑定数据报套接字。

(3) DatagramSocket(int port)。该构造方法创建数据报套接字,并将其绑定到本地主机上的指定端口。

(4) DatagramSocket(int port,InetAddress laddr)。该构造方法创建数据报套接字,将其绑定到指定的本地地址。

(5) DatagramSocket(SocketAddress bindaddr)。该构造方法创建数据报套接字,将其

绑定到指定的本地套接字地址。

创建了 DatagramSocket 类对象以后,可以调用其 receive()方法在特定端口接收数据报,调用 send()方法发送数据报。DatagramSocket 类的主要方法如表 12-8 所示。

表 12-8　DatagramSocket 类的方法

方　　　法	说　　　明
void bind(SocketAddress addr)	将此 DatagramSocket 绑定到特定的地址和端口
void close()	关闭此数据报套接字
void connect(InetAddress address，int port)	将套接字连接到此套接字的远程地址
void connect(SocketAddress addr)	将此套接字连接到远程套接字地址(IP 地址＋端口号)
void disconnect()	断开套接字的连接
InetAddress getInetAddress()	返回此套接字连接的地址
InetAddress getLocalAddress()	获取套接字绑定的本地地址
int getLocalSocketAddress()	返回此套接字绑定的端点地址,如未绑定返回 null
int getPort()	返回此套接字的端口
int getReceiveBufferSize()	获取此 DatagramSocket 的 SO_RCVBUF 选项的值,该值是平台在 DatagramSocket 上输入时使用的缓冲区大小
int getSendBufferSize()	获取此 DatagramSocket 的 SO_SNDBUF 选项的值,该值是平台在 DatagramSocket 上输出时使用的缓冲区大小
int getSoTimeout()	获取 SO_TIMEOUT 的设置
boolean isClosed()	返回是否关闭了套接字
boolean isConnected()	返回套接字的连接状态
void receive(DatagramPacket p)	从此套接字接收数据报包
void send(DatagramPacket p)	从此套接字发送数据报包
void setReceiveBufferSize(int size)	将此 DatagramSocket 的 SO_RCVBUF 选项设置为指定的值
void setSendBufferSize(int size)	将此 DatagramSocket 的 SO_SNDBUF 选项设置为指定的值
void setSoTimeout(int timeout)	启用/禁用带有指定超时值的 SO_TIMEOUT,以毫秒为单位

【例 12-6】　UDP 通信举例。
客户端程序代码如下:

```
1    import java.io.*;
2    import java.net.*;
3    public class UDPClient12_6
4    {
5        public static void main(String[] args)
6        {
```

```
7          try
8          {
9              DatagramSocket clientsocket=new DatagramSocket(9000);
10             byte[] sendbuf=new byte[1024];
11             DatagramPacket sendpacket=
                   new DatagramPacket(sendbuf,sendbuf.length);
12             InetSocketAddress serveraddr=new InetSocketAddress("127.0.0.1",
                   8000);
13             sendpacket.setSocketAddress(serveraddr);
14             String sendstring="client ip:"
                   +clientsocket.getLocalAddress().getHostAddress()
                   +"port:"+clientsocket.getLocalPort();
15             byte[] senddata=sendstring.getBytes();
16             sendpacket.setData(senddata);
17             clientsocket.send(sendpacket);
18             byte[] recbuf=new byte[1024];
19             DatagramPacket recpacket=new DatagramPacket(recbuf,recbuf.
                   length);
20             clientsocket.receive(recpacket);
21             byte[] recdata=recpacket.getData();
22             System.out.println("从服务器端回来信息如下: ");
23             for(int i=0;i<recpacket.getLength();i++)
24             {
25                 System.out.print((char)recdata[i]);
26             }
27             System.out.println();
28             clientsocket.close();
29         }
30         catch(Exception e)
31         {
32             e.printStackTrace();
33         }
34     }
35 }
```

客户端程序运行结果如下:

从服务器端回来信息如下:
echo from:0.0.0.0port:8000

客户端程序分析如下:

第 9 行代码创建 DatagramSocket 类对象,并绑定本地端口 9000;第 11 行代码创建发送数据报;第 13 行代码给发送数据报设置目的主机的 IP 地址和端口号;第 16 行代码给发送数据报设置数据;第 17 行代码把数据报发送给目的主机;第 20 行代码接收数据报。

服务器端程序代码如下:

```
1    import java.io.*;
2    import java.net.*;
3    public class UDPServer12_6
4    {
5        public static void main(String[] args)
6        {
7            try
8            {
9                DatagramSocket datasocket=new DatagramSocket(8000);
10               System.out.println("UDP 通信服务器端程序已启动……");
11               System.out.println("绑定的端口号: "
                         +datasocket.getLocalPort());
12               System.out.println("接收缓冲区默认大小: "
                         +datasocket.getReceiveBufferSize());
13               System.out.println("发送缓冲区默认大小: "
                         +datasocket.getSendBufferSize());
14               byte[] buf=new byte[1024];
15               DatagramPacket datapacket=new DatagramPacket(buf,buf.length);
16               while(true)
17               {
18                   datasocket.receive(datapacket);
19                   InetSocketAddress receivesourceaddr=
                             (InetSocketAddress)datapacket.getSocketAddress();
20                   System.out.println("接收的数据源 IP 地址是"
                             +receivesourceaddr.getAddress().getHostAddress()+"端口号是"
                             +receivesourceaddr.getAddress().getLocalHost());
21                   byte[] recdata=datapacket.getData();
22                   System.out.println("收到的数据是");
23                   for(int i=0;i<datapacket.getLength();i++)
24                   {
25                       System.out.print((char)recdata[i]);
26                   }
27                   System.out.println();
28                   String echostring="echo from:"
                             +datasocket.getLocalAddress().getHostAddress()
                             +"port:"+datasocket.getLocalPort();
29                   byte[] senddata=echostring.getBytes();
30                   DatagramPacket echopacket=
                             new DatagramPacket(senddata,senddata.length);
31                   echopacket.setSocketAddress(receivesourceaddr);
32                   echopacket.setData(senddata);
33                   datasocket.send(echopacket);
34               }
35           }
36           catch(Exception e)
```

```
37              {
38                  e.printStackTrace();
39              }
40          }
41  }
```

服务器端程序运行结果如下：

UDP 通信服务器端程序已启动……
绑定的端口号：8000
接收缓冲区默认大小：8192
发送缓冲区默认大小：8192
接收的数据源 IP 地址是 127.0.0.1 端口号是 PCOS-1802051514/192.168.1.101
收到的数据是 client ip:0.0.0.0port:9000

服务器端程序分析如下：

第 9 行代码创建 DatagramSocket 类对象，并关联端口 8000；第 18 行代码接收数据报；第 23～26 行代码显示接收数据报中的数据信息；第 31 行代码设置发送数据报中的地址信息；第 32 行代码设置发送数据报中的数据信息；第 33 行代码向目的主机发送数据报。

习　题　12

一、选择题

1. 以下各类中没有构造方法的是（　　　）。
    A. InetAddress   B. InetSocketAddress
    C. Socket   D. DatagramPacket

2. java.net.Socket 类用来获取 Socket 输入流的方法是（　　　）。
    A. getLocalPort   B. getInputStream
    C. getStream   D. getInetAddress

3. 下列 URL 地址中（　　　）是非法的。
    A. http://202.196.1.1:80/index.html   B. http://202.196.1.1:8080/
    C. ftp://202.196.1.1:36/   D. ftp://202.196.1.1:-30/

4. 下列（　　　）不是 java.net.ServerSocket 的方法。
    A. close()   B. accept()   C. connect()   D. bind()

二、填空题

1. _____被用作本地环回地址，对应的主机名为_____。

2. Java 的_____类可以用于表示 IP 地址和端口号。

3. URL 通常由_____、_____、_____和_____ 4 个部分构成。

4. URL 对象的_____方法可以获得一个_____对象，该对象不仅可以从资源中读取数据，还可以向资源中写入数据。

5. TCP 通信中，客户端通信流程包括_____、_____、_____、_____和关闭

套接字。

6. java.net 包中提供了_____类来实现数据报功能。

三、编程题

1. 设计一个图形化界面程序,在界面上显示本地主机的 IP 地址、主机名等网络信息。

2. 编写程序,远程访问 URL 地址如 www.sina.com.cn,并把该地址的数据读出保存到本地文件中。

3. 设计一个简单的聊天程序,结合界面编程,通过 TCP 和 UDP 两种方法实现。

参 考 文 献

[1] 牛晓太,等.Java 程序设计教程[M].2 版.北京：清华大学出版社,2017.

[2] 于红,徐敦波,冯艳红,等.Java 语言程序设计[M].北京：机械工业出版社,2012.

[3] 孙一林,彭波.Java 程序设计案例教程[M].北京：机械工业出版社,2011.

[4] 沈大林,张伦,等.Java 程序设计案例教程[M].北京：中国铁道出版社,2011.

[5] 陈锐.Java 程序设计[M].北京：机械工业出版社,2011.

[6] 施霞萍,等.Java 程序设计教程[M].2 版.北京：机械工业出版社,2010.

[7] 叶核亚.Java 程序设计实用教程[M].3 版.北京：电子工业出版社,2010.

[8] 王一飞,花小朋,徐秀芳.Java 网络程序设计[M].北京：中国电力出版社,2010.

[9] 刘永华,于春花,等.实用 Java 网络编程技术[M].北京：中国电力出版社,2009.

[10] 於东军,杨静宇,李千目,等.Java 程序设计与应用开发[M].2 版.北京：清华大学出版社,2009.

[11] 朱福喜.Java 语言基础教程[M].北京：清华大学出版社,2008.

[12] 马世霞.Java 程序设计[M].北京：机械工业出版社,2008.

[13] 林巧民,等.Java 程序设计教程[M].北京：清华大学出版社,2008.

[14] 葛志春,刘志成,聂艳明,等.Java 面向对象编程[M].北京：机械工业出版社,2007.

[15] 辛运帏,饶一梅.Java 程序设计教程[M].北京：机械工业出版社,2007.

[16] 李尊朝,苏军.Java 语言程序设计[M].2 版.北京：中国铁道出版社,2007.

[17] 吕凤翥,马皓.Java 语言程序设计[M].北京：清华大学出版社,2006.

[18] 李芝兴.程序设计之网络编程[M].北京：清华大学出版社,2006.

[19] 耿祥义,张跃平.Java 2 实用教程[M].3 版.北京：清华大学出版社,2006.

[20] 刘艺,等.Java 程序设计大学教程[M].北京：机械工业出版社,2006.

[21] 刘慧宁,那盟,等.Java 程序设计[M].北京：机械工业出版社,2005.

[22] 朱喜福,赵敏,夏齐霄,等.Java 程序设计[M].北京：人民邮电出版社,2005.

[23] 朱战立,沈伟.Java 程序设计实用教程[M].北京：电了工业出版社,2005.

[24] 李发致.Java 面向对象程序设计教程[M].北京：清华大学出版社,2004.

图 书 资 源 支 持

感谢您一直以来对清华版图书的支持和爱护。为了配合本书的使用，本书提供配套的资源，有需求的读者请扫描下方的"书圈"微信公众号二维码，在图书专区下载，也可以拨打电话或发送电子邮件咨询。

如果您在使用本书的过程中遇到了什么问题，或者有相关图书出版计划，也请您发邮件告诉我们，以便我们更好地为您服务。

我们的联系方式：

清华大学出版社计算机与信息分社网站：https://www.SHUIMUSHUHUI.com/

地　　址：北京市海淀区双清路学研大厦 A 座 714

邮　　编：100084

电　　话：010-83470236　010-83470237

客服邮箱：2301891038@qq.com

QQ：2301891038（请写明您的单位和姓名）

资源下载：关注公众号"书圈"下载配套资源。

资源下载、样书申请

图书案例

书圈

清华计算机学堂

观看课程直播